U0132326

古典植物園

傳統文化中的草木之美

湯歡　著

商務印書館

本書繁體字版經由商務印書館有限公司授權出版發行

責任編輯：徐昕宇
裝幀設計：涂　慧
排　　版：周　榮
印　　務：龍寶祺

古典植物園：傳統文化中的草木之美

作　　者：湯　歡
出　　版：商務印書館 (香港) 有限公司
　　　　　香港筲箕灣耀興道3號東滙廣場8樓
　　　　　http://www.commercialpress.com.hk
發　　行：香港聯合書刊物流有限公司
　　　　　香港新界荃灣德士古道220–248號荃灣工業中心16樓
印　　刷：中華商務彩色印刷有限公司
　　　　　香港新界大埔汀麗路36號中華商務印刷大廈
版　　次：2022年12月第1版第1次印刷
　　　　　© 2022商務印書館（香港）有限公司
　　　　　ISBN 978 962 07 5920 8
　　　　　Printed in Hong Kong

古典植物園

傳統文化中的草木之美

湯歡 著

序

　　從前在博物館系統工作，見到不少植物標本展，曾好奇那個繽紛的世界，但因為專業的隔膜，卻不能説出甚麼道理。後來梳理魯迅抄錄的《南方草木狀》《釋蟲小記》《嶺表錄異》《説郛》等古籍，見花鳥草蟲裏的趣味，曾歎他的博物學的感覺之好。那文本明快的一面，分明染有大自然的美意，讓深隱在道德話語裏的超然之趣飄來，很少被人關注的傳統就那麼復活了。花草進入文人視野，牽動的是人情，慢慢品味，有生動的東西出來。今人汪曾祺，對此別有心解。我一直認為，汪先生是介於蘇軾與周氏兄弟之間的人，能夠在大地的草木間覓出詩意，對於風物歲時之美，真的很懂。作家中能夠有類似修養的，一直是少見的。

　　眼前這本《古典植物園》，是讓我很驚喜的書。作者湯歡是研究古代戲曲出身的青年，因為不是一個專業的，平時交往很少。竟寫出如此豐饒、美味的書來，以文章學的眼光看，已感到它的耐人尋味。湯歡沉浸於此，不只是趣味使然，還有學術的夢想，除了一般自然名物的素描、本草之學的拾遺，也有自己獨特行跡的體驗。梅蘭竹菊、河谷間的叢莽，本是五光十色的自然的饋贈，與我們的生命不無關係。古人袒露情思，不忘寄託風土之影，已成了一個時隱時現的傳統。由此去看歷史與文化，自然有別樣的景致。沿着這條路走下去，曾封閉的知識之門也就打開了。

　　大地上的各類植物，在古人眼裏一直有特別的詩意。《詩經》《楚辭》都已經顯露着先人感知世界的特點。藉自然風貌抒發內心之感，是審美裏常見的事。但中國人之詠物，言志，逃逸現實的衝動也是有的。六朝人對於本草之學的認識已經成熟，我們看阮籍、嵇康、陶淵明的文字，出離俗言的漫遊，精神已經迴旋於廣袤的天地了。《古詩源》所載詠物之詩，散出的是山林的真氣。唐宋之人繼承了六朝人的餘緒，詩話間已有林間雜味。蘇軾寫詩作文，有"隨物賦形"之說，他寫山石、竹木、水草，"合於天造，厭於人意"，就將審美推向了高妙之所。所以，這是古代審美的一條野徑，那氣味的鮮美，是提升了詩文的品位的。

湯歡是喜歡六朝之詩與蘇軾之文的青年，在自然山水間，與萬物凝視間，覓得諸多清歡。趣味裏沒有道學的東西，於繁雜的世間說出內心感言。《古典植物園》是一個讓人流連忘返的世界，作者在東西方雜學間，勾勒了無數古木、花草，一些鮮活學識帶着彩色的夢，流溢在詞語之間。對於不同植物的打量，勤考據，重勾連，多感悟，每個題目的寫法都力求變化，辭章含着溫情，又不誇飾。看似是對各類植物的註疏，實則有詩學、民俗學、博物學的心得，文字處於學者筆記與作家隨筆之間。湯歡有不錯的學養，卻不做學者調，自然談吐裏，京派文人的博雅與散淡都有，心緒的廣遠也看得出來。在不同植物中，尋出理路，又反觀前人記述中的趣味，於類書中找到表述的參照。伶仃小草，原也有人間舊緒，士大夫之趣和民間之愛，就那麼詩意地走來，匯入凝視的目光中。

花草世界圍繞着我們人類，可是塵俗擾擾之間，眾生對其知之甚少，有心人駐足觀賞，偶從其形態、功用看，是我們生活不可須臾離開的存在。飲食、藥用、相思之喻和神靈之悟，在那古老的傳說裏已經足以讓我們生歎。還有文明的交流史、地理氣候的變遷，都能夠在這個園地找到認知的線索。在大千世界面前，我們當學會謙卑，拒絕人類至上主義，才會與萬物和諧相處。這一本書告訴我們的，遠非一般的科普圖示，那些無言的雜藤、野草，暗示出來的是別一番的情思。

古人許多著述，對於今人研究博物學都是難得的參考。《淮南子》《齊民要術》《荊楚歲時記》《爾雅註疏》《本草綱目》《清稗類鈔》等所載內容，都不可多得，這些也是民俗研究者喜愛的雜著，因為在儒學之外的天地，人的思想能夠自如放飛，不必蹙眉瞪目，於山川、江湖間尋出超然之思。汪曾祺曾感歎吳其濬《植物名實圖考長編》對於自然現象的敏感，吳氏本為進士，卻不沉於為官之道，其植物圖錄裏有許多科學的成分。這類研究與思考最為不易，需有科學理念和犧牲精神方可為之。何況又能以詩意筆觸指點諸物，是流俗間的士大夫沒有的本領。

為植物寫圖譜，一向有不同路徑，湯歡對於種種學說是留意的，但似乎最喜歡聞一多的治學方法，於音韻訓詁、神話傳說和社會學考證《詩經》名物，能夠發現被士大夫詞語遮蔽的東西。在那些無語的世界，有滋養人類的東西在，而發現它，也需詩人的激情和學科的態度。我們這些平庸的文人，喜歡以詩證詩、以文證文，不免走向論證的循環，湯歡則從物的角度出發，因物說文，以實涉虛，在花花草草的世界，窺見人類歷史的軌跡、審美意象的流脈，則澄清了種種道德話語的迷霧。

早有人注意到，這種博物學式的審美，也是比較文學的話題之一。這一本書提示我想了許多未曾想過的問題，知道自己過去的盲點。我特意翻閱手中的藏書，古希臘戲劇裏對於諸神的描摹，常伴隨各種花草、樹木。阿波羅之與桂樹，雅典娜與棕櫚葉，都有莊重感的飄動，歐里庇德斯的劇本寫到了此。彌爾頓《失樂園》描述創世紀的場景，各種顏色的鳶尾、薔薇、茉莉以及紫羅蘭、風信子，被賦予了神意的光環，《聖經》裏的箴言和神話中的隱語編織出輝煌的聖景，那與作者的信念底色關係甚深。我年輕時讀到穆旦所譯普希金詩歌，見到高加索的孤獨者與山林為伍的樣子，覺得思想者的世界是在綠色間流溢的。這些與古中國的文學片段也有神似的地方。詩人是籠天地之氣的人，生長在大地的枝枝葉葉也有心靈的朋友。那詠物歎人的句子，將我們引向了一個遠離俗諦的地方。

　　五四後的新文學作家凡駐足謠俗與民風者，不過有兩條路徑：一是目的在於研究，豐富對於自然的理解；二是作品裏的點綴，乃審美的衣裳，別帶寄託也是有的。周作人是前者的代表，汪曾祺乃後者的標誌之一。獨有魯迅，介於二者之間，故氣象更大，非一般文人可及。研究現代文學的人，過去是不太注意這些的。湯歡是一個有心的人，他學會了前人審視世界的方式，也整合了古代筆記傳統，又能以自己的目光敲開通往自然的大門，且文思繚繞，給讀者以知識之樂。玩賞的心境也是審美的心境，法布爾《愛好昆蟲的孩子》，將在田地間觀察花草的孩子，看成有出息的一族，因為被好奇心所驅使，認知的空間是開闊的。由此看來，萬物皆有靈，天底下好的文章，多是通靈者寫就的。對比古今，過去如此，現在也是如此的。

孫郁

2021 年 1 月 9 日

目錄

春輯

夏輯

秋 輯

冬 輯

附 錄

春輯

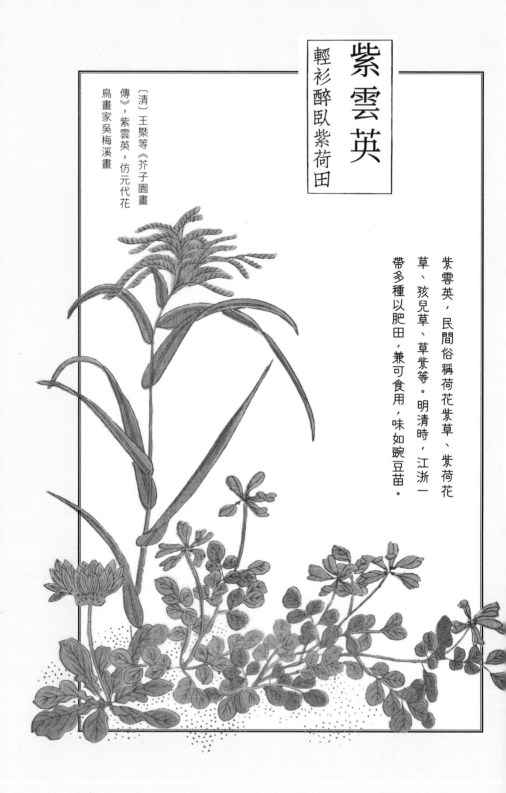

紫雲英

輕衫醉臥紫荷田

〔清〕王槩等《芥子園畫傳》，紫雲英，仿元代花鳥畫家吳梅溪畫

紫雲英，民間俗稱荷花紫草、紫荷花草、孩兒草、草紫等。明清時，江浙一帶多種以肥田，兼可食用，味如豌豆苗。

江南的春天，是從開滿紫雲英的田野裏醒來的。

紫雲英之得名

紫雲英（*Astragalus sinicus* L.）這個美麗的名字出現得比較晚，見於中國傳統繪畫的經典教材《芥子園畫傳·草蟲花卉譜》。其目錄云："紫雲英，一名荷花紫草。仿吳梅溪畫，曹石菴詞。"畫中題詞如下：

> 莫是雲英潛化，滿地碎瓊狼藉。惹牧童驚問，蜀錦甚時鋪得。[1]

以上兩句出自清代詞家曹貞吉《惜紅衣·詠荷花紫草》。"雲英"是礦物雲母的一種[2]，"潛化"即無形中發生變化，"瓊"是美玉，"蜀錦"是一種四川所產的絲織品。這兩句以雲母、美玉和蜀錦三者比喻紫雲英花開滿地時的美麗景象。《芥子園畫傳》取名"紫雲英"，當是從這首詞中的"雲英"得來。[3]

1　〔清〕王槩等輯摹：《芥子園畫傳·草蟲花卉譜》，上冊，日本安永年間五車樓重鐫刊本。《芥子園畫傳》又名《芥子園畫譜》，"芥子園"是清初李漁在南京營建的別墅。李漁支持其女婿沈心友及王槩、王蓍、王臬（王氏三兄弟）編繪畫譜，故成書出版之時，即以"芥子園"名之。

2　〔晉〕葛洪《抱朴子·內篇·仙藥》："又雲母有五種，而人多不能分別也……五色並具而多青者名雲英，宜以春服之。"

3　"藥物，嘗因代品，或有本為礦物而轉為生物者：如石蠶本為石質蠶形之物，後又有蟲之石蠶，草之石蠶。豆類植物之開紫花者亦類從'雲英'之名而曰'紫雲英'了。"見夏緯瑛著：《植物名釋札記》，農業出版社，1990年，第148頁。

清代徐珂《清稗類鈔·植物類》以"紫雲英"作為這種植物的條目名，書中對紫雲英的形態有較為準確且形象的描述：

> 紫雲英為越年生草，野生，葉似皂莢之初生，莖臥地，甚長，葉為複葉。春暮開花，為螺形花冠，色紅紫，間有白者，略如蓮花，列為傘狀，結實成莢。[4]

花色紫紅，狀如蓮花，所以紫雲英又名"荷花紫草"，種滿紫雲英的田地名"紫荷田"。

明清時期，紫雲英在江浙一帶已廣為種植。等到油菜花也開了，碧綠的田野裏，紫紅色與金黃色相間，是一派明麗的江南春景。對此，《清稗類鈔·植物類》記載了一件趣事：

> 康熙丁亥，聖祖南巡，駕幸松江，農民以菜花與紫荷花草相間種成"萬壽無疆"四字，登高望之，燦然分明，上顧而大樂。[5]

當然，農人種植紫雲英不是為了觀賞，而是為了肥田，兼可食用。浙江象山人陳得善作《東陳田歌》共20首，其一曰："寒露初交下子來，平疇春色娛於苔。是誰喚作荷花草，二月東風應候開。"作者自註曰："荷花紫草能肥田，亦可食，或呼紫荷花草，又名孩兒草，邑人混稱草子。"[6] 江蘇吳江人金天羽《挑菜女》寫鄉村女孩挑紫雲英賣錢製新衣：

---

4 〔清〕徐珂編撰：《清稗類鈔》，中華書局，1984年，第12冊，第5829頁。
5 《清稗類鈔》，第12冊，第5846頁。
6 象山縣政協委員會編：《象山歷代詩選》，三秦出版社，1995年，第352-353頁。"草子"在其他文獻中多作"草紫"。

鄉村女兒雙鬟蓬，手提筠籃田野中。

吳儂春盤厭腥膩，芹菠愛碧菡花紅。

薑菜抽心論擔賣，摘向田頭手指快。

風吹笑語一聲聲，女兒評價心聰明。

得錢歸去驕同伴，更製新衣陌上行。[7]

第二聯中"春盤"一般由蔥、薑、蒜等組成，人們吃春盤是為了驅邪和迎新；"菡花"就是紫雲英。這句詩的意思是說，吳地人吃厭了春盤中的"腥膩"之菜，轉而代之以芹菜、菠菜和紫雲英。紫雲英是甚麼味道？周作人說它"味頗鮮美，似豌豆苗"。[8] 其《兒童雜事詩・映山紅》寫小孩子們掃墓時採"草紫"即紫雲英，晚飯時充作一道菜。

牛郎花好充魚毒，草紫苗鮮作夕供。

最是兒童知採擇，船頭滿載映山紅。

現在人們種紫雲英，肥田之外，還用於採蜜，紫雲英蜜是我國南方春季主要的蜜種。

---

7 詩人自註曰："江鄉人呼紫荷花草為菡花，菡即荷字之正開音也。""筠籃"指竹籃。見金天羽著，周錄祥校點：《天放樓詩文集》，上海古籍出版社，2007 年，上冊，第 40 頁。

8 周作人《故鄉的野菜》："掃墓時候所常吃的還有一種野菜，俗名草紫，通稱紫雲英。農人在收穫後，播種田內，用作肥料，是一種很被賤視的植物，但採取嫩莖淪食，味頗鮮美，似豌豆苗。花紫紅色，數十畝連接不斷，一片錦繡，如鋪着華美的地毯，非常好看，而且花朵狀若胡蝶，又如雞雛，尤為小孩所喜。間有白色的花，相傳可以治痢，很是珍重，但不易得。日本《俳句大辭典》云：'此草與蒲公英同是習見的東西，從幼年時代便已熟識。在女人裏邊，不曾採過紫雲英的人，恐未必有罷。'中國古來沒有花環，但紫雲英的花球卻是小孩常玩的東西，這一層我還替那些小人們欣幸的。"

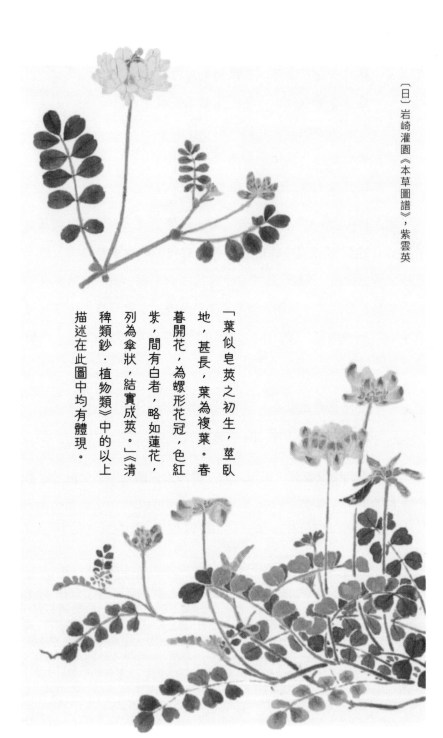

〔日〕岩崎灌園《本草圖譜》，紫雲英

「葉似皂莢之初生，莖臥地，甚長，葉為複葉。春暮開花，為螺形花冠，色紅紫，間有白者，略如蓮花，列為傘狀，結實成莢。」《清稗類鈔・植物類》中的以上描述在此圖中均有體現。

譚吉璁的紫荷田

幾百年前江浙一帶的遊人踏青，會去紫荷田裏，飲酒散心。嘉興人譚吉璁在回贈給表弟朱彝尊的一首詩中，寫到這個場景：

> 春來河蜆不論錢，竹扇茶爐載滿船。
>
> 沽得梅花三白酒，輕衫醉臥紫荷田。

"河蜆"是一種淡水湖泊中肉質鮮美的貝殼，"三白酒"是嘉興當地名酒[9]，都是江南風物。詩人自註："紫荷花草生田中，花開如茵，可坐臥，遊人藉此泥飲。"[10]真是令人向往，這首詩一定也勾起朱彝尊的諸多回憶。

朱彝尊，字錫鬯，與譚吉璁同為浙江嘉興人，其曾祖父乃明代大學士朱國祚，到他這一輩時已家道中落。朱彝尊博通經史，詩文均負盛名，但他一生中的大部分時間都在漫遊中度過。清康熙十三年（1674），45歲的朱彝尊北上客居潞河（今北京市通州區），彼時尚未獲得一官半職。歲暮思鄉，他以民間歌謠體作《鴛鴦湖棹歌》百首，寄給表兄譚吉璁等同鄉。其序云：

> 甲寅歲暮，旅食潞河，言歸未遂，爰憶土風成絕句百
> 首，語無詮次，以其多言舟楫之事，題曰"鴛鴦湖棹歌"，聊

9　〔明〕黃一正《事物紺珠》卷14《食部·酒類》："三白酒出自吳中顧氏，蓋取米白、水白、麴白也，味清冽。"〔清〕袁枚《隨園食單·茶酒單》："乾隆三十年，余飲於蘇州周慕庵家。酒味鮮美，上口黏唇，在杯滿而不溢。飲至十四杯，而不知是何酒，問之。主人曰：'陳十餘年之三白酒也。'"

10　〔清〕譚吉璁：《鴛鴦湖棹歌 —— 八十八首和韻》，見丘良任、潘超、孫忠銓、丘進編：《中華竹枝詞全編》，北京出版社，2007年，第4冊，第667頁。

比竹枝、浪淘沙之調，冀同里諸君子見而和之云爾。[11]

收到朱彝尊的這組詩時，譚吉璁同樣漂泊在外。表弟的組詩回憶了許多家鄉的習俗和風物[12]，自然引起他的思鄉之情，於是提筆寫下 88 首詩回贈。在回詩的序言中，譚吉璁回顧了自己坎坷的一生：

> 予自弱歲從戎，甌海閩山梯涉殆遍，今又往來燕秦間，且以轉餉入褒斜谷，幾死者數矣。稍稍息肩榆林，適逢寇至。嬰城固守，自知必無生理，賴援師圍解，庶幾可告無罪以去。此蒓鱸之思，腸一日而九回也。表弟朱錫鬯以《鴛鴦湖棹歌》簡寄，依韻和之，即鄙俚者亦不加纇取，其不失吳音已耳！

接着動情地寫道："嗟乎，人窮則返本，蓋吾二人出處不同而所遇之窮大都相類。"[13]

人在陷入低谷時，都會想起自己的故鄉，想起年少時美好的往事。譚吉璁也是如此，於是就有了前面的那首詩。"沽得梅花三白酒，輕衫醉臥紫荷田。"我們彷彿聽見譚吉璁對朱彝尊說："還記得我們去過的那片紫荷田嗎？那時我們帶着美味的河蜆和三白酒，穿着薄薄的衣衫，坐在軟綿綿的花田裏舉杯暢飲，喝醉了就地躺

11　《中華竹枝詞全編》，第 4 冊，第 1659 頁。

12　朱彝尊《鴛鴦湖棹歌》所詠都是故鄉嘉興的風土民情、名勝古跡，正如與朱彝尊同時的嘉興梅里詞人繆永謀為本詩所作序言云："今觀朱子錫鬯棹歌，山水風俗物產之盛，志乘所未及者，幾十之五六。"

13　《中華竹枝詞全編》，第 4 冊，第 667 頁。

下，風裏都是花草的清香……"

譚吉璁寫完這組詩，幾年後便離開了人世，時年 56 歲。彼時朱彝尊剛考取博學鴻詞科，任翰林院檢討，為後來修撰《明史》做準備。也許一直到譚吉璁去世，他也未能回到故鄉嘉興，未能與朱彝尊一起買河蜆、沽美酒，回到年輕時去過的那片紫荷田。

小巢菜

自候風爐煮小巢

葉子像豌豆的是豆科小巢菜，即「苕」；花序螺旋狀往上翹的是蘭科綬草，即「鷊」。《詩經名物圖解》通常將同一首詩中出現的兩種植物繪於一頁。

〔日〕細井徇《詩經名物圖解》，苕、鷊

上篇文章我們說到紫雲英，在清代吳其濬《植物名實圖考》中，這種植物的條目名曰"翹搖"。根據《植物名實圖考》，翹搖就是《詩經·陳風·防有鵲巢》"邛有旨苕"中的植物"苕"。[1] 一些《詩經》研究者或受此影響，釋"苕"為紫雲英。也有學者持不同觀點，認為這裏的"苕"當為另一種豆科的草本植物小巢菜。哪種說法更為合理呢？小巢菜背後又有甚麼故事？

邛有旨苕

首先我們來看一下《防有鵲巢》。根據《毛傳》，這是一首憂心讒言之人的詩：

> 防有鵲巢，邛有旨苕。誰侜予美？心焉忉忉。
> 中唐有甓，邛有旨鷊。誰侜予美？心焉惕惕。

"防"是堤壩，"邛"指小丘，"旨"乃甘美，"中唐"是中庭之道，"甓"，根據現代考古發掘，是陶質排水管道。鵲巢宜生於林，甓應埋於地下，而詩中卻言堤壩上有鵲巢，中庭有排水管道，以此說明讒言之不可信。根據詩意，可知"苕"與"鷊"皆非高地所生。"鷊"是蘭科的綬草，常生於河灘沼澤草甸中。關於"苕"，《毛傳》曰："草也。"三國時吳人陸璣《毛詩草木鳥獸蟲魚疏》的解釋較為詳細：

1　〔清〕吳其濬著：《植物名實圖考》，中華書局，2018 年，第 91 頁。

荍，荍饒也。幽州人謂之翹饒。蔓生，莖如勞豆而細，葉似蒺藜而青，其莖葉綠色，可生食，如小豆藿也。[2]

《植物名實圖考》謂"荍饒"即"翹搖"之本音。[3] "翹搖"始見於唐代陳藏器《本草拾遺》，明代李時珍《本草綱目·菜部》釋其名曰："翹搖言其莖葉柔婉，有翹然飄搖之狀，故名。"[4] 此植物亦見於《爾雅·釋草》，名為"柱夫，搖車"，晉代郭璞註："蔓生，細葉，紫花，可食，今呼曰翹搖車。"[5]

據《中國植物誌》，翹搖的中文正式名為小巢菜[*Vicia hirsuta* (L.) S. F. Gray]，豆科野豌豆屬，一年生草本植物。紫雲英與小巢菜雖同為豆科，但不同屬，黃芪屬的紫雲英與野豌豆屬的小巢菜有幾個明顯的區別。

首先看莖，紫雲英非蔓生，多分枝，匍匐於地面，高 10-30 厘米；小巢菜攀緣或蔓生，高可達 90-120 厘米。陸璣和郭璞在描述翹搖時，都提到它是蔓生，可見翹搖不是紫雲英。

其次看葉，紫雲英的葉為奇數羽狀複葉，即葉柄兩側小葉對稱分佈，尖端為一枚葉片；而小巢菜為偶數羽狀複葉，末端為捲鬚。

看完莖和葉，再看花和果。紫雲英為總狀花序，花梗頂端生 5-10 朵花，圍繞中心點呈傘形排成一圈，花冠多為紫紅色；小巢

2　轉引自〔唐〕孔穎達撰：《毛詩正義》，北京大學出版社，1999 年，第 450-451 頁。

3　《植物名實圖考》，第 91 頁。

4　〔明〕李時珍著，錢超塵等校：《本草綱目》，上海科學技術出版社，2008 年，下冊，第 1057 頁。

5　為何名中有"車"？據《植物名釋札記》，這是因為在方言中"草"讀作"車"，"翹搖車"即翹搖草，它的另一個名字叫"小巢菜"，也是因為"荍"與"巢"音近且都是細小之義。見夏緯瑛著：《植物名釋札記》，農業出版社，1990 年，第 232-233 頁。

菜也是總狀花序，但並非傘形排列，花冠白色、淡藍青色或紫白色，稀粉紅色。兩者的果實也有很大的區別：紫雲英的莢果線狀長圓形，在花梗的頂端繞成一圈；而小巢菜的莢果像毛豆，裏面藏着幾粒種子。綜合比較，陸璣描述的"苕饒"，蔓生，如小豆藿，更接近小巢菜。

明代王磐《野菜譜》中記載的"絲蕎蕎"外形酷似小巢菜，但小巢菜羽狀複葉末端捲鬚分叉，而王磐所繪絲蕎蕎捲鬚不分叉，可能就是四籽野豌豆。《野菜譜》記載了60種用於救荒的野生植物，每一種均配圖，介紹野菜的採集時間和食用方法，並附有一首樂府短詩。該書記載："絲蕎蕎，二三月採，熟食。四月結角不用。"其樂府短詩云：

絲蕎蕎，如絲縷。昔為養蠶人，今作挑菜侶。養蠶衣整齊，挑菜衣襤褸。張家姑，李家女，隴頭相見淚如雨。

《野菜譜》中除了"絲蕎蕎"還有"板蕎蕎"，《植物名實圖考》"翹搖"一條稱："《野菜譜》有板蕎蕎，亦當作翹翹。""板蕎蕎"是甚麼植物？觀察《野菜譜》"板蕎蕎"的配圖，為奇數羽狀複葉，尖端無捲鬚，不似小巢菜，具體是哪種植物還有待考證。

蘇軾與元脩菜

植物學家之所以將"小巢菜"作為正式名，可能是因為它的名氣最大，它是蘇軾和陸游筆下的眉州美食。南宋陸游《巢菜》敍云：

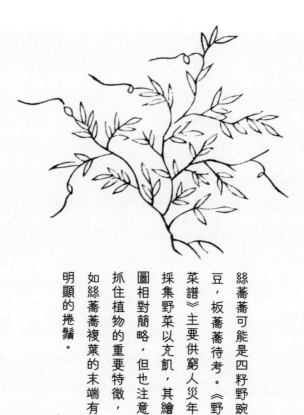

〔明〕王磐《野菜譜》，絲蕎蕎與板蕎蕎

絲蕎蕎可能是四籽野豌豆，板蕎蕎待考。《野菜譜》主要供窮人災年採集野菜以充飢，其繪圖相對簡略，但也注意抓住植物的重要特徵，如絲蕎蕎複葉的末端有明顯的捲鬚。

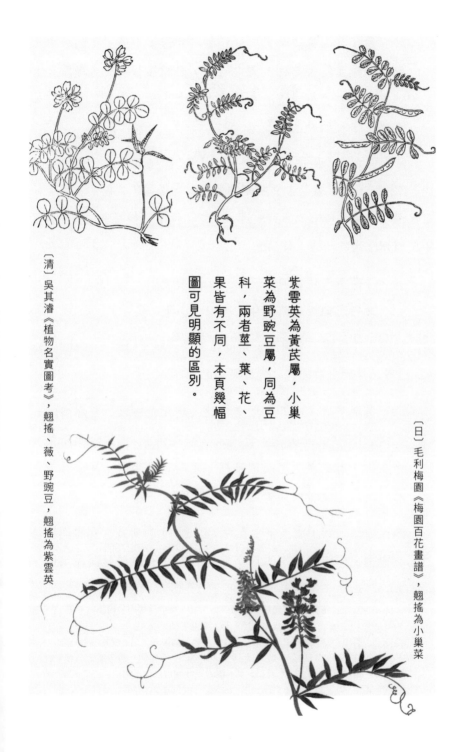

〔清〕吳其濬《植物名實圖考》，翹搖、薇、野豌豆，翹搖為紫雲英

紫雲英為黃芪屬，小巢菜為野豌豆屬，同為豆科，兩者莖、葉、花、果皆有不同，本頁幾幅圖可見明顯的區別。

〔日〕毛利梅園《梅園百花畫譜》，翹搖為小巢菜蜀蔬有兩巢：大巢，豌豆之不實者；小巢，生稻畦中，東坡所賦元脩菜是也。吳中絕多，名漂搖草，一名野蠶豆，但人不知取食耳。予小舟過梅市得之，始以作羹，風味宛如在醴泉、蟆頤時也。[6]

陸游提到大小兩種巢菜，小巢菜又名"漂搖草"，"漂搖"與"翹搖"音相近，應當就是上文所說的翹搖。陸游當年在巴蜀為官，一定吃過小巢菜。後來他回到故鄉，去紹興採了一些回來做羹，與當年在眉州吃到的一樣。其詩云：

冷落無人佐客庖，庾郎三九困譏嘲。
此行忽似蟆津路，自候風爐煮小巢。[7]

陸游在序中說，小巢菜就是蘇軾詩中所賦元脩菜。蘇軾《元脩菜》這首詩是怎麼寫的呢？先看詩前的小序：

菜之美者，有吾鄉之巢，故人巢元脩嗜之，余亦嗜之。元脩云："使孔北海見，當復云吾家菜邪？"因謂之元脩菜。余去鄉十有五年，思而不可得。元脩適自蜀來，見余於黃，乃作是詩，使歸致其子，而種之東坡之下云。

兩人對話用到了東漢末年孔融（孔北海）的典故。孔融與楊修一起吃楊梅，楊修與楊梅的首字都為"楊"，孔融於是開玩笑說：

---

6 "梅市"即今浙江省紹興市。"醴泉""蟆頤"皆山名，位於今四川省眉山市。見〔宋〕陸游：《陸游集》，中華書局，1976 年，第 1 冊，第 467 頁。

7 "庾郎三九"典出《南齊書·庾杲之傳》："清貧自業，食唯有韭菹、瀹韭、生韭雜菜。或戲之曰：'誰謂庾郎貧，食鮭常有二十七種。'言三九也。"見〔梁〕蕭子顯撰：《南齊書》，中華書局，2013 年，第 2 冊，第 615 頁。陸游藉此說自己當下的生活冷清困頓，此行去紹興採巢菜，像是回到了當年的巴蜀，只能自己候在爐子旁煮食小巢菜。

"此君家果。"[8] 而巢元脩與巢菜也都以"巢"為首字，所以巢元脩笑說："假如孔融看到這巢菜，該要説這是我家的菜了吧？"蘇軾便順着他的話，將巢菜取名為"元脩菜"。元脩菜後由蘇軾引種到黃州，此名亦在當地流傳開來。

作此詩時，蘇軾離開故鄉已 15 年。這年春，巢元脩自眉州來黃州看望蘇軾，故人相見，聊起家鄉的巢菜，與之有關的回憶便落於紙筆。由此我們也得以了解宋朝眉州人栽培、食用這種蔬菜的一些細節：

> 彼美君家菜，鋪田綠茸茸。豆莢圓且小，槐芽細而豐。
> 種之秋雨餘，擢秀繁霜中。欲花而未萼，一一如青蟲。
> 是時青裙女，採擷何匆匆。烝之復湘之，香色蔚其饛。
> 點酒下鹽豉，縷橙芼薑蔥。那知雞與豚，但恐放箸空。
> ⋯⋯

從詩意來看，巢菜乃秋種春採，是二年生植物。但據《中國植物誌》，小巢菜是一年生；而中文正式名為"救荒野豌豆"的大巢菜，是一年生或二年生。所以蘇軾所説的元脩菜，更有可能是大巢菜。大巢菜又名"薇"，《召南·草蟲》裏的"言採其薇"就是它。

説到這裏，不得不介紹一下巢元脩，這是一個重情重義，在危難時刻可以託付的俠義之士。巢元脩，名谷（初名穀），與蘇軾同

8　《世說新語箋疏·言語》第 43 條箋註引敦煌本《殘類書》曰："楊德祖少時與孔融對食梅。融戲曰：'此君家果。'祖曰：'孔雀豈夫子家禽？'"見余嘉錫撰：《世說新語箋疏》，中華書局，1983 年，第 105 頁。通行本《世說新語》中所載故事與此相同，但人物為孔君平與梁國楊氏子。

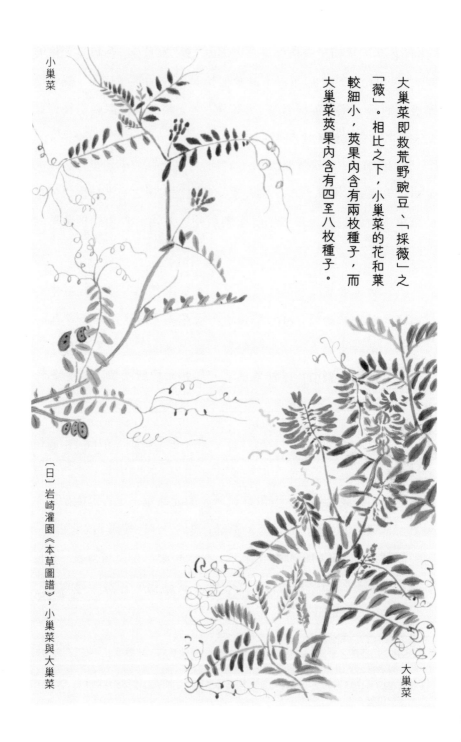

小巢菜

〔日〕岩崎灌園《本草圖譜》，小巢菜與大巢菜

大巢菜

大巢菜即救荒野豌豆、「採薇」之「薇」。相比之下，小巢菜的花和葉較細小，莢果內含有兩枚種子，而大巢菜莢果內含有四至八枚種子。

為四川眉山人。當年蘇氏兄弟在朝為官時，巢谷寂寂無聞。到蘇氏兄弟被貶嶺南和海南，"平生親舊無復相聞"，巢谷一人從眉山出發，長途跋涉來到廣東梅州看望蘇轍。當時巢谷已經 73 歲，瘦瘠多病，還是決定渡海尋找蘇軾。沒走多遠，他就病死途中。蘇轍《巢谷傳》記錄了這段經歷，其敍述不事雕琢、生動感人，是一篇出色的人物傳記。《宋史‧隱逸傳下》將巢谷列入"卓行類"：

> 元符二年，谷竟往，至梅州遺轍書曰："我萬里步行見公，不意自全，今至梅矣，不旬日必見，死無恨矣。"轍驚喜曰："此非今世人，古之人也。"既見，握手相泣，已而道平生，逾月不厭。時谷年七十三，瘦瘠多病，將復見軾於海南，轍愍而止之曰："君意則善，然循至儋數千里，當復渡海，非老人事也。"谷曰："我自視未即死也，公無止我。"閱其橐中無數千錢，轍方乏困，亦強資遣之。舟行至新會，有蠻隸竊其橐裝以逃，獲於新州，谷從之至新，遂病死。轍聞，哭之失聲，恨不用己言而致死，又奇其不用己言而行其志也。[9]

這樣的豪情與熱腸，今天我們讀了也會感動。回想當初巢谷自眉山前往黃州看望蘇軾，兩人聊起家鄉的美食巢菜，那時的蘇軾不會料到，這位舊友日後會冒死去海南看他。蘇氏兄弟一生宦海沉浮，在官場見多了爾虞我詐和落井下石，巢谷這樣的"古人"，是兩人一生中所少見的吧？也多虧蘇軾用了"元脩菜"這個名字，巢谷的故事得以一起流傳下去。

---

9 〔元〕脫脫等撰：《宋史》，中華書局，2013 年，第 38 冊，第 13472-13473 頁。

蔞蒿

砍柴、結親與河豚

《詩經‧周南‧漢廣》「翹翹錯薪，言刈其蔞」，是說婚禮之日，砍以為柴，燎炬為燭。蔞蒿的嫩莖可生食，亦可烹魚，傳說可解河豚之毒。

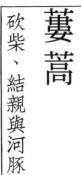

〔日〕細井徇《詩經名物圖解》，蔞蒿

長錐形的小筍與圓肚鼓鼓的河豚置於一處，妙趣橫生。小筍燉河豚可能是清代人吃河豚的方法。

一般春節前後，藜蒿就已上市。直到三月下旬的菜市場上，還能看到藜蒿的嫩莖。

藜蒿就是蔞蒿。這種生於江河湖澤的野菜，自有一種獨特的清香，一聞便知是蒿屬植物。如今湖北、湖南、江西、江蘇等地都還有藜蒿炒臘肉這道菜，它的食用歷史可以說非常久遠。

翹翹錯薪，言刈其蔞

蔞蒿 (*Artemisia selengensis* Turcz. ex Bess.)，菊科蒿屬多年生草本，全國大部分地區均有分佈。《毛詩草木鳥獸蟲魚疏》對蔞蒿有介紹：

> 其葉似艾，白色，長數寸，高丈餘。好生水邊及澤中，正月根牙生，旁莖正白，生食之，香而脆美。其葉又可蒸為茹。[1]

早在三國時期，人們就在正月裏食用蔞蒿的嫩莖。只不過那時候是生食，並非我們今日的清炒或者炒臘肉。在《詩經》時代，"蔞"乃是婚禮時所用的柴薪。《周南・漢廣》曰：

> 翹翹錯薪，言刈其蔞。之子於歸，言秣其駒。
> 漢之廣矣，不可泳思。江之永矣，不可方思。

1　轉引自〔唐〕孔穎達撰：《毛詩正義》，北京大學出版社，1999 年，第 56 頁。

這首詩說的是男子追求女子而不可得，就像漢水之廣而不可泳，江水之長而不可渡。於是只能想像女子出嫁之日，願為其餵馬秣駒，以示心意。"翹翹"是眾多之貌，"錯薪"為雜亂之薪。《詩經》言及婚禮，多提及砍柴束薪。[2] 嫁娶之日燎炬為燭，大概是那個時代的風俗。這是一首有關失戀的詩，但情感是節制的。"翹翹錯薪，言刈其蔞"，願為你劈柴、餵馬，我有多少失落和無奈，以及沒說出來的千言萬語，也都到此為止，無須多言了。

蔞蒿的確是易得且易燃的柴薪，據《中國植物誌》，其莖稈可達 60-150 厘米，下部通常半木質化，上部有着生頭狀花序的分枝。兒時在鄉間，山野秋來，百草枯黃，鄉民去田野裏、小山上砍柴，其中多雜有蔞蒿。乾枯的蔞蒿香氣未散，冬日黃昏，寧靜的村莊升起炊煙，薄暮中也能聞到蔞蒿燃燒時的味道。

正是河豚欲上時

東漢時，人們已發現蔞蒿的高級食用方法 —— 燉魚。許慎《說文解字》對"蔞"的解釋是："草也，可以亨魚。""亨魚"乃是"蔞蒿"的主要用途。郭璞《爾雅註疏》曰："蔏蔞，蔞蒿也。生下田。初出可啖，江東用羹魚。"此處"初出"時的蔞蒿，即蔞蒿的嫩莖。可見，由漢入晉，蔞蒿與魚同煮的食用方法在江東一帶已頗為流行。

2　〔清〕魏源《詩古微》："蓋古者嫁娶必以燎炬為燭，故《南山》之析薪，《車舝》之析柞，《綢繆》之束薪，《豳風》之伐柯，皆與此錯薪、刈楚同興。"見袁行霈、徐建委、程蘇東撰：《詩經國風新註》，中華書局，2018 年，第 35 頁。

圖中小者為河豚，河豚味美但有劇毒，唐宋人已知解毒之法。北宋時吳人仲春會客，無此魚則非盛會，時人愛之不盡。河豚在日本也很受歡迎。

〔日〕歌川廣重，河豚

但究竟燉的甚麼魚，尚不可知。

這種做法一直延續到宋代，在北宋，人們拿蔞蒿來燉的魚，乃是大名鼎鼎的毒性與美味並存的水中尤物——河豚。不妨先從蘇軾那首廣為傳誦的《惠崇春江晚景》説起：

> 竹外桃花三兩枝，春江水暖鴨先知。
> 蔞蒿滿地蘆芽短，正是河豚欲上時。

北宋元豐八年（1085），都城汴京，蘇軾為僧人惠崇的畫作題詩，這是其中一首。惠崇是北宋初年能詩善畫的僧人[3]，千百年過去，惠崇的畫作已不復存在，蘇軾這首詩卻流傳至今。這首七言律詩的前三句寫實，21 個字描寫了綠竹、桃花、江水、鴨、蔞蒿、蘆芽 6 種江南風物；後一句聯想，由眼前之景，聯想到此時的河豚，應是溯流而上入江產卵。

河豚是魨科魚類河魨的俗稱，因捕獲出水時發出類似豬的叫聲而得名，又名鯸鮐、鰗鮧等。這種魚平時生活在暖溫帶、熱帶近海底層，每年 3 月游至江河。進入長江的河豚，一般於 4 月至 6 月在中游江段或洞庭湖、鄱陽湖中產卵。蘇軾此詩最後一句的聯想，有其事實依據。

河豚味道鮮美，但毒性不小，處理不當，食之易喪命。《山海經·北山經》載："敦水出焉，東流注於雁門之水。其中多鰤鰤之

---

3 〔宋〕郭若虛《圖畫見聞志》卷 4《花鳥門》："建陽僧惠崇，工畫鵝、雁、鷺鷥，尤工小景。善為寒汀遠渚、瀟灑虛曠之象，人所難到也。"歐陽修《六一詩話》稱惠崇為"宋初九僧"之一："國朝浮圖以詩名於世者九人，故時有集號《九僧詩》。今不復傳矣。余少時，聞人多稱之。其一曰惠崇。餘八人者，忘其名字也。"

魚，食之殺人。"[4] 唐末五代杜光庭所撰《錄異記》曰："鯸鮧魚，文斑如虎。俗云：煮之不熟，食者必死。相傳以為常矣。"[5] 今天我們已經知道，河豚的肝臟、生殖腺、血液含有毒素。不過自唐代起，人們已經找到河豚之毒的解藥，那就是艾草。唐代段成式《酉陽雜俎·續集卷八·支動》載："鯸鮧魚，肝與子俱毒。食此魚必食艾，艾能已其毒。江淮人食此魚，必和艾。"[6]

宋人已完全掌握安全食用河豚的方法。北宋景祐五年（1038），梅堯臣在建德（今安徽省池州市東至縣）擔任縣令期滿 5 年，彼時范仲淹在饒州（今江西省上饒市鄱陽縣）任知州。兩人同遊廬山，席上有人談起河豚，梅堯臣很感興趣，作五言古詩《范饒州坐中客語食河豚魚》以記之。詩的前半部分云：

> 春洲生荻芽，春岸飛楊花。河豚當是時，貴不數魚蝦。
> 其狀已可怪，其毒亦莫加。忿腹若封豕，怒目猶吳蛙。
> 庖煎苟失所，入喉為鏌鋣。若此喪軀體，何須資齒牙？
> 持問南方人，黨護復矜誇。皆言美無度，誰謂死如麻！

梅堯臣在首句交代了食用河豚的季節，正是荻芽初生、楊花滿城之時，與蘇軾所言一致。接着，詩人描述了河豚之貴、外形之怪、毒性之劇，然後問在座的南方人："河豚毒性如此，為何冒着生命危險去吃它？"眾人只說河豚味道鮮美無比，對於中毒這回

4　〔晉〕郭璞註，〔清〕郝懿行箋疏：《山海經箋疏》，中國致公出版社，2016 年，第 133 頁。

5　〔唐〕杜光庭撰：《錄異記》，陶敏主編：《全唐五代筆記》，三秦出版社，2012 年，第 4 冊，第 2955 頁。

6　〔唐〕段成式撰：《酉陽雜俎》，中華書局，1981 年，第 275 頁。

事，壓根沒有人提。

可見，在安全食用河豚方面，宋人已有非常豐富的經驗。比如歐陽修在《六一詩話》中評論此詩説："河豚常出於春暮，羣游水上，食絮而肥。南人多與荻芽為羹，云最美。"[7] 關於江南食用河豚的方法，蘇門四學士之一的張耒在歷史瑣聞類筆記《明道雜誌》中有更為詳細的記載：

> 余時守丹陽及宣城，見土人戶食之。其烹煮亦無法，但用蔞蒿、荻筍、菘菜三物，云最相宜。用菘以滲其膏耳，而未嘗見死者。……此魚出時必成羣，一網取數十。初出時，雖其鄉亦甚貴。在仲春間，吳人此時會客，無此魚則非盛會。[8]

這則材料告訴我們，北宋時期在蘇吳一帶，河豚乃是名貴的食材。仲春時節大宴賓客，如果沒有河豚，都稱不上是盛會。而烹飪河豚的方法，卻是以蔞蒿、荻芽、菘菜三物同煮，彷彿此三者能解毒一般。

與河豚同煮的三種蔬菜中，菘菜是我們今天常見的十字花科蕓薹屬的小白菜。荻是禾本科荻屬的多年生草本，荻芽即其嫩芽，類似小筍，可直接食用，用來做菜或罐頭。"蔞蒿滿地蘆芽短"中的"蘆芽"，應該就是荻芽。從唐代的艾草，到宋代的蔞蒿、荻芽、菘菜，可見人們在河豚烹飪方法上的變化。而艾草與蔞蒿同為蒿屬

7　〔宋〕歐陽修著，鄭文校點：《六一詩話》，人民文學出版社，1962 年，第 6 頁。
8　〔宋〕張耒著：《明道雜誌》，中華書局，1985 年，第 3-4 頁。

植物，是其中一脈相承之處。所以，"蔞蒿滿地蘆芽短，正是河豚欲上時"，寫的是一道菜。可別忘了，蘇軾的另一個身份是美食家。

清末著名花鳥畫家虛谷所畫《雜畫冊》中有一幅《蔬筍河豚》，畫中的"筍"大概就是"蘆芽"。長錐形的小筍與圓肚鼓鼓的河豚置於一處，妙趣橫生。這位畫家早年入伍，後出家為僧，往來於蘇滬江浙之間，以賣畫為生，是與任伯年、蒲華、吳昌碩齊名的一代名家。想必虛谷吃過河豚，他將小筍與河豚畫在一起，可見宋人以蔞蒿、荻芽、菘菜三物同煮河豚的吃法，延續至清代。

南宋紹興年間進士林洪寫有一本極有趣的烹飪著作《山家清供》，共記 104 道菜品，其中就有"蔞蒿菜（蒿魚羹）"：

> 舊客江西林山房書院，春時多食此菜。嫩莖去葉，湯焯，用油、鹽、苦酒沃之為茹，或加以肉燥，香脆，良可愛。後歸京師，春輒思之。[9]

《山家清供》的書名取自唐代杜甫《從驛次草堂復至東屯二首·其二》："山家蒸栗暖，野飯謝麏新。"書中所記菜品以素食為主，多為山居待客所用的清淡飲饌。蔞蒿作為山野時蔬，自然入選在列。有趣的是，林洪這段關於蔞蒿吃法的記載——或湯焯，或加肉，已與今日相去不遠。當年林洪客居江西，年年春天都能吃到蔞蒿，後來回到京師就沒得吃，春天一來就會想念這道菜。

蔞蒿之美，可見一斑。

9　〔宋〕林洪撰，章原編著：《山家清供》，中華書局，2013 年，第 71 頁。"肉燥"即臊子，指細切的肉。

梨花

遊子尋春半出城

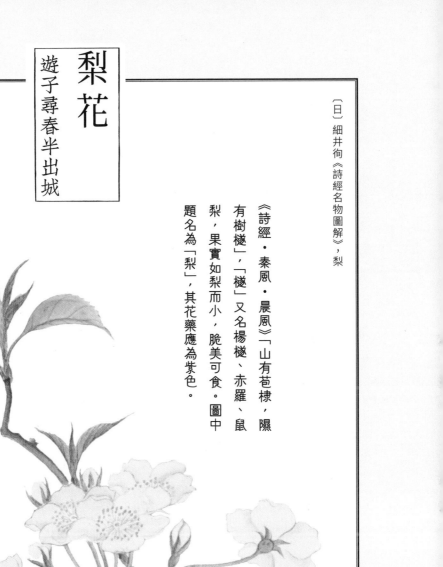

〔日〕細井徇《詩經名物圖解》，梨

《詩經・秦風・晨風》「山有苞棣，隰有樹檖」，「檖」又名楊檖、赤羅、鼠梨，果實如梨而小，脆美可食。圖中題名為「梨」，其花藥應為紫色。

天氣漸暖，山桃一開，北國的春天正式來了。此時賞花，公園裏、山野裏都是薔薇科的天下。桃花、櫻花、杏花、梨花、李花，如何區分？説來話長，只要記住，櫻花花瓣有豁口，杏花萼片反折，而梨花花瓣潔白、花藥紫色。掌握這些，至少能辨認 3 種。

這些薔薇科的花中，梨花因冰清玉潔，又諧音"離"，被賦予極為豐富的文化內涵。比如我們耳熟能詳的唐代白居易《長恨歌》："玉容寂寞淚闌干，梨花一枝春帶雨。"雨水落在梨花上，花瓣如人臉，雨水為淚珠，以此來形容楊貴妃含淚時楚楚可憐的情態，十分貼切。此後，"梨花帶雨"便成為描寫美人垂淚時的常用典故。

歷史上寫梨花的詩詞很多，很美。

壓沙寺後千株雪

梨花開始出現於詩詞時，寓意比較單一，多被用於比喻雪。南朝王融《詠池上梨花》曰："芳春照流雪，深夕映繁星。"池邊梨花盛開，早春的陽光下，微風拂過，梨花如流動的雪；等到夕陽西沉、夜幕落下的時候，它們又像繁星一樣綴滿夜空。唐代詩人司空圖《楊柳枝壽杯詞十八首·其十七》，將江堤上盛放的梨花比之於晴朗冬日的雪松：

> 大堤時節近清明，霞襯煙籠繞郡城。
> 好是梨花相映處，更勝松雪日初晴。

除了外形似雪，歷來吟詠梨花香味的詩詞也不少，如唐代詩人李白《宮中行樂詞》"柳色黃金嫩，梨花白雪香"；唐代詩人丘為《左掖梨花》"冷豔全欺雪，餘香乍入衣"。宋代詩人黃庭堅《壓沙寺梨花》則氣勢不凡：

> 壓沙寺後千株雪，長樂坊前十里香。
> 寄語春風莫吹盡，夜深留與雪爭光。

壓沙寺後的千樹梨花，盛開時如千樹雪一般。岑參則反其道而行之，將塞外紛飛的大雪，比作江南春日漫山遍野的梨花。其《白雪歌送武判官歸京》云：

> 北風捲地白草折，胡天八月即飛雪。
> 忽如一夜春風來，千樹萬樹梨花開。

盛唐時邊塞詩人的雄奇瑰麗，可見一斑。岑參，湖北江陵人，早歲孤貧，唐玄宗天寶三載（744）中進士，初為率府兵曹參軍，後兩次從軍邊塞。他常以梨花入詩，想必早年時故鄉多梨花，因此對梨花很有感情。

上文提到，不少詩歌都寫到梨花的香味。梨花帶香，這一點是櫻花、李花、杏花、桃花比不了的。所以清代李漁在《閒情偶寄·種植部》中盛讚："雪為天上之雪，此是人間之雪；雪之所少者香，此能兼擅其美。"[1]

但不少人認為梨花的味道並不好聞，我也有切身的體會。某年四月中旬，去北京漢石橋濕地公園觀鳥，路過一片果園，一陣怪

1　〔清〕李漁著，江巨榮、盧壽榮校註：《閒情偶寄》，上海古籍出版社，2000年，第295頁。

味撲面而來。走近細看，花藥紫色，正是梨花。那味道絕對談不上香，難道古人所見梨花與今之品種不同？後來看明代高濂所著《遵生八箋》，才知道這梨花：

> 有香臭二種。其梨之妙者，花不作氣，醉月欹風，含煙帶雨，瀟灑丰神，莫可與並。[2]

雨打梨花深閉門

相比於杏花、李花，梨花開得較晚，北方的梨花一般開在清明前後。所以梨花落去的時候，春天也即將過去。面對梨花飄零，文人不免感時傷懷。南宋詞人汪元量《鶯啼序·重過金陵》曰："更落盡梨花，飛盡楊花，春也成憔悴。"

因此，在表現春愁宮怨的詩詞中，梨花是常見的意象，尤其是雨中的梨花。北宋宣和年間，李重元寫有一組《憶王孫》，共有春、夏、秋、冬四首，收於《全宋詞》。其春詞最為人知：

> 萋萋芳草憶王孫，柳外樓高空斷魂。杜宇聲聲不忍聞。欲黃昏，雨打梨花深閉門。

這首詞融芳草、柳樹、高樓、杜鵑、梨花等意象為一體，說的其實是一個古老的話題：春愁閨怨。夜來一場風吹雨，潔白無瑕的梨花便"零落成泥碾作塵"，正如那些在等待中耗盡青春的女子一樣。

2　〔明〕高濂編撰，王大淳校點：《遵生八箋》，巴蜀書社，1992 年，第 648 頁。

雪白的梨花枝頭，一隻豔麗的鸚鵡俯身向前，似在細嗅花香。工筆畫崇尚寫實，梨花本來的紫色花藥，恐因年代久遠而消失不見，今人臨摹此圖時已補上。

所以"雨打梨花",多比喻容顏易老、青春易逝,而緊閉的院門更加深了孤寂與冷清。詞的最後一句,化用了唐代詩人戴叔倫《春怨》:

金鴨香消欲斷魂,梨花春雨掩重門。

欲知別後相思意,回看羅衣積淚痕。

"梨"諧音"離",所以同楊柳一樣,在詩詞中梨花多用來表現離愁。而在送別詩中,梨花與楊柳也是經典搭配,李白(一說岑參)的《送楊子》是一個很好的例子:

斗酒渭城邊,壚頭耐醉眠。梨花千樹雪,楊葉萬條煙。

惜別添壺酒,臨岐贈馬鞭。看君潁上去,新月到家圓。

"壚頭"是酒坊。詩的頷聯寫梨花似雪、楊柳堆煙,雖然都是景物描寫,但意象本身就寄寓離別之意。詩的最後一句"新月到家圓"令人回味無窮:一則暗示友人此行路途遙遠;二則從新月到圓月,也寄寓着詩人美好的祝願。

梨花若是多情種

近代花鳥畫大師齊白石對梨花和梨的感情很不一般。2018 年中國美術館"盛世花開"花鳥畫精品展上,曾展出過齊白石《衰年泥爪圖冊》。這本圖冊是白石老人 85 歲時所作,共 14 幅,均為水墨簡筆花鳥蔬果。第一幅就是一隻梨,左側題字:"老萍親種梨樹於借山館,味甘如蜜,重約廿又四兩。戊、己二年避亂北竄,不獨不知梨味，而且辜負梨花。"

"老萍"是白石老人自稱。齊白石早年學習雕花木工，後來學畫肖像。36 歲時賣畫挣了一筆錢，在老家附近的蓮花峰租下梅公祠，院內蓋一書房，名曰"借山吟館"，也叫"借山館"，在房前屋後種了好些梨樹。1917 年，53 歲的齊白石為避匪亂奔赴北京，在那裏結識了文化界名流陳師曾等人，從此聲名鵲起，兩年後定居北京。創作《衰年泥爪圖冊》時，他已是八旬老翁。30 年間，齊白石回鄉的次數不多，家中梨的滋味已記不得。當年親手種下的梨樹，亦多年不見，想到此不覺心生歉疚，彷彿辜負了那梨花一般。

現實生活中不得見，只有在夢中覓其蹤跡。齊白石曾寫過《夢家園梨花》：

> 遠夢迴家雨裏春，土牆茅屋靄紅雲。
> 梨花若是多情種，應憶相隨種樹人。

他夢見自己回到春雨綿綿的湘潭鄉下，雨過天晴的傍晚，土牆茅草搭建的舊屋沐浴在紅色的晚霞中。他想，梨花如果像人一樣多情，一定會想起當年與我一起種樹的人。那麼，當年一起種樹的人是誰？

詩的小引寫道："余種梨於借山館前後，每移花接木，必呼移孫攜刀鑿隨行，此數年常事。去年冬十一月初一日，移孫死矣。"[3] "移孫"乃齊白石長孫齊秉靈，據白石老人回憶：

> 長孫秉靈，肄業北京法政專門學校，成績常列優等，

3　婁師白著：《齊白石繪畫藝術》，山東美術出版社，1988 年，第 116 頁。此詩作於　　1923 年。

只用三筆，梨的形象便躍然紙上。白石老人筆下的梨和梨花，寄託了他對故鄉以及早逝長孫的懷念。

齊白石《衰年泥爪圖冊》，梨，現藏中國美術館

去年病後，本年五月又得了病，於十一月初一死了，年十七歲。回想在家鄉時，他才十歲左右，我在借山館前後，移花接木，他拿着刀鑿，跟在我身後，很高興地幫着我，當初種的梨樹，他尤出力不少。我悼他的詩，有云："梨花若是多情種，應憶相隨種樹人。"秉靈的死，使我傷感得很。[4]

"齊白石畫梨花，還畫梨，表達他對故鄉的眷戀和摯愛，還有對長孫早逝的痛惜與哀傷。"[5] 回過頭再看這幅畫上的題字："不獨不知梨味，而且辜負梨花。"短短兩句，其實飽含深情。

欲將君去醉如何

唐代有在梨樹下飲酒賞花的習俗。《唐餘錄》云："洛陽梨花

4　齊白石著：《齊白石自述：畫出苦滋味》，天津人民出版社，2015 年，第 120-121 頁。

5　聶鑫森：《梨花應是多情種》，《青島日報》，2016 年 3 月 1 日。本節內容的寫作對此文多有參考。

時，人多攜酒其下，曰：'為梨花洗妝。'或至買樹。"[6] "為梨花洗妝"，有一種解釋是說，人們在梨花下宴飲集會，以取悅梨花，使其更為繁盛，在秋天結出更多的果實。如此看來，唐人踏青的方式還真是浪漫。韓愈《聞梨花發贈劉師命》寫道：

> 桃蹊惆悵不能過，紅豔紛紛落地多。
> 聞道郭西千樹雪，欲將君去醉如何。

他對友人劉師命說："桃花這麼快就謝了，粉紅的花瓣落了一地，隨溪水流逝，真是令人惆悵。不過聽說城西的梨花開了，一大片像下了雪一樣，那麼我們帶上美酒，去梨花樹下一醉方休吧！"這裏的"醉"，不單是"暖風薰得遊人醉"，更是"酒逢知己千杯少"，"輕衫醉臥紫荷田"。

洛陽人於梨花樹下設宴飲酒的習俗，不知延續到何時；但梨花開時出遊踏青的習俗，南宋時尚有。南宋後期詩人吳惟信《蘇堤清明即事》記載了當時蘇堤春遊的情景：

> 梨花風起正清明，遊子尋春半出城。
> 日暮笙歌收拾去，萬株楊柳屬流鶯。

宋朝是一個浪漫的朝代，朝而往，暮而歸，還有笙歌流鶯作伴。今天我們春遊，雖不會有古人花下飲酒、日暮笙歌的雅興，但對於春天的感受、對於大自然的熱愛，都是一樣的。

---

6 轉引自〔唐〕馮贄著：《雲仙雜記》，中華書局，1985 年，第 4 頁。

薺菜

農曆三月三，薺菜煮雞蛋

《詩經・邶風・谷風》云「誰謂荼苦？其甘如薺」，可見先民對薺菜評價之高。蘇軾讚曰：「君若知此味，則海陸八珍，皆可鄙厭也。」

〔日〕細井徇《詩經名物圖解》，薺

在湖南、湖北、廣西等許多地方，農曆三月三，都有吃薺菜煮雞蛋的習俗。煮雞蛋時，鍋裏的湯被熬成綠色，蛋殼也會染上綠色。吃了這種雞蛋，據說可以袪病強身。歷史上，關於薺菜的習俗還有很多。

驅蟲與清目

薺[*Capsella bursa-pastoris* (Linn.) Medic.]是十字花科一年或二年生草本植物，廣泛分佈於全球溫帶地區。人們食用薺菜的歷史由來已久，清代文人葉調元《漢口竹枝詞》記載：

> 三三令節重廚房，口味新調又一椿。
> 地米菜和雞蛋煮，十分耐飽又耐香。

"三三令節"即農曆三月初三，如今薺菜在江城依然被稱作地米菜，因其花小、色白如米粒。湖北之外，不少地方都有此習俗。傳說薺菜雞蛋可治頭痛，但竹枝詞中只說"十分耐飽"，可見在鄉民的記憶中，薺菜雞蛋果腹充飢是第一位的。

"三月初三"又稱"上巳節"，這是一個逐漸被淡忘的節日。這一天人們要去水邊洗浴，以除凶去垢。魏晉以後，該節日定為三月初三，並增加了祭祀宴飲、曲水流觴等內容。南朝宗懷《荊楚歲時記》載："三月三日，士民並出江渚池沼間，為流杯曲水之飲。"[1]

1　〔梁〕宗懍撰，〔隋〕杜公瞻註：《荊楚歲時記》，中華書局，2018 年，第 33 頁。

王羲之《蘭亭集序》寫的就是上巳節這一天的活動。杜甫《麗人行》有詩句"三月三日天氣新，長安水邊多麗人"，藉此可以想像唐代長安上巳節的盛況。

但薺菜出現於上巳節，似乎是在宋代。一開始，人們用它來驅蚊避蟲。北宋《物類相感志》載："三月三日，收薺菜花置燈檠上，則飛蛾、蚊蟲不投。"明代高濂《遵生八箋》引《瑣碎錄》："三月三日，取薺菜花鋪竈上及坐臥處，可辟蟲蟻。"[2]《本草綱目·菜部》亦載："薺生濟濟，故謂之薺。釋家取其莖作挑燈杖，可辟蚊、蛾，謂之護生草，云能護眾生也。"[3]薺菜的別名"護生草"由此而來。

此外，蘇杭一帶，三月三日這天人們將薺菜花戴在頭上。明代田汝成《西湖遊覽志餘》卷 20 "三月三日俗"云："男女皆戴薺花。諺云：'三春戴薺花，桃李羞繁華。'"男女都戴薺菜花，應該不是為了裝飾，具體用途是甚麼呢？

清代道光年間蘇州文士顧祿所著《清嘉錄》，給出了答案。是書以十二月為序，記述蘇州及週邊地區的節令習俗。其中對薺菜花的記載，綜合了以上兩種用途：

> 薺菜花，俗呼野菜花。因諺有"三月三，螞蟻上竈山"之語，三日，人家皆以野菜花置竈陘上，以厭蟲蟻。侵晨村

2　〔明〕高濂編撰，王大淳校點：《遵生八箋》，巴蜀書社，1992 年，第 114 頁。

3　〔明〕李時珍著，錢超塵等校：《本草綱目》，上海科學技術出版社，2008 年，下冊，第 1043 頁。

童叫賣不絕。或婦女簪髻上，以祈清目，俗號眼亮花。或以隔年糕油煎食之，云能明目，謂之眼亮糕。[4]

所以，頭戴薺菜花的作用是"清目"。據《本草綱目》等醫書記載，薺菜全草入藥，有明目之功效。沒想到如此平凡的一種野菜，竟有如此多的用途。所以吳其濬感慨說："伶仃小草，有益食用如此。"[5]

春在溪頭薺菜花

薺菜作為尋常可見的野菜，從遙遠的《詩經》時代開始，人們就開始食用。《邶風·谷風》云：

> 行道遲遲，中心有違。不遠伊邇，薄送我畿。
> 誰謂荼苦？其甘如薺。宴爾新昏，如兄如弟。

《邶風》《衛風》都是殷商都城附近的民歌，這首詩與《衛風·氓》一樣是一首棄婦訴苦的詩：誰說荼菜味道苦呢？比起被丈夫拋棄的苦楚，荼菜簡直像薺菜一樣甘甜。荼是菊科的苦蕒菜（*Ixeris polycephala* Cass.），將薺菜與苦蕒菜對比，可見在先民看來薺菜算是較為可口的一種野菜。《楚辭·九章·悲回風》有"故荼

4　〔清〕顧祿撰，王邁校點：《清嘉錄》，江蘇古籍出版社，1999 年，第 57 頁。
5　〔清〕吳其濬著：《植物名實圖考》，中華書局，2018 年，第 67 頁。

薺不同畝兮，蘭茝幽而獨芳”，將一苦一甜的“荼”和“薺”分別比作小人與君子。

薺菜的嫩苗可炒可涼拌，亦可做湯。在江城，春節後我們會用薺菜做餡兒包春卷。每年春節期間，小姨都會做給我們吃，那是早春山野的味道。

作為極易得且味道不錯的一種野菜，薺菜也屢見於詩文。蘇軾發現了薺菜之美，在寫給徐十二的信中對它推崇備至：

> 君若知此味，則陸海八珍，皆可鄙厭也。天生此物，以為幽人山居之祿，輒以奉傳，不可忽也。

南宋時，詩人陸游晚年居鄉間，吃到薺菜粥，想起與他一樣命途多舛的蘇軾，於是作了那首《食薺糝甚美，蓋蜀人所謂東坡羹也》。詩云：

> 薺糝芳甘妙絕倫，啜來恍若在峨岷。
> 莼羹下豉知難敵，牛乳抨酥亦未珍。
> 異味頗思修淨供，秘方常惜授廚人。
> 午窗自撫膨脖腹，好住煙村莫厭貧。

陸游是薺菜的忠實擁躉，以此為題的詩就有好幾首。如《食薺》云：

> 日日思歸飽蕨薇，春來薺美忽忘歸。
> 傳誇真欲嫌荼苦，自笑何時得瓠肥。

薺菜味道之美，足以慰藉鄉愁。但更多的時候，陸游通過食用薺菜表達晚年的安貧樂道。其《春薺》云：

薺菜開白花，果實呈倒心狀三角形。舊時男女都將薺菜花戴在頭上，有助於明目，薺菜花是以又名眼亮花。

〔日〕岩崎灌園《本草圖譜》，兩種薺菜

食案何蕭然，春薺花若雪。從今日老硬，何以供採擷。
山翁垂八十，忍貧心似鐵。那須萬錢箸，養此三寸舌。
軟炊香粳飯，倖免煩祝噎。一瓢亦已泰，陋巷時小啜。

薺菜開花之後，葉梗皆老，已不適合入菜。但八旬老翁仍採摘回來，像顏回一樣，一簞食，一瓢飲，在陋巷而不改其樂。"山翁垂八十，忍貧心似鐵"，不正像他那首《夜歸》"八十老翁頑似鐵，三更風雨採菱歸"？

南宋詞人辛棄疾也對薺菜偏愛有加，兩首描寫鄉間早春圖景的詞中都出現了薺菜。其一《鷓鴣天·陌上柔桑破嫩芽》云：

陌上柔桑破嫩芽，東鄰蠶種已生些。平岡細草鳴黃犢，斜日寒林點暮鴉。

山遠近，路橫斜，青旗沽酒有人家。城中桃李愁風雨，春在溪頭薺菜花。

其二《鷓鴣天·遊鵝湖醉書酒家壁》同樣寫春日農耕：

春入平原薺菜花，新耕雨後落羣鴉。多情白髮春無奈，晚日青帘酒易賒。

閒意態，細生涯，牛欄西畔有桑麻。青裙縞袂誰家女，去趁蠶生看外家。

南宋淳熙八年（1181）冬，41歲的辛棄疾遭遇彈劾後隱居上饒（今江西省上饒市），這兩首詞就作於此時。詞人用白描的手法寫出早春生機勃勃的山野風景，看似恬淡閒適的文字，實則暗藏隱憂。

兩首詞都提到"酒"，尤其第二首"多情白髮春無奈"，不正是那句"可憐白髮生"？南宋朝廷昏聵無能、偏安一隅，辛棄疾這樣力主抗金的壯士，無法實現"了卻君王天下事，贏得身前生後名"的人生抱負。儘管閒居鄉間，但家國天下，中心藏之，何日忘之？

　　伶仃小草，歷史如此悠久，故事如此之多！

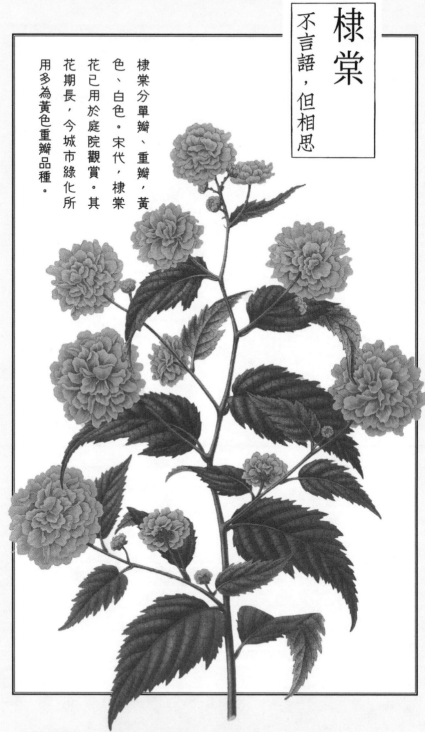

棣棠
不言語，但相思

棣棠分單瓣、重瓣，黃色、白色。宋代，棣棠花已用於庭院觀賞。其花期長，今城市綠化所用多為黃色重瓣品種。

〔荷蘭〕亞伯拉罕·雅克布斯·溫德爾（Abraham Jacobus Wendel）繪，
《荷蘭園林植物志》（*Flora : afbeeldingen en beschrijvingen van boomen, heesters, eenjarige planten, enz., voorkomende in de nederlandsche tuinen*），棣棠，1868 年

棣棠原產中國，是華北、華南都較為常見的灌木之一，公園裏、馬路旁、護城河邊，都有它的身影。棣棠的花期長，能夠燦爛地開過一整個春夏。

棣棠的栽培史

棣棠花［ *Kerria japonica* (L.) DC. ］，薔薇科棣棠花屬落葉灌木。花色金黃，又名金旦子花、雞蛋花、金錢花、雞蛋黃等。江西稱其為清明花，大概是因為它在清明節前後盛開。

棣棠花有單瓣和重瓣之分，重瓣品種很可能是由雄蕊瓣化而來。現在園藝栽培的多是此種，看不到花蕊，也不結果。棣棠的栽培種還有金邊棣棠花（葉的邊緣為黃色）、玉邊棣棠花（葉具有白色邊緣）。[1] 據《植物名實圖考》，另有一種白棣棠："比黃棣棠花瓣寬肥，葉少鋸齒，又別一種。"[2]

"棣棠"何以得名？連吳其濬也不甚清楚。它與另一種植物"棠棣"的名字正好顛倒，晚唐詩人李商隱就將二者相混淆。其詩《寄羅劭興》曰"棠棣黃花發，忘憂碧葉齊"，開黃花的當是棣棠而不是棠棣。

在宋代，這種開花灌木已用於庭院觀賞和綠化。沈括《夢溪筆談·補筆談卷三·藥議》載："今小木中卻有棣棠，葉似棣，黃花

1　〔清〕陳淏子輯，伊欽恆校註：《花鏡》，農業出版社，1962 年，第 253 頁，註釋 1。

2　〔清〕吳其濬著：《植物名實圖考》，中華書局，2018 年，第 658 頁。

綠莖而無實，人家庭檻中多種之。"[3] "無實" 者當指重瓣棣棠，説明北宋已有園藝栽培種植。范成大《沈家店道傍棣棠花》寫到棣棠：

乍晴芳草競懷新，誰種幽花隔路塵？
綠地縷金羅結帶，為誰開放可憐春？

由宋入金的高士談的庭院也種有棣棠，此花一開，色如龍袍，激起他的亡國之思。其《棣棠》詩曰：

閑庭隨分佔年芳，嫋嫋青枝淡淡香。
流落孤臣那忍看，十分深似御袍黃。

清初園藝學著作《花鏡》記載了棣棠的培育方法：

棣棠花藤木叢生，葉如荼蘼，多尖而小，邊如鋸齒。三月開花金黃色，圓若小球，一葉一蕊，但繁而不香。其枝比薔薇更弱，必延蔓屏樹間，與薔薇同架，可助一色。春分剪嫩枝，杝於肥地即活。其本妙在不生蟲蟎。[4]

《花鏡》的作者是陳淏子，明末清初人士，明亡後不願在清朝為官，於是退隱田園，從事花草果木栽培，並兼授徒為業。該書完成於 1688 年，彼時作者已 77 歲高齡。陳淏子寫作本書的目的，乃是有感於 "世人鹿鹿，非混跡市塵，即縈情圭組，昧種植之理"（《花鏡·自序》）。不同於以往的農書，《花鏡》專論觀賞植物、果樹的

3　〔宋〕沈括撰，施適校點：《夢溪筆談》，上海古籍出版社，2015 年，第 219 頁。
4　《花鏡》，第 253 頁。

栽培。作者通過親身實踐、尋訪嗜花友與賣花傭，總結了許多園藝栽培經驗。[5] 比如"棣棠"這一段，作者就告訴我們，當時的人們多將棣棠與薔薇種在一起，以扡插的方法進行繁殖。

但作者說"棣棠"是藤木，與事實不符。據明人高濂《遵生八箋》："花若金黃，一葉一蕊，生甚延蔓，春深與薔薇同開，可助一色。"[6] 此段文字與《花鏡》有重合之處，可見《花鏡》參考了《遵生八箋》。《遵生八箋》說棣棠"生甚蔓延"，《花鏡》很可能是據此認為棣棠為"藤木"一類。

棣棠花期長，花瓣是耀眼的金黃色。不僅公園中多種棣棠，在城市綠化中也尋常可見。這種灌木叢生高可達 1–2 米，正好可作綠籬，恰如范成大所說"誰種幽花隔路塵"。

除了觀賞外，據《中國植物誌》，棣棠"莖髓作為通草代用品入藥，有催乳利尿之效"。這裏的"通草"指的是五加科通脫木，這種植物的莖髓純白飽滿，可作紙張，用於作畫。清朝時廣州出產的"通草畫"，即以此得名。[7] 棣棠的莖中也有類似的白瓤，但無法用於作畫。《植物名實圖考》："按棣棠有花無實，不知其名何取，其莖中瓤白如通草，但細小，不堪剪製。"[8]

5　關於《花鏡》的介紹，參見伊欽恆《校註花鏡引言》。

6　〔明〕高濂編撰，王大淳校點：《遵生八箋》，巴蜀書社，1992 年，第 649 頁。原文條目名作"棠棣花"，應是"棣棠花"之誤。

7　在通草紙上所作的水彩畫，具有宣紙所沒有的立體感，在 18、19 世紀，繪有清代社會風俗的通草畫曾行銷海外、風靡一時。

8　《植物名實圖考》，第 658 頁。

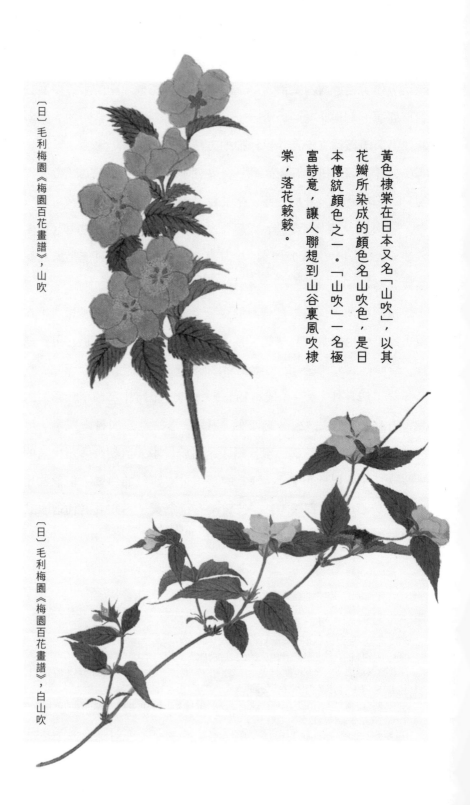

黃色棣棠在日本又名「山吹」，以其花瓣所染成的顏色名山吹色，是日本傳統顏色之一。「山吹」一名極富詩意，讓人聯想到山谷裏風吹棣棠，落花歉歉。

〔日〕毛利梅園《梅園百花畫譜》，山吹

〔日〕毛利梅園《梅園百花畫譜》，白山吹

棣棠花在日本

棣棠花在日本也有種植，歷史亦悠久。江戶時代毛利梅園《梅園百花畫譜》中繪有多個品種的棣棠，其單瓣品種名為"山吹"，又名荼蘼花、酴醾。[9]

"山吹"一名極富詩意，讓人想到山谷裏風吹棣棠，花落繽紛的景象。江戶時代著名詩人松尾芭蕉就在一首俳句裏描寫了這種意境：

> 山吹凋零，悄悄地沒有聲音，飛舞着，瀧之音。

這首詩也被翻譯成："激湍漉漉，可是棣棠落花簌簌？"河中流水湍急，聲勢浩大；岸上棣棠花落，悄無聲息。詩人將大自然中一靜一動兩種景象置於同一時空，流水之動更能反襯出棣棠凋零的寂靜之美，兩三句就寫出了禪意。

日本傳統顏色中的"山吹色"，指的就是棣棠花的顏色。這種溫暖的黃色在摺扇、和服、屏風、漆器等日常用具上都能見到，很受民間歡迎。關於棣棠花所染成的顏色，日本古典文學《枕草子》中講了一個以花傳情的故事。

《枕草子》是日本平安時期女作家清少納言創作的隨筆集，約成書於 1001 年。清少納言（"清"乃是取自家族姓氏"清原"，"少納言"則為宮中官職）曾在宮廷做過七年女官，侍奉平安時代第 66

9　酴醾在日本曾被認為是山吹（棣棠），例如京都市宇治十二景之一的"春岸酴醾"，實際上是岸邊的棣棠花。現在酴醾指的是某種薔薇科觀賞花卉。

代天皇的皇后中宮定子。兩人雖為主僕，但感情至深。中宮去世後，她便離開皇宮，不再侍奉他人。晚年獨居，她回憶起先前的宮廷生活，點點滴滴，念茲在茲，便寫下了《枕草子》。在"棣棠花瓣"一節中，她回憶道：

> 好久沒有得到中宮的消息，過了月餘，這是向來所沒有的，怕中宮是不是也在懷疑我呢，心中正在不安的時候，宮裏的侍女長卻拿着一封信來了。
>
> ……
>
> 打開來看的時候，只見紙上甚麼字也沒有寫，但有棣棠花的花瓣，只是一片包在裏邊。在紙上寫道："不言說，但相思。"[10]

"不言說，但相思"一句出自《古今六帖》，全首歌詞云：

> 心是地下逝水在翻滾了，不言語，但相思，還勝似語話。[11]

只一片棣棠花瓣，只一句短詩，清少納言的疑慮瞬間煙消雲散。但這裏為何要用棣棠花？難道在日本文化中，棣棠如同我們的青鳥，可以傳達相思之情？其中的緣由，周作人在譯本中解釋如下：

> 棣棠花色黃，有如栀子，栀子日本名意云"無口"，謂果實成熟亦不裂開，與"啞巴"字同音，這裏用棣棠花片雙關

10 〔日〕清少納言著，周作人譯：《枕草子》，中國對外翻譯出版公司，2000年，第231頁。
11 《枕草子》，第247頁，註釋105。

不說話，與歌語相應。[12]

　　栀子的果實，更準確地說是單瓣栀子的果實，在我國自秦漢時起就是重要的黃色染料。在日本，栀子與山吹一樣，也是傳統顏色之一。在日本的傳統顏色中，不少以植物命名，諸如紅梅、桃、萱草、菖蒲、紫藤、葡萄等。按照周作人的解釋，栀子果實成熟時不裂開，其日本名為"無口"，與"啞巴"同音，正好對應詩中的"不言語"；又因為栀子色與棣棠花色相近，用棣棠代替栀子，可婉轉地傳遞心意。[13]

12　《枕草子》，第 247 頁，註釋 104。
13　本文關於《枕草子》中棣棠花傳情相關內容的寫作，參考了楊月英《棠棣和棣棠》一文（《文匯報》，2017 年 4 月 19 日）。

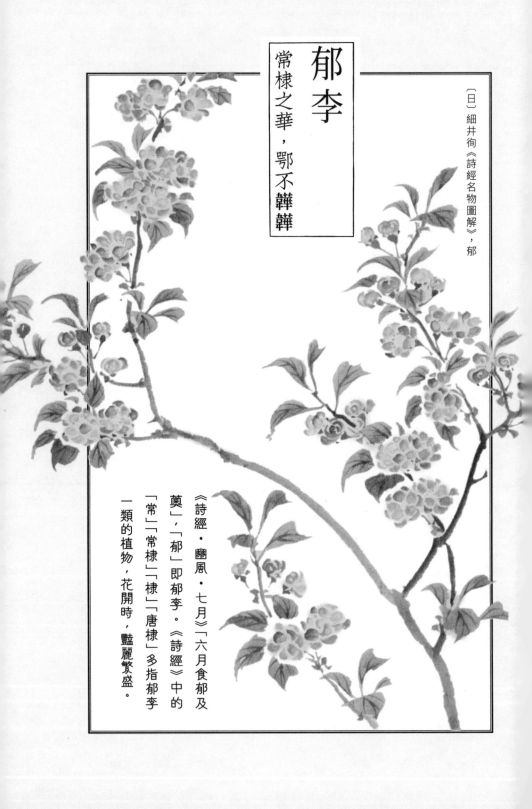

郁李

常棣之華，鄂不韡韡

〔日〕細井徇《詩經名物圖解》，郁

《詩經·豳風·七月》「六月食郁及
薁」，「郁」即郁李。《詩經》中的
「常」「常棣」「棣」「唐棣」多指郁李
一類的植物，花開時，豔麗繁盛。

上文我們說到棣棠，此名與另一種植物"棠棣"正好顛倒。此外還有常棣、唐棣，名稱皆相近，容易混淆。這些植物名稱所對應的都是何種植物？它們之間有何關係？

常棣

"常棣"一名出自《詩經·小雅·常棣》："常棣之華，鄂不韡韡。"《小雅·採薇》曰："彼爾維何？維常之華。"這裏的"常"，《毛傳》也釋為"常棣"。

常棣是何種植物？《爾雅》《毛傳》均釋為"棣"，《說文解字》："棣，白棣也。"陸璣《毛詩草木鳥獸蟲魚疏》有詳細的描述：

> 許慎曰："白棣樹也"。如李而小，子如櫻桃，正白，今官園種之。又有赤棣樹亦似白棣，葉如刺榆葉而微圓，子正赤，如郁李而小，五月始熟。自關西、天水、隴西多有之。[1]

郭璞《爾雅註》與陸璣的描述相近："今山中有棣樹，子如櫻桃，可食。"從以上文獻推斷，可知常棣是白棣，其樹比李樹要小，子如櫻桃，色白。另有一種樹與之相似，名叫赤棣，果實比郁李稍小。

陸璣在此提到的郁李，其種子名為郁李仁，見於《神農本草經》下品。《豳風·七月》"六月食郁及薁"，《毛傳》曰："郁，棣屬。"唐孔穎達《毛詩正義》引東漢末年劉楨《毛詩義問》曰："其樹高

1　轉引自〔晉〕郭璞註，〔宋〕邢昺疏：《爾雅註疏》，北京大學出版社，1999年，第277-278頁。

五六尺，其實大如李，正赤，食之甜。"又引《本草》曰："郁，一名雀李，一名車下李，一名棣。生高山川谷或平田中，五月時實。"[2]後世多認為這裏的"郁"就是郁李。日本森立之《本草經考註》曰："其樹矮小，實亦小，故有車下李、雀李之名耳。"[3]

據《中國植物誌》，郁李[*Cerasus japonica* (Thunb.) Lois.]與櫻桃是近親，兩者同為薔薇科櫻屬，但櫻桃是小喬木，而郁李是灌木，高 1–1.5 米，果實深紅色，直徑約 1 厘米。明人高濂《遵生八箋》說郁李："有粉紅、雪白二色，俱千葉，花甚可觀，如紙剪簇成者。子可入藥。"[4]"千葉"是重瓣品種，以"紙剪簇成"來喻甚是形象。

"郁"是郁李，歷史上也多將常棣釋為郁李一類的植物。如果《詩經》的時代已有重瓣郁李，則開花時較為繁盛，放在詩中是很合適的。如"彼爾維何？維常之華"，東漢鄭玄《毛詩傳箋》云："此言彼爾者乃常棣之華，以興將率車馬服飾之盛。""常棣之華，鄂不韡韡"，鄭玄的解釋是："韡韡"是光明華美貌，"鄂不"是指花萼與花蒂，以花萼與花蒂緊緊相依，比喻兄弟患難與共[5]。這是周人在宴會上歌頌兄弟之情的詩，所謂"凡今之人，莫如兄弟"，因此，後世多用"棣華""棣萼"比喻手足情深。如晚唐高駢的邊塞詩《塞上寄家兄》云：

2　〔唐〕孔穎達撰：《毛詩正義》，北京大學出版社，1999 年，第 503-504 頁。
3　〔日〕森立之撰，吉文輝等點校：《本草經考註》，上海科學技術出版社，2005 年，第563 頁。
4　〔明〕高濂編撰，王大淳校點：《遵生八箋》，巴蜀書社，1992 年，第 648 頁。
5　由於郁李花通常簇生，所以余冠英認為："詩人以常棣的花比兄弟，或許因其每兩三朵彼此相依，所以聯想。"見余冠英註譯：《詩經選》，人民文學出版社，1979 年，第172 頁。

棣萼分張信使希，幾多鄉淚濕征衣。

笳聲未斷腸先斷，萬里胡天鳥不飛。

郭沫若創作於 1920 年的話劇《棠棣之花》即以此命名。該劇改編自西漢司馬遷《史記・刺客列傳》聶政受嚴仲子之託刺殺韓相的故事。史書中，聶政刺殺任務完成後，"自皮面決眼，自屠出腸"。韓人暴其尸於市，能認出刺客身份者，懸以重金。聶政的姐姐聶榮得知此事，猜到刺客正是聶政，前往認屍時說："妾其奈何畏歿身之誅，終滅賢弟之名！"隨後自盡於聶政身旁，時人稱其為烈女。

郭沫若創作這部話劇時正值五四運動之後，他將原故事中的刺殺行動由"士為知己者死"，上升到捨身報國的高度。話劇開篇重點刻畫的即是姐弟兩人為國捐軀、死而後已的英雄形象，例如第一幕第二場聶嫈（即《史記・刺客列傳》中的聶榮）的誓言：

不願久偷生，但願轟烈死。願將一己命，救彼蒼生起！
蒼生久塗炭，十室無一完。既遭屠戮苦，又有饑饉患。
……

我想此刻天下底姐妹兄弟們一個個都陷在水深火熱之中，假使我們能救得他們，便犧牲卻一己底微軀，也正是人生底無上幸福。
……

我望你鮮紅的血液，迸發成自由之花，開遍中華！

郭沫若將話劇命名為"棠棣之花"，大概也是取聶嫈、聶政姐弟兩人的手足之情。

〔日〕岩崎灌園《本草圖譜》，郁李

《詩經・小雅・常棣》「常棣之華，鄂不韡韡」，以郁李之花萼與花蒂緊緊相依，比喻兄弟患難與共。因此，後世多用「棣華」「棣萼」比喻手足情深。

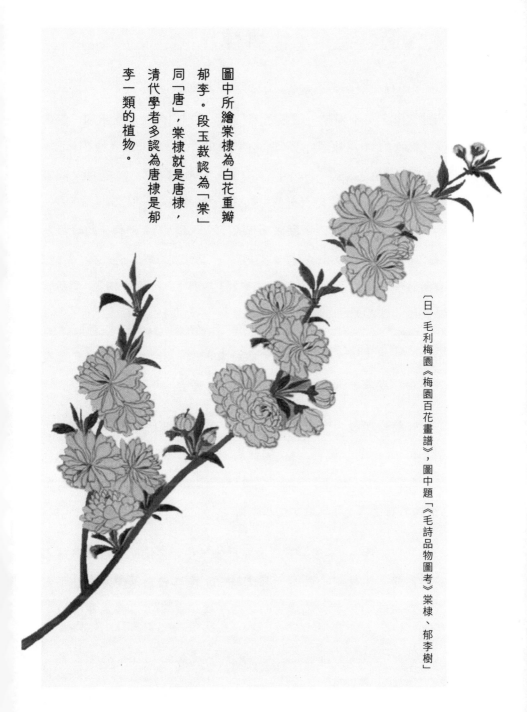

圖中所繪棠棣為白花重瓣郁李。段玉裁認為「棠」同「唐」，棠棣就是唐棣，清代學者多認為唐棣是郁李一類的植物。

〔日〕毛利梅園《梅園百花畫譜》，圖中題「《毛詩品物圖考》棠棣、郁李樹」

唐棣

　　"唐棣"亦見於《詩經》,《召南·何彼襛矣》曰:"何彼襛矣,
唐棣之華。曷不肅雝,王姬之車。"這是周初齊侯之女出嫁,國人
美之而作的詩。[6] 按照鄭玄《毛詩傳箋》的解釋,首句以唐棣花起興,
"喻王姬顏色之美盛"。此外,《秦風·晨風》曰:"山有苞棣,隰有
樹檖。"這裏的"棣",《毛傳》亦釋為"唐棣"。

　　唐棣是何種植物?歷來爭議較多。《爾雅》《毛傳》均解釋為
"栘",《說文解字》曰:"栘,棠棣。""棠棣"又是何物?與"常棣"
有何關係?清代段玉裁《說文解字註》認為:"棠"同"唐",棠棣就
是唐棣。陸璣對"唐棣"的解釋如下:

　　　　奧李也,一名雀梅,亦曰車下李。所在山皆有。其華或
　　　　白,或赤。六月中熟,大如李子,可食。[7]

　　按陸璣所說,唐棣又名雀梅、車下李,與上文《毛詩正義》所
引《本草》中的"郁"一致,因此唐棣就是"郁"。陸璣認為唐棣即
是"奧李",與"郁李"音同,當是同一個讀音的兩種寫法。吳其濬
《植物名實圖考》就採納了這種觀點:

　　　　郁李,《本經》下品。即唐棣,實如櫻桃而赤,吳中謂之
　　　　爵梅,固始謂之秧李。有單瓣、千葉二種:單瓣者多實,生
　　　　於田塍;千葉者花濃,而中心一縷連於蒂,俗呼為穿心梅。

6　袁行霈、徐建委、程蘇東撰:《詩經國風新註》,中華書局,2018 年,第 81 頁。
7　《爾雅註疏》,第 277 頁。

花落心蒂猶懸枝間，故程子以為棣。萼甚牢，《圖經》合常棣為一，未可據。[8]

吳其濬指出，唐棣（郁李）與常棣並非一種。從陸璣將常棣與唐棣分別解釋來看，兩者存在微小的區別。許多清代的學者都持有這種觀點，如陳奐判斷唐棣是白棣，而常棣是赤棣。[9] 段玉裁認為花赤者為唐棣、棠棣，花白者為常棣，"皆即今郁李之類，有子可食者"。[10] 王先謙則認為："唐棣子名郁李，其大如李，常棣子如郁李而小其實，皆棣樹而種微異耳。"[11]

唐棣與常棣雖然有所區別，但都是棣樹的不同種類，果實皆可食用。另有一種觀點認為，唐棣似楊柳科的白楊，白楊與郁李的區別就大了。

8　〔清〕吳其濬著：《植物名實圖考》，中華書局，2018 年，第 786-787 頁。

9　〔清〕陳奐撰，滕志賢整理：《詩毛氏傳疏》，鳳凰出版社，2018 年，第 77 頁。

10　〔清〕段玉裁《說文解字註・栘》："《釋木》曰：'唐棣，栘。常棣，棣。'唐與常音同，蓋謂其花赤者為唐棣，花白者為棣，一類而錯舉。……《小雅》常棣、《論語》逸詩唐棣，實一物也。"

11　〔清〕王先謙撰，吳格點校：《詩三家義集疏》，中華書局，1987 年，第 117 頁。

〔日〕毛利梅園《梅園百花圖譜》，枎栘

此枎栘花瓣潔白細長，接近薔薇科小喬木，植物名卻標示來源於《本草綱目》。《梅園百花圖譜》成書晚於《毛詩品物圖考》，或是受其影響。

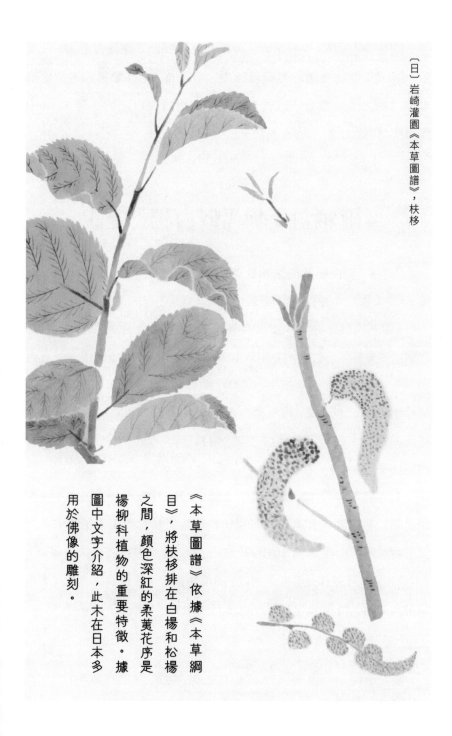

〔日〕岩崎灌園《本草圖譜》，柣柀

《本草圖譜》依據《本草綱目》，將柣柀排在白楊和松楊之間，顏色深紅的柔黃花序是楊柳科植物的重要特徵。據圖中文字介紹，此木在日本多用於佛像的雕刻。

同樣是《詩經》中的植物，唐棣的解釋要比常棣複雜許多。《爾雅》《毛傳》對於唐棣的解釋均為"栘"。"栘"是甚麼植物？除了郁李和白楊之外，還有一種觀點認為是薔薇科開白花的小喬木，《中國植物誌》就採納了這一說法。

《爾雅註》與"似白楊"之說

"唐棣"似白楊的説法始於郭璞《爾雅註》："似白楊，江東呼夫栘。""夫栘"具體長甚麼樣？

《本草綱目·木部》認為西晉崔豹《古今註》中的"栘楊"就是江東的"夫栘"。《古今註·草木第六》："栘楊，圓葉弱蒂，微風大搖。一名高飛，一名獨搖。"[1]《本草綱目·木部》引唐代陳藏器《本草拾遺》曰："枎（扶）栘木生江南山谷。樹大十數圍，無風葉動，花反而後合，《詩》云'棠棣之華，偏其反而'是也。"[2]此外無更多的形態描述。

日本江戶時代本草學者岩崎灌園《本草圖譜》中繪有枎栘，排在白楊和松楊之間。作者畫出了楊柳科植物所具有的柔荑花序，並塗上了鮮豔醒目的深紅色。據圖中文字介紹，此木多用於佛像的雕刻。《本草圖譜》可看作是《本草綱目》的藥物圖鑒，岩崎灌園判斷《本草綱目·木部》所謂的"枎栘"，就是日本用於佛像雕刻的某種楊樹。

1　〔西晉〕崔豹撰：《古今註》，上海古籍出版社，2012 年，第 130 頁。
2　〔明〕李時珍著，錢超塵等校：《本草綱目》，上海科學技術出版社，2008 年，下冊，第 1292 頁。《論語》引《詩》作"唐棣之華，偏其反而"。

但枎栘是否是白楊一類的樹呢？段玉裁《說文解字註》從《詩經》文義的角度駁斥了上述說法：

> 白楊，大樹也。《古今註》云："栘楊亦曰栘柳，亦曰蒲栘，圓葉弱蒂，微風善搖。"此正今之白楊樹。安得有韡韡偏反之花耶？因一栘字混合之。

楊柳科植物的柔荑花序，先葉開放，像毛毛蟲一樣掛在樹枝上，其美麗程度無法與薔薇科的郁李花相提並論。放回《詩經》中，以其起興貴族女子"顏色之美盛"，實在有些匪夷所思。所以，段玉裁的說法有其道理。

但郭璞"似白楊"說法的影響不小，唐代孔穎達《毛詩正義》[3]、南宋朱熹《詩集傳》[4] 皆從此說。陸文郁《詩草木今釋》首次用現代植物分類學的方法梳理《詩經》中的植物，該書亦承襲以上觀點，將唐棣歸為楊柳科。[5]

《清稗類鈔》與日本近代植物學

古人在辨析"唐棣"時，還會提到《論語·子罕》中的兩句詩："唐棣之華，偏其反而。豈不爾思？室是遠而。"這兩句不見於今

3　《毛詩正義·何彼襛矣》釋"唐棣"時，引郭璞《爾雅註》，而未引陸璣《毛詩草木鳥獸蟲魚疏》。見〔唐〕孔穎達撰：《毛詩正義》，北京大學出版社，1999 年，第 103 頁。

4　"唐棣，栘也，似白楊。"見〔宋〕朱熹撰，趙長征點校：《詩集傳》，中華書局，2017 年，第 20 頁。

5　陸文郁編著：《詩草木今釋》，天津人民出版社，1957 年，第 94 頁。

本《詩經》，稱為逸詩，字面意思是"唐棣樹的花，翩翩地搖擺。難道我不想念你？因為你家住得太遠"。[6] 楊伯峻註"唐棣"時指出了陸璣與李時珍兩人觀點的差異："唐棣，一種植物，陸璣《毛詩草木鳥獸蟲魚疏》以為就是郁李（薔薇科，落葉灌木），李時珍《本草綱目》卻以為是栘栘（薔薇科，落葉喬木）。"[7]

此處薔薇科落葉小喬木，就是《中國植物誌》中的唐棣 [*Amelanchier sinica* (Schneid.) Chun]，又名栘栘、紅枸子，美麗觀賞樹木，花穗下垂，花瓣細長，白色而有芳香，栽培供觀賞。從外形來看，此薔薇科小喬木無論與郁李還是白楊都相距甚遠。《中國植物誌》的依據是甚麼？

這個問題一直困擾着我，直到我在《清稗類鈔·植物類》中發現一則關於"栘栘"的材料。從其描述來看，正是《中國植物誌》中的"唐棣"：

> 栘栘為落葉喬木，幹高一二丈，葉為橢圓形，面有白毛。春暮開白花，五瓣，狹長。實赤色，大如小豆。舊說謂即唐棣，或云與白楊同類異種，博物學家屬之薔薇科。[8]

《清稗類鈔》初刊於 1917 年，書中"薔薇科"乃現代植物學專業術語。翻閱《清稗類鈔·植物類》就會發現，這類專業術語隨處可見。諸如開篇說植物類別時說到被子植物、裸子植物，描述烏蘞

---

6 "'唐棣之華，偏其反而'似是捉摸不定的意思……或者當時有人引此詩（這是'逸詩'，不在今《詩經》中）意在證明道之遠而不可捉摸，孔子則說，你不曾努力罷了，其實是一呼即至的。"見楊伯峻譯註：《論語譯註》，中華書局，1980 年，第 96 頁。

7 《論語譯註》，第 96 頁。

8 〔清〕徐珂編撰：《清稗類鈔》，中華書局，1981 年，第 12 冊，第 5881 頁。

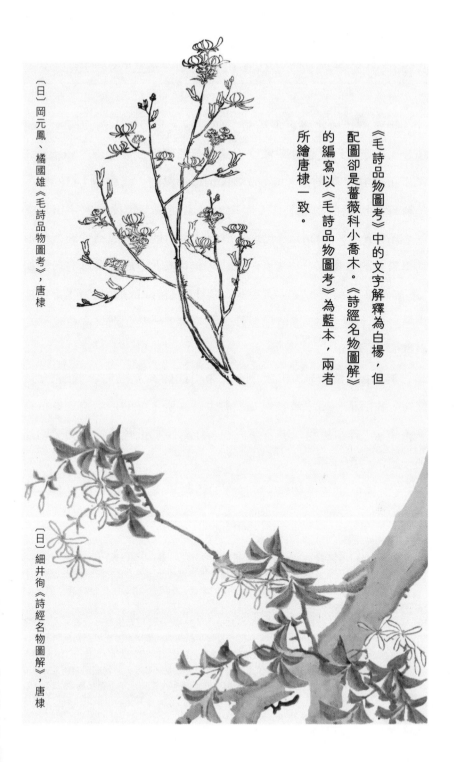

《毛詩品物圖考》中的文字解釋為白楊，但配圖卻是薔薇科小喬木。《詩經名物圖解》的編寫以《毛詩品物圖考》為藍本，兩者所繪唐棣一致。

〔日〕岡元鳳、橘國雄《毛詩品物圖考》，唐棣

〔日〕細井徇《詩經名物圖解》，唐棣

莓時提到"聚傘花序"，介紹芸香時用"羽狀複葉"等等。這些術語從何而來？

我國現代植物學專業術語主要有兩大來源：一為我國本土的譯著，早期有近代植物學家李善蘭與英國傳教士韋廉臣（Alexander Williamson）、艾約瑟（Joseph Edkins）合譯的《植物學》（1858）；一為日本近代植物學著作，早期以日本江戶時代蘭學家宇田川榕菴《植學啟原》（1834）為代表。這兩部書中的術語成為我國近代植物學最初的基本部分。《清稗類鈔·植物類》中的許多專有名詞如"苞""複葉""雌蕊""核果"等，就僅見於《植學啟原》而不見於《植物學》。[9] 也就是説，《清稗類鈔·植物類》一定受到日本植物學的影響。

李善蘭《植物學》出版後，並未引起國人重視。一直到 20 世紀初，我國植物學學者在編譯教科書時，所依據的依然是日本植物學著作。"日本植物學界、學人和著作對我國近代植物學的發軔起到一定的啟蒙作用。"[10]

《清稗類鈔·植物類》所參考的植物學文獻，很可能從日本譯

9　朱京偉：《日本明治時期以後近代植物學術語的形成》，《日本學研究》，1999 年，第 143 頁。作者將明治維新時期文獻所涉及的植物學專業術語，與《植物學》《植學啟原》中的術語相對照，發現單獨見於《植學啟原》的術語有 54 詞，單獨見於《植物學》的有 34 詞，共同見於兩者的有 14 詞。

10　葉基楨《植物學》"同黃明藻的《應用徒薪植物學》極有可能均是依據日本第一代的植物學家三好學的植物學著作而加以編譯的，我國早期的植物學學者多出於三好學門下。日本植物學界、學人和著作對我國近代植物學的發軔起到一定的啟蒙作用。再如，1908 年，姚昶緒翻譯三好學的《植物學實驗初步》；1911 年，奚若和蔣維喬編寫的《植物學教科書》以及 1918 年出版的《植物學大辭典》（孔慶萊、黃以仁、杜亞泉等 13 人）亦是如此"。見陳德懋、曾令波：《中國植物學發展史略（續）—— 植物分類學發展史》，《華中師範大學學報》，1988 年第 4 期，第 482 頁。

介而來，上述引文中提及的某博物學家，亦當來自日本。此博物學家為何認定枎栘就是此薔薇科小喬木呢？"枎栘"一詞源於中國，是《詩經》植物唐棣的別名，這就涉及日本《詩經》研究者如何解釋唐棣。

《毛詩品物圖考》與日本《詩經》名物研究

《詩經》在 5 世紀已傳入日本，到 18 世紀開始出現《詩經》名物學研究。其中以稻生若水《詩經小識》（1709）為首，而圖解類著作則有淵在寬《陸氏草木鳥獸蟲魚疏圖解》（1779）和岡元鳳撰，橘國雄繪《毛詩品物圖考》（1785）等。

《毛詩品物圖考》初刻於日本天明五年（1785）。其為唐棣所配插圖，正是上述薔薇科小喬木。該書對每一種名物都有簡短的介紹，對"唐棣"的解釋如下：

> 《傳》："唐棣，栘也。"《集傳》："似白楊。"《名物疏》："唐棣、常棣是二種。《爾雅》云：'唐棣，栘。'《本草》謂之枎栘木。一名高飛，一名獨搖，自是楊類。雖得名棣，而實非棣也。"[11]

除了引用中國典籍（以《詩集傳》為最）外，《毛詩品物圖考》還參考了日本近代《詩經》、本草、博物學方面的研究成果，可以

---

11 〔日〕岡元鳳撰，橘國雄繪：《毛詩品物圖考》，浙江人民美術出版社，2017 年，第 152 頁。

看作是當時日本《詩經》名物研究的集大成者。而對於“唐棣”，《毛詩品物圖考》並未引用任何日本文獻，只是遵從朱熹之說，認為唐棣為楊類。

可見，很有可能是《毛詩品物圖考》首先將此薔薇科小喬木與唐棣等同起來。《毛詩品物圖考》問世後暢銷不衰，多次再版，後來傳入我國，可以想見它在日本《詩經》名物研究界的影響。半個多世紀後，細井徇《詩經名物圖解》以之為藍本，對唐棣的配圖亦與之保持一致。

上文提及的那位日本近代博物學家，很有可能也看過《毛詩品物圖考》，但同時發現了其中的問題。他運用現代植物學的分類方法，將配圖中的植物重新鑒定為薔薇科，但是保留了它在中國文獻中的名字“枎栘”。所以《清稗類鈔·植物類》將“枎栘”作為條目名，並在介紹植物形態後補充說：“舊說謂即唐棣，或云與白楊同類異種。”《中國植物誌》很可能也受此影響，以“唐棣”作為此薔薇科小喬木的正式名，以“枎栘”為別名。而這一切的源頭，或許只是因為《毛詩品物圖考》中的一個失誤。

因此，綜合此文與上一篇文章，可以推測，《詩經》《爾雅》中的唐棣，並非白楊一類或薔薇科小喬木，而應當從陸璣之說，釋其為郁李一類的植物。

香樟

千尋豫樟幹，九萬大鵬歇

樟樹的花、枝、葉均有香味，可提取樟腦，可做良材，夏可納涼，終年常綠，被三十七個地級城市定為市樹，在全國所有市樹中名列第一。

〔日〕岩崎灌園《本草圖譜》，樟

樟樹廣泛分佈於長江流域、西南地區，因其枝葉均有香味，可提取樟腦，可做良材，夏可納涼，終年常綠，因此為人們普遍種植。或許正是因為樟樹的廣泛分佈和諸多益處，它被 37 個地級城市定為市樹，在全國所有市樹中名列第一，其中以湖南、江西、浙江最多；地級市之外，以樟樹命名的村寨就更多了。[1]

樟樹之得名

"樟" 這個字，東漢許慎《說文解字》並未收入。因為在那之前的《左傳》《莊子》《淮南子》等文獻中，這種喬木的名字是 "豫章"。據清人段玉裁《說文解字註》，"豫" 的本義是 "象之大者"，後引申為 "凡大皆稱豫"。"章" 在商周金文中可能是 "以刀具治圓形玉器的象形，也就是 '璋' 或 '彰' 的表意初文"，"紋理" "文章"（花紋，如 "黑質而白章"）等是其引申義。[2]《本草綱目·木部》解釋 "樟"，認為 "其木理多文章，故謂之樟"[3]，用的就是其引申義。

對此，夏緯英持不同觀點：樟樹香氣甚著，名曰樟，與同樣有着香氣的動物之名 "獐" 一樣；樟樹雖為木材，但紋理不如氣味明

1　紀永貴：《樟樹意象的文化象徵》，《閱江學刊》，2010 年第 1 期，第 130 頁。這篇文章對樟樹古文獻的梳理與文化分析是本文的重要參考，筆者在其基礎上又補充了一些材料，整理後加以分類，主要見於第二節。
2　李學勤主編：《字源》，天津古籍出版社，2012 年，第 198 頁。
3　〔明〕李時珍著，錢超塵等校：《本草綱目》，上海科學技術出版社，2008 年，下冊，第 1234 頁。

顯，因此"樟"應取香義。[4] 按夏先生的觀點，"豫章"的本義是大而香的樹，可備一說。

西漢開國，"豫章"成為一個地名。漢高祖劉邦在今江西設豫章郡，名曰"豫章"，是因為此地樟樹甚多。北魏酈道元《水經注》卷39 引東漢應劭《漢官儀》："豫章，樟樹生庭中，故以名郡矣。"[5] 隋開皇九年 (589)，罷豫章郡，置洪州府。所以"初唐四傑"之首王勃《滕王閣序》才說："豫章故郡，洪都新府"，滕王閣位於江西南昌，豫章後成為南昌的別稱。此外，與景德鎮並稱江西四大古鎮之一的樟樹鎮，也是以樹命名。可見，在歷史上，江西的樟樹非常多。

古籍中的樟樹形象

樟樹在古籍中的形象也都是正面的，例如《莊子》就將樟樹與楠、梓這類"端直好木"放在一起，並與"柘棘枳枸"等"有刺之惡木"作對比。[6] 而在《左傳》中，楚國白公熊勝發動叛亂，公子結 (字

4　夏緯英著：《植物名釋札記》，農業出版社，1990 年，第 42 頁。

5　〔北魏〕酈道元著，陳橋驛校證：《水經注校證》，中華書局，2013 年，第 878 頁。

6　《莊子·山木》："王獨不見夫騰猿乎？其得楠梓豫章也，攬蔓其枝而王長其間，雖羿、逄蒙不能睥睨也；及其得柘棘枳枸之間也，危行側視，振動悼栗，此筋骨非有加急而不柔也，處勢不便，未足以逞其能也。今處昏上亂相之間，而欲無憊，奚可得邪？此比干之見剖心徵也夫。"〔唐〕成玄英疏："楠梓豫章，皆端直好木也。""柘棘枳枸，並有刺之惡木也。"見〔晉〕郭象註，〔唐〕成玄英疏，曹礎基、黃蘭發點校：《莊子註疏》，中華書局，2011 年，第 368 頁。

子期）拔起樟樹力戰而亡，樟樹成為正義之士的武器。[7] 古籍中對於樟樹的記載很多，其形象、特徵可以歸納如下：

生於深山，遠離人煙。《太平御覽》卷 957 引西漢陸賈《新語》云："賢者之處世，猶金石生於沙中，豫章產於幽谷。"[8] 引西晉皇甫謐《高士傳》曰："堯聘許由為九州長，由惡聞，洗耳於河。巢父見，謂之曰：'豫章之木，生於高山，工雖巧而不能得。子避世，何不藏深？'"[9] 由此可見，一開始，樟樹多生於人跡罕至的地方，故用來比喻隱者避世。

高大粗壯，濃蔭密佈。《水經注》曰："豫章，城之南門曰松楊門。門內有樟樹，高七丈五尺，大二十五圍，枝葉扶疏，垂蔭數畝。"[10] 明人李詡《戒庵老人漫筆》載："江西都司府樟樹極大，曾大比年巡按會考，各府州縣科舉諸生約三千人，皆蔭庇於下。有德興舉人親與者說。"[11] "大比年"即舉子趕考之年。聽上去有些誇張，但足以說明，樟樹可以生得多麼高大茂盛。

營建宮室，棟樑之材。如此高大的樟樹，正好可做棟樑之材。南朝梁任昉《述異記》："豫章之為木，生七年而後與眾木有異。漢

---

7 《左傳·哀公十六年》曰："吳人伐慎，白公敗之。請以戰備獻，許之，遂作亂。秋七月，殺子西、子期於朝，而劫惠王。子西以袂掩面而死。子期曰：'昔者吾以力事君，不可以弗終！'抌豫章以殺人而後死。"楊伯峻註："抌，拔取也。豫章即今樟木，可為建築材，亦可作器物，朝廷自無此樹，或生於庭，子期多力，拔取此樹以殺人而死。"見楊伯峻編著：《春秋左傳註》（修訂本），中華書局，2016 年，第 1901 頁。

8 此句為今本《新語》佚文。〔宋〕李昉等撰：《太平御覽》，中華書局，1960 年，第 4250 頁。

9 《太平御覽》，第 4250 頁。《高士傳》原文作"巢父曰：'子若處高岸深谷，道不通，誰能見子？子故浮游，欲聞求其名譽，污吾犢口。'"與樟樹無涉。

10 〔北魏〕酈道元著，陳橋驛校證：《水經注校證》，中華書局，2013 年，第 878 頁。

11 〔明〕李詡撰，魏連科點校：《戒庵老人漫筆》，中華書局，1982 年，第 47 頁。

武帝寶鼎二年，立豫章宮於昆明池中，作豫章水殿。"[12]《陳書·高祖本紀下》載，梁朝侯景叛亂被平定時，太極殿被焚。梁元帝蕭繹想要重建，獨缺一柱。至陳時，陳武帝陳霸先任命沈眾為掌管宗廟、宮室營造的起部尚書，以大十八圍、長四丈五尺之樟木建太極殿。

唐詩中亦提到樟木此用。白居易《寓意詩五首·其一》曰："豫樟生深山，七年而後知。挺高二百尺，本末皆十圍。天子建明堂，此材獨中規。"元稹《諭寶二首》曰："千尋豫樟幹，九萬大鵬歇。棟樑庇生民，艅艎濟來哲。"

一直到明朝，北京皇宮的營造亦用到樟木。《植物名實圖考》引《明興雜記》載："神木廠有樟扁頭者，圍二丈，長臥四丈餘，騎而過其下，高可以隱。雖不易覯，而合抱參天，萬牛回首。"[13] 神木廠是明初朱棣營建紫禁城時用來堆放木料的地方，這些木料多是從四川、兩湖、兩廣等地採辦而來的上好木料。"萬牛回首"典出杜甫《古柏行》"大廈如傾要樑棟，萬牛回首丘山重"，這裏指樟木木料巨大，一萬頭牛都拉不動。

製作棺椁，貴族尊享。除了可以營建宮室外，樟木還可作棺椁，且為王公貴族所尊享。《後漢書·禮儀志下》："諸侯王、公主、貴人皆樟棺，洞朱，雲氣畫。公、特進樟棺黑漆。"[14]《宋書·禮志二》曰："宋孝武大明五年閏月，皇太子妃薨。樟木為櫬，號曰樟

---

12 〔南朝〕任昉撰：《述異記》，中華書局，1985 年，第 19 頁。
13 〔清〕吳其濬著：《植物名實圖考》，中華書局，2018 年，第 790-791 頁。
14 〔宋〕范曄撰：《後漢書》，中華書局，2012 年，第 11 冊，第 3152 頁。

宮。"[15] 樟木還可用於造船，《淮南子·修務訓》曰："梗楠豫章之生也，七年而後知，故可以為棺舟。"[16]《酉陽雜俎》載："樟木，江東人多取為船，船有與蛟龍鬥者。"[17] 高大古老，富有神話色彩。高大而古老的樟樹，也少不了被賦予神話色彩。西漢東方朔《神異經》曰："東方荒外有豫章焉。此樹主九州，其高千丈，圍百丈，本上三百丈。……有九力士操斧伐之，以占九州吉凶。斫之復生，其州有福。創者，州伯有病。積歲不復者，其州滅亡。"[18] 這是以樟木被砍伐後復生與否來預測吉凶。東晉干寶《搜神記》曰："吳先主時，陸敬叔為建安太守，使人伐大樟樹。下數斧，忽有血出。樹斷，有物人面狗身，從樹中出。敬叔曰：'此名彭侯。'乃烹食之，其味如狗。"[19]《宋書·符瑞志上》曰："豫章有大樟樹，大三十五圍，枯死積久，永嘉中，忽更榮茂。景純並言是元帝中興之應。"[20] 樟樹死而後生，被認為是王朝中興之兆。

總的説來，古籍中對於樟樹的記載主要體現在其實用性方面。但這些實用性均非樟樹所獨有，樟樹並沒有像松、柏一樣，被古人賦予高尚的品格，也不像槐和棘（酸棗樹）一樣，象徵三公九卿與功名利祿。與樟樹有關的神話傳説，也並未像月亮中的桂樹一樣廣為人知。紀永貴認為，這或許與樟木一開始生於深山幽谷，遠離北方的政治中心有關。

---

15 〔梁〕沈約撰：《宋書》，中華書局，2013年，第2冊，第397頁。

16 〔西漢〕劉安等著：《淮南子》，嶽麓書社，2015年，第211頁。

17 〔唐〕段成式撰：《酉陽雜俎》，中華書局，1981年，第173頁。

18 〔西漢〕東方朔著：《神異經》，上海古籍出版社，2012年，第91頁。

19 〔晉〕干寶撰：《搜神記》，上海古籍出版社，1998年，第175頁。

20 《宋書》，第3冊，第783頁。

同樣，樟樹也不見於《詩經》《楚辭》。紀永貴這樣解釋："主要取材於黃河流域的《詩經》中沒有出現樟樹不必奇怪，因為樟樹的生長從不過淮河……樟為深山喬木，而《楚辭》多取湖、沼、洲、渚之芳草，雖然樟樹木香，但離人間太遠，是不易引起澤國行吟的屈原等人的注意的。"[21]

樟樹多古木

樟樹之所以能"挺高二百尺，本末皆十圍"，在於它樹齡長，故能"枝葉扶疏，垂蔭數畝"。清代錢泳《履園叢話》載："初，無錫惠山寄暢園有樟樹一株，其大數抱，枝葉皆香，千年物也。"[22]《植物名實圖考》亦云："樟公之壽，幾閱大椿。社而稷之，洵其宜也。"[23] 這樣的古樹很適合用於祭祀拜神。江西婺源等地如今還有奉古樟樹為神，修"樟神廟"，祭樹攘災的習俗。[24]

樟樹為百姓所喜聞樂見，歷史上一定也曾廣為種植。一些古樟幸運地存活了下來，如今依然枝繁葉茂、生機勃勃。樟樹中的"老前輩"在中國台灣省南投縣信義鄉，位於台灣島中部山區，樹齡達3000 年，需 15 人手拉手方可合抱。[25]

---

21 《樟樹意象的文化象徵》。
22 〔清〕錢泳撰，孟裴校點：《履園叢話》，上海古籍出版社，2012 年，第 11 頁。
23 《植物名實圖考》，第 791 頁。"大椿"是《莊子·逍遙遊》中有名的長壽之木："上古有大椿者，以八千歲為春，以八千歲為秋。"
24 劉易鑫等：《略論婺源古樟的樹木文化》，《科學通報》，2013 年 S1 期，第 64 頁。
25 汪勁武編著：《植物世界拾奇》，湖南教育出版社，1997 年，第 217 頁。

除了中國，樟樹也分佈於日本。"日本的樟樹也多，古樹也不少，也多在寺院附近，鹿兒島縣有大樟一株，離地 1.5 米處的樹幹周長達 22.7 米，樹高達 30 米，樹齡超過千年。"[26] 鹿兒島縣位於日本九州島最南端，亞熱帶氣候，森林植被茂密，被譽為日本的世外桃源。樟樹在日本也頗受歡迎，當地人種樟樹以綠化並提取樟腦。它也是日本著名港口城市名古屋的市樹。

在電影《龍貓》中，小梅正是在一棵樟樹下的洞穴裏發現龍貓的。[27] 電影中龍貓住的那棵樟樹，就是一棵極為粗壯的參天古木。樹幹上繫着一根繩子，那是日本神社中常見的注連繩，一般懸掛於鳥居、本殿和神樹之上，作為神聖區域與世俗區域的分界。[28] 注連繩上等距離掛着一些白色的"之"字形飄帶，那是用紙裁成的紙垂，稱為"御幣"。[29] 樹的旁邊有一間小木屋，這是一個小型的神社。神社前正中放着一個木箱，上面從右往左隱約寫着"奉納"二字。這個木箱叫賽錢箱，賽錢箱的正上方是一根垂下來的繩子，繩子上

---

26 《植物世界拾奇》，第 218 頁。

27 小梅帶着姐姐和爸爸去尋找龍貓，找到那棵樹之後，姐姐說："快看，好大一棵樟樹！"本片在國內上映時，字幕譯作"樟樹"。

28 "日本所謂'注連繩'，又叫'七五三繩'、'標繩'。注連繩有七股撚成的，也有五股或三股撚成的，故名'七五三繩'。用注連繩圍成一個正方形的場域，場域內外分彼、此，故名'標繩'。一般情況下，神社的鳥居或本殿常常掛着注連繩。祭禮期間以及正月裏在門前也懸掛注連繩，以區別內外，將神聖的區域與世俗的區域分別開來。注連繩裏面，可以謂之'聖域'；注連繩外面，謂之'俗域'。"見麻國鈞：《青繩兆域　注連為場——中日古代演出空間文化散論（一）》，《中華戲曲》第 46 輯，文化藝術出版社，2013 年，第 52 頁。

29 "日本的幣稱為'御幣'，'幣'前加一'御'字表示對神靈、神事的崇敬。御幣用切紙，通常用白色，而在特殊情況下用五色紙。紙切的御幣或用竿子挑成，或懸掛在注連繩上，作為圍域必用的神物。有時在某些神社祭祀正式舉行之前，由宮司等站在神社正殿前向觀眾揮動御幣，以祓災納福。"見《中華戲曲》第 46 輯，第 53 頁。

繫着鈴鐺。參拜神社時，先往賽錢箱裏投錢，然後搖繩、打鈴、擊掌，召喚神靈然後祈福[30]。

一棵橡樹的樹齡可達千年之久，質地堅硬結實、高大挺拔，在西方被尊為「萬木之王」。

古橡樹以及樹下的男子，作於 1857 年

---

30 "老百姓的祭祀節日多數不屬於國家神道。在這種節日裏，老百姓擁至神社，每個人都漱口祛邪，拽繩、打鈴、擊掌，召喚神靈降臨。接着，他們恭恭敬敬地行禮，禮畢再次拽繩、打鈴、擊掌，送回神靈。然後，離開神社殿前，開始這一天的主要活動。這就是在神社院子裏小攤販上購買珍品玩物，看相撲、祓術以及有小醜插科打諢逗笑的神樂舞。" 見〔美〕魯思 • 本尼迪克特著，呂萬河、熊達雲、王智新譯：《菊與刀》，商務印書館，2016 年，第 83 頁。

這間神社應該就是為這棵古老的樟樹而建。但在電影中，神社已然廢棄。散落在周圍的一些石頭，是神社中常見的用來照明和驅邪的石燈籠。其中一塊倒在地上，上面也刻着"奉納"二字，可能是由信徒敬獻給神靈的。可以想見，這間神社廢棄前，附近的村民也曾在重要的節日前來參拜敬神、求福許願。這與今天江西婺源奉古樟樹為神，修"樟神廟"以祭樹攘災的風俗，有相似之處。而在日本，樟樹被視為聖樹，常種植於寺廟中。所以，在電影中巨大的樟樹下面，才會住着龍貓這樣的精靈。

樟樹還是橡樹？

不過，從其他方面來看，這棵樹可能並不是樟樹。比如，小梅在進入樹洞前，電影對樹洞入口處的落葉和種子作了特寫。這枚種子當是殼斗科櫟屬植物的果實，即我們常說的"橡子"。樟樹的果實呈球形，豌豆般大小，與此決然不同。當然，這枚種子有可能是其他小精靈帶到這裏的。

再看葉子，脈絡分明、微微凸起，主脈兩側的葉脈較短。而樟樹葉片中兩側的葉脈長，與此區別較大。它會不會是橡樹的樹葉呢？

橡樹和樟樹一樣，擁有極長的樹齡，可達千年之久。這種殼斗科喬木種類繁多，就像"樟樹"一樣，"橡樹"也是通稱。提到橡樹，我們知道，它的果實橡子是松鼠們的最愛，橡木製成的釀酒桶，可為葡萄酒增加單寧（tannin）。與樟樹一樣，橡樹在西方有着同樣久遠豐富的文化意蘊。"在古希臘，橡樹是最強神宙斯的樹，人們通過聆聽多多納城裏橡樹葉的沙沙聲響來接收他傳達的神諭。在北歐神話中，橡樹屬於雷神托爾。"[31] 由於橡樹質地堅硬結實、高大挺拔，一直以堅忍不拔的品格而備受敬仰。在德國，橡樹代表國家力量，作為統一的象徵；而在 18 世紀的英國，橡樹被盛讚為"男子氣概的完美形象"。在英國文化中，橡樹"是萬樹之王，是整個文明的頭腦、心靈和栖居之所"。[32]

《龍貓》的靈感來源於宮澤賢治的童話作品《橡子與山貓》。橡子在電影中多次出現，是推動情節發展的重要線索。例如，一家人剛搬進那間舊房子時，小梅就在地板上撿到一顆橡子。之後，小梅在草地上拾橡子時遇見一隻小精靈，正是跟着它，小梅才得以進入樹洞，見到龍貓。那之後，龍貓和兩隻小精靈進入姐妹倆的夢鄉，他們站在苗圃旁施以魔法，讓剛剛種下的橡子在一瞬間長成參天大樹，成為電影中最為激動人心的時刻之一。

從電影《龍貓》的日語配音來看，龍貓住的那棵樹就是樟樹。而樟樹和橡樹的日文拼寫和發音都很相近，會不會是電影製作人員弄混了呢？不過，到底是甚麼樹並不重要，重要的是這部電影所傳達出來的人與自然之間的和諧關係。

---

31 〔英〕菲奧娜·斯塔福德著，王晨、王位停譯：《那些活了很久很久的樹：探尋平凡之樹的非凡生命》，北京聯合出版公司，2019 年，第 105 頁。
32 《那些活了很久很久的樹：探尋平凡之樹的非凡生命》，第 106 頁。

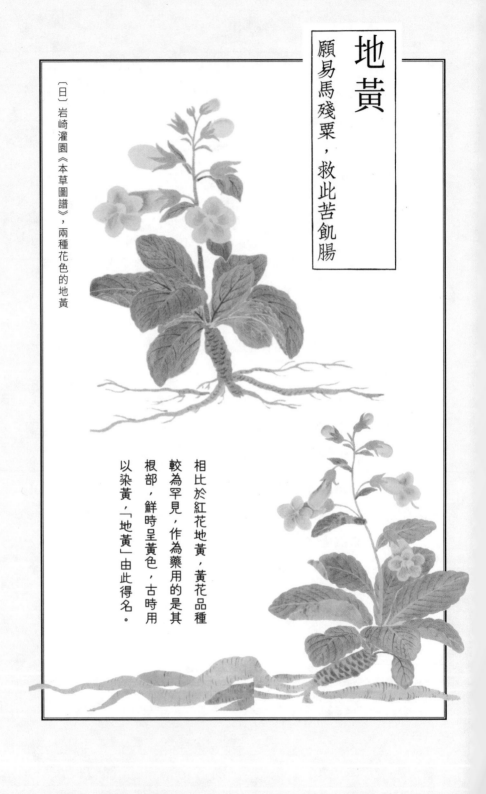

地黃

願易馬殘粟，救此苦飢腸

〔日〕岩崎灌園《本草圖譜》，兩種花色的地黃

相比於紅花地黃，黃花品種較為罕見，作為藥用的是其根部，鮮時呈黃色，古時用以染黃，「地黃」由此得名。

提起地黃，很多人都會想到"六味地黃丸"，曾經以為地黃是多麼罕見的藥材，其實並不難見到。《本草圖譜》中繪有兩種地黃，一種花冠為常見的紫紅色加黃色，另一種是花冠全黃的品種。

晴雯的藥方

地黃[*Rehmannia glutinosa* (Gaetn.) Libosch. ex Fisch. et Mey.]是玄參科地黃屬多年生草本植物，地黃屬現知 6 種，均產於我國。其外形的特點是花、葉和莖上都是柔毛，筒形花冠引人注目，裏面的花蜜可供食用。《植物名實圖考》載："余嘗寓直澄懷園，階前池上皆地黃苗，小兒摘花食之，詫曰蜜罐。"[1] 一次去安陽旅行，在殷墟博物館外的草地上看到許多地黃。我特地摘下一朵嚼了嚼，的確很甜。

對於地黃的外形，《本草綱目·草部》有詳細的描述：

> 其苗初生塌地，葉如山白菜而毛澀，葉面深青色，又似小芥葉而頗厚，不叉丫。葉中攛莖，上有細毛。莖梢開小筒子花，紅黃色。結實如小麥粒。根長四五寸，細如手指，皮赤黃色，如羊蹄根及胡蘿蔔根，曝乾乃黑，生食作土氣。[2]

在《爾雅》中，地黃名為"苄"。此外它還有很多別的名稱，

1　〔清〕吳其濬著：《植物名實圖考》，中華書局，2018 年，第 257 頁。
2　〔明〕李時珍著，錢超塵等校：《本草綱目》，上海科學技術出版社，2008 年，上冊，第 668 頁。

如"牛奶子""婆婆奶""狗奶子"。為何會有這樣的名字？如果你見過地黃的花苞，你就會同意《中華本草》的解釋："其欲開之花蕾末端略膨大若乳頭，形似而喻之為牛奶子、狗奶子。"[3]

地黃的藥用部分是其塊根，鮮時呈黃色，古時用以染黃，"地黃"之名由此而來，其別名"地髓"也以地下根莖得名。按加工方法，地黃可分為鮮地黃、生地黃、熟地黃3種。鮮地黃即剛出土者，乘鮮儲藏於沙土中；鮮地黃曬乾或者烘乾，顏色由黃而黑，就得到生地黃；生地黃蒸過之後再次曬乾，就是熟地黃。《神農本草經》上品載"乾地黃"，可能包括生地黃和熟地黃。以上3種藥效略有不同，鮮地黃清熱涼血，生地黃涼血止血，熟地黃則滋陰補血。[4]

六味地黃丸用的是熟地黃。所謂"六味"，指的是熟地黃、山茱萸、牡丹皮、山藥、茯苓、澤瀉。地黃為"君藥"，起主要作用，故其名單列。

《紅樓夢》第53回"寧國府除夕祭宗祠　榮國府元宵開夜宴"，晴雯帶病連夜縫補孔雀裘，以致"力盡神危"。王太醫把脈，診斷為："勞了神思。外感卻倒輕了，這汗後失調養，非同小可。"於是換了一服藥，其中便有"茯苓、地黃、當歸等益神養血之劑"。此處的地黃當是熟地黃。

地黃功效如此，蘇軾晚年曾親自種植，熬製湯藥以自我調養。其《地黃》詩云：

3　國家中醫藥管理局編委會：《中華本草》，上海科學技術出版社，1999年，第7冊，第376頁。

4　《全國中草藥匯編》（第二版），人民衛生出版社，1996年，上冊，第349頁。

地黃飼老馬，可使光鑒人。

吾聞樂天語，喻馬施之身。

我衰正伏櫪，垂耳氣不振。

移栽附沃壤，蕃茂爭新春。

　　北朝農學家賈思勰《齊民要術》中記載有種地黃之法，説明唐以前，黃河流域已開始人工種植這種草藥。《植物名實圖考》曰："地黃舊時生咸陽、歷城、金陵、同州。其為懷慶之產，自明始，今則以一邑供天下矣。"[5] 後來，"懷慶地黃"成為地黃的別名。懷慶為今河南焦作等地，舊有"四大懷藥"之説，地黃是其中之一，其他 3 種為山藥、牛膝和菊花。

　　地黃為懷慶人帶來可觀的收益，"懷之人以地黃故，遂多業宋清[6]之業，而善賈軼於洛陽……千畞地黃，其人與千戶侯等；懷之穀，亦以此減於他郡。"但其種植也不易，"植地黃者，必以上上田，其用力勤，而慮水旱尤甚。"[7]

採地黃的人

　　地黃的根塊可入藥，亦可煮粥。南宋林洪《山家清供》云："宜

5　《植物名實圖考》，第 257 頁。

6　宋清：唐代長安賣藥人，輕財重義，時人稱許，曰："人有義聲，賣藥宋清"。見〔唐〕李肇撰：《唐國史補》，上海古籍出版社，1979 年，卷中，第 46 頁。

7　《植物名實圖考》，第 257 頁。

用清汁，入鹽則不可食。或淨洗細截，夾米煮粥，良有益也。”[8] 地黃苗也可食用，古人採以為蔬，也可做羹。唐代王旻《山居錄》曰：“地黃嫩苗，摘其旁葉作菜，甚益人。”[9] 明代朱橚《救荒本草·地黃苗》曰：“採葉煮羹食……。”[10]

地黃煮粥、做羹的歷史，可能比它藥用的歷史還要早。東漢許慎《說文解字》引《禮記》：“鉶毛：牛藿，羊芐，豕薇。”在鄭玄所註《禮記》中，“羊芐”寫作“羊苦”，王念孫據此認為“苦”與“芐”通，此處均指地黃。[11] 這是國君招待大夫時的飲食之禮，羹要放在“鉶”這種小鼎中。用不同肉類做的羹，搭配的蔬菜也不同：牛肉羹放藿（豆葉），羊肉羹放芐（地黃），豬肉羹放薇（野豌豆苗）。既然藿和薇均為蔬菜，這裏的“芐”當是地黃的嫩苗。羊肉羹為何要放地黃苗？可能是地黃性寒，而羊肉性溫。

地黃可入藥，能做菜，還能餵馬。唐代白居易《採地黃者》云“與君啖肥馬，可使照地光”，是說馬兒吃了地黃，毛色油亮，光彩照地。這首詩寫的是一位農民採地黃以換糧度荒：

> 麥死春不雨，禾損秋早霜。
> 歲晏無口食，田中採地黃。
> 採之將何用？持以易糇糧。
> 凌晨荷鋤去，薄暮不盈筐。

8　〔宋〕林洪撰，章原編著：《山家清供》，中華書局，2013 年，第 32 頁。

9　轉引自《本草綱目》，上冊，第 668 頁。

10　〔明〕朱橚著，王錦秀、湯彥承譯註：《救荒本草譯註》，上海古籍出版社，2015 年，第 230 頁。

11　〔清〕王念孫著，鍾宇訊點校：《廣雅疏證》，中華書局，1983 年，第 317 頁。

攜來朱門家，賣與白面郎。

與君啖肥馬，可使照地光。

願易馬殘粟，救此苦飢腸！

　　春季大旱，秋日早霜，小麥和稻子都顆粒無收。到了歲末，家中沒有糧食，只好去野外採地黃。"凌晨荷鋤去，薄暮不盈筐"，說明採地黃的艱辛，也說明採地黃的人太多。在古代，自然災害容易引發羣體饑荒。賣地黃以餵馬，換回馬吃剩的糧食來活命。

　　一個寒冷的冬天，採地黃的人冒着風霜去荒野，夜幕時背着籮筐來到大戶人家，輕叩朱門，低聲問：能否用這半筐地黃，換取君家馬兒吃剩的小米？可憐我家中老小，都還餓着肚子，等着我回去……

　　在白居易筆下，賣炭的老翁和採地黃的人有着相似的命運：

賣炭得錢何所營？身上衣裳口中食。

可憐身上衣正單，心憂炭賤願天寒。

忍冬

金銀花、舊時光與敦煌壁畫

〔日〕岩崎灌園《本草圖譜》，忍冬

忍冬俗名金銀花，初開白色，二三日後變黃，新舊相參，黃白相映，故此得名。仿照忍冬花設計的忍冬紋，在佛教裝飾藝術中常見。

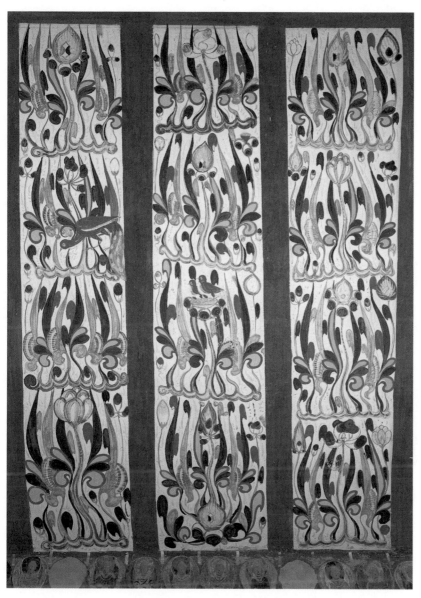

敦煌莫高窟第 428 窟前坡的蓮荷忍冬摩尼禽鳥紋人字坡（北周時期）

金銀花裏的舊時光

　　在我的老家湖北武漢，野生的金銀花很多，離家不遠的菜園子裏，池塘邊的田埂上，山腳下的灌木叢裏，都能找到它的身影。上大學之前，每當四五月金銀花開，我都會拿起鐮刀出門尋覓一番，所以村子周圍哪裏有金銀花，我都熟知。有時候帶上我最小的堂弟，他會問，為甚麼不是姐姐去摘花，而是哥哥？

　　金銀花連同藤蔓一起“割”回來，先拿剪刀將小枝剪下，將長枝剪短，去除無花的枝葉，找來空瓶裝滿水。接下來就是最有趣的環節——插花，要好一陣擺弄，直到滿意為止。當然，那時我尚不知插花是一門藝術，要講究高低錯落、疏密有致，還要發揮花材本身的特點。比如金銀花是藤本，頂部的嫩枝彎曲盤旋，可以好好利用，達到一種舒展飄逸的效果。在每個房間都擺上金銀花，那醉人的香味很快就充滿整個屋子，令人心曠神怡，像是把大自然搬回了家。這個過程充滿樂趣，是我頂喜歡做的一件事。

　　後來上初中，在鎮上一戶人家的院子裏見到金銀花，從柵欄上爬出來，葉片和花瓣都比野地裏的肥厚。當時很驚訝，原來金銀花是可以自己種的，可是怎麼種呢？從野外連根挖回來嗎？當時正好有一門“勞動技術課”，有一節內容專門介紹花木栽培與嫁接，其中講到金銀花可以扡插繁殖。具體操作是將手指粗細的枝條剪成筷子長短，靠近根部的一端朝下插在花盆裏，不久之後它就能生根發芽。回到家，我照着做過一次，兩週後，插下去的枝條竟全部長出了嫩葉！沒想到金銀花的繁殖像插柳條一樣簡單又神奇！

　　印象中，金銀花的花期不是特別長，在武漢，一般進入六月就很少。高考那年前夕，我突然記起金銀花，屋後是幾處菜園，吃過晚飯就想着出去找找看。沒想到在一片荒地上找到了，就長在石縫中，可能營養不良所以枝條精細如鐵絲，花還開着，雖然不多且瘦，但一樣很香。於是採了幾枝回去泡在水裏，似乎只有這樣，這個春天才算是沒有遺憾。

後來到北京上大學，教師公寓樓的一層被開闢成小花園，我時常在那裏散步，然後很驚喜地發現了金銀花，幾乎是一眼就認出來。在北方還能見到它，覺得很驚喜，花期也比南方要遲，到畢業季的時候還很繁盛。於是，自然少不了在月黑風高的夜晚，飛速前去採幾枝帶回宿舍，或是送人，收到花的人很是欣喜。

金銀花通常與野薔薇、覆盆子、荊條等長在一起，如果旁邊有構樹、桑樹這些小喬木，它就會爬上樹梢，開花的時候熱鬧非凡，不走近看，還以為是一棵金銀花樹。一次回家，在一家農莊裏進行家庭聚會。傍晚和舅舅、弟弟妹妹們在塘埂邊採桑葚，看到不少"金銀花樹"。金銀花與香樟、楝樹、野薔薇的花期相同，野薔薇的味道稍淡一些，其他 3 種花香濃鬱，混在一起，沁人心脾。

忍冬紋與佛教裝飾藝術

金銀花是忍冬科忍冬屬多年生藤本植物，其中文正式名就是忍冬（*Lonicera japonica* Thunb.），取"凌冬不凋"之意。[1] "不凋"指

1　陶弘景曰："處處有之。藤生，凌冬不凋，故名忍冬。"轉引自〔明〕李時珍著，錢超塵等校：《本草綱目》，上海科學技術出版社，2008 年，上冊，第 856 頁。

金銀木即金銀忍冬，與金銀花同為忍冬科忍冬屬，二者花形相似，花色也是先白後黃。忍冬為藤本，而金銀木為灌木，秋結紅果，至冬不凋，乃園林一景。

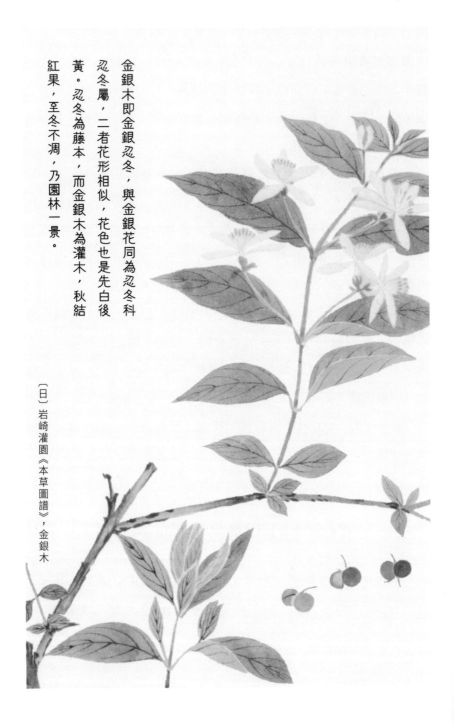

〔日〕岩崎灌園《本草圖譜》，金銀木

敦煌莫高窟第 432 窟中心柱東的蓮花化生馬雞忍冬紋龕楣（北周時期）

的是葉，而不是花。而關於"金銀花"一名的由來，《本草綱目·草部》解釋得很明白：

> 三四月開花，長寸許，一蒂兩花二瓣，一大一小，如半
> 邊狀，長蕊。花初開者，蕊瓣俱色白；經二三日，則色變黃。
> 新舊相參，黃白相映，故呼金銀花，氣甚芬芳。[2]

金銀花一開始是白色，後來轉變為黃色。此外，《本草綱目·草部》還載有許多別名，如金銀藤、鴛鴦藤、鷺鷥藤、老翁鬚、左纏藤、金釵股等，"其花長瓣垂鬚，黃白相半，而藤左纏，故有金銀、鴛鴦以下諸名。金釵股，貴其功也"[3]。

上述名稱中的"左纏"，是藤本植物的纏繞方向。面朝金銀花枝幹，從左手邊的方向，繞到被纏植物的後面，盤旋而上，就是"左纏"；相反就是"右纏"，比如紫藤。《中國植物誌》關於藤本植物纏繞方向的專業術語是"莖左旋"和"莖右旋"，與《本草綱目·草部》正好相反。金銀花的"左纏"，對應的是植物學上的"莖右旋"。

金銀花在我國多地均有分佈，其藥用部分以花蕾為佳，作為中藥歷史悠久。此外，金銀花的紋樣——忍冬紋，很早就用於佛教的裝飾藝術，在敦煌北朝時期的壁畫和花紋磚上都能見到，通常與蓮花一同出現，且各自都有寓意。《圖説敦煌二五四窟》一書對此有詳細的介紹：

---

2 《本草綱目》，上冊，第 856 頁。
3 《本草綱目》，上冊，第 856 頁。

忍冬與蓮花是莫高窟北朝藝術的重要圖案元素。在整窟四壁基層的裝飾帶上，繪有豐富的忍冬紋樣，但並沒有出現蓮花圖案；而當視線上升到窟頂，隨着空間意向的轉變，窟頂藻井中的圖案變成了蓮花為主，忍冬紋樣配合其間，這種圖案系統的變化似乎也呼應着整窟的空間象徵性，從保持頑強的生命力、經冬不凋，逐步到達生命體驗圓滿自在的至高境界。[4]

忍冬紋出現在佛教裝飾藝術中，正是取其名之"凌冬不凋"的含義。有學者提出質疑，因為在與佛學有關的文獻比如佛學詞典中，並沒有關於忍冬的任何記載；此外，在古希臘的建築和陶器上已出現忍冬紋樣式，忍冬紋應源自古希臘，由掌狀葉紋演化而來，隨着羅馬帝國的擴張傳入印度，再通過印度佛教傳入中國。[5] 不過僅從紋樣本身看，忍冬紋與忍冬花瓣的確有幾分相似。

忍冬屬還有金銀忍冬 [*Lonicera maackii* (Rupr.) Maxim.]，又名金銀木，為落葉灌木。它的花與金銀花形態特徵一樣，稍小，且不如金銀花香味濃。金銀忍冬是北方公園裏常見的觀賞植物，春天開花，秋天結果，果實赤色如紅豆，樹葉落光後剩下滿樹的紅果，又是一番風景。金銀花也結果，熟時呈藍黑色，有光澤，大小與金銀忍冬果實相當。

4　陳海濤、陳琦著：《圖說敦煌二五四窟》，生活・讀書・新知三聯書店，2017 年，第193 頁。

5　倪建林：《從忍冬到捲草紋》，《裝飾》，2004 年第 12 期，第 61 頁。

合歡

不見合歡花，空倚相思樹

合歡是豆科植物。它的花垂散如絲，甚為特別，又名絨花樹。古人認為合歡可以解憂，在詩文中多象徵夫妻情深、家庭和睦。

〔日〕岩崎灌園《本草圖譜》，合歡

我很小的時候就見過合歡，就在外婆家的老房子門前，那時它已長得高大粗壯。媽媽說，那是她爺爺—— 我太家公種下的。早晨在清脆的鳥叫聲中醒來，睜開眼就看到窗外的合歡花，跟別的花很是不同。粉紅色的絨線團生在綠葉間，像是落了一層煙霞，仔細看，又像《西遊記》裏仙女們用的扇子，印象很深。

合歡與含羞草

合歡 (*Albizia julibrissin* Durazz.) 是豆科合歡屬落葉喬木，合歡葉與含羞草很相像，都是二回羽狀複葉，葉片小且排列得密集整齊。實際上，合歡就是含羞草亞科。

關於合歡的外形特徵，古人已經描述得詳盡且富有詩意。唐代蘇敬等人《唐本草》曰："此樹葉似皂莢及槐，極細。五月花發，紅白色，上有絲茸。秋實作莢，子極薄細。"北宋蘇頌《本草圖經》曰："木似梧桐，枝甚柔弱。葉似皂角，極細而繁密，互相交結。每一風來，輒自相解了，不相牽綴。"[1] 至於它的花，北宋寇宗奭《本草衍義》曰："其色如今之醮暈線，上半白，下半肉紅，散垂如絲，為花之異。"[2] 其特別之處就在於那些細長的絲茸，不是花瓣，而是花絲，是雄蕊的組成部分，上面托舉着花藥，長成這樣是為了便於

---

1 轉引自〔明〕李時珍著，錢超塵等校：《本草綱目》，上海科學技術出版社，2008 年，下冊，第 1275 頁。

2 〔宋〕寇宗奭著，張麗君、丁侃校註：《本草衍義》，中國醫藥科技出版社，2012 年，第 57 頁。

傳粉。合歡是以又名絨花樹。

　　含羞草的花也有花絲，較合歡短，頭狀花序圓球形，一樣的粉紅色。如果只是看花，很難相信合歡和含羞草屬於豆科。畢竟，蝶形花冠才是豆科植物的"招牌"，不過它們的果實都是莢果。含羞草的小枝和葉被輕輕觸碰後會閉合然後下垂，合歡的小葉也有類似的特點，只不過是晚上閉合、白天展開，所以合歡又名夜合、合昏[3]。

合歡的文化內涵

　　"合歡"一名始見於《神農本草經》，位列中品："味甘平，無毒。主安五臟，利心志，令人歡樂無憂。久服輕身，明目，得所欲。"[4]可見合歡一名與其藥效也有關係，其花與樹皮皆可入藥，皆可安神解鬱。

　　古人對此深信不疑，如三國時期嵇康《養生論》曰："合歡蠲忿，萱草忘憂。"西晉崔豹《古今註・草木第六》曰："樹之階庭，使人不忿。"[5]清代李漁《閒情偶寄・種植部》對合歡更是推崇備至：

　　　　合歡蠲忿，萱草忘憂，皆益人情性之物，無地不宜種
　　　　之。……凡見此花者，無不解慍成歡，破涕為笑。是萱草可

3　〔唐〕陳藏器："其葉至暮即合，故云合昏。"夏緯瑛指出："合歡一名可能由'合昏'轉化而成。"見夏緯瑛著：《植物名釋札記》，農業出版社，1990年，第38頁。

4　〔日〕森立之輯，羅瓊等點校：《神農本草經》，北京科學技術出版社，2016年，第48頁。

5　〔西晉〕崔豹撰：《古今註》，上海古籍出版社，2012年，第130頁。

以不樹，而合歡則不可不栽。[6]

此外，合歡名曰"夜合"，又有"洞房花燭夜"這層意思。"合歡被"是新娘出嫁時的嫁妝，"合歡酒"是新人用"合歡杯"所飲的交杯酒，因此合歡是夫妻情深的象徵。杜甫《佳人》"合昏尚知時，鴛鴦不獨宿。但見新人笑，那聞舊人哭"即取此意。《閒情偶寄·種植部》寫合歡的栽植之法時說，合歡宜種在"深閨曲房"，"人開而樹亦開，樹合而人亦合"。

因此，合歡自古喜為人們種植。《唐本草》曰："所在山谷有之，今東西京第宅山池間亦有種者。"《本草圖經》曰："今汴洛間皆有之，人家多植於庭除間。"[7] 一年中秋去山西，在晉中王家大院就見到幾株合歡，亭亭如蓋。

清代詞人納蘭性德家中種有兩株合歡。康熙二十四年（1685）五月二十三日，納蘭性德與朱彝尊等友人在庭院宴會。那時階前的兩株合歡正開，暮色四合，暗香浮動，眾人分題歌詠。納蘭性德賦五律《夜合花》一首：

> 階前雙夜合，枝葉敷華榮。
>
> 疏密共晴雨，捲舒因晦明。
>
> 影隨筠箔亂，香雜水沉生。
>
> 對此能銷忿，旋移近小楹。

6　〔清〕李漁著，江巨榮、盧壽榮校註：《閒情偶寄》，上海古籍出版社，2000 年，第 303-304 頁。

7　轉引自《本草綱目》，下冊，第 1275 頁。

彼時納蘭已染病多日，7 天後便與世長辭，去世時年僅 30 歲，這首詩遂成為他的絕筆。[8] 詩的最後一句，詞人欲藉合歡以銷忿，恐怕也與疾病有關吧。而在 8 年前，妻子盧氏難產去世後，納蘭曾作詞《生查子》以悼念，其中也提到庭院階前的合歡：

> 惆悵彩雲飛，碧落知何許。不見合歡花，空倚相思樹。
> 總是別時情，那待分明語。判得最長宵，數盡厭厭雨。

"不見合歡花，空倚相思樹" 又作 "當日合歡花，今日相思樹"[9]，將 "合歡花" 與 "相思樹" 對仗，以寄託對盧氏的思念。妻子亡故後，納蘭寫了許多真切感人的悼亡之作。誰知他也英年早逝，留給後人無盡的慨歎。

《聊齋誌異》裏的合歡與愛情

說到合歡，不得不提清代蒲松齡《聊齋誌異》中的名篇《王桂庵》。這是一個情節曲折、引人入勝的愛情故事，合歡在其中有着重要的象徵意義。

世家子弟王桂庵，南遊時在江上邂逅風姿韶絕的船家女孟芸娘。他一見傾心，先是吟詩以引其注意，又投之以金錠、金釧。芸

8　關於納蘭性德此段生平，參見黃天驥著：《納蘭性德和他的詞》，廣東人民出版社，1983 年，第 29-30 頁。

9　張草紉《納蘭詞箋註》："此詞有‘惆悵彩雲飛，碧落知何許’之語，當作於康熙十六年妻子盧氏去世後。"《瑤華集》作："當日合歡花，今日相思樹。" 以上轉引自閔澤平編著：《納蘭詞全集》，崇文書局，2015 年，第 57-58 頁。

娘均不為所動，解纜徑去。王桂庵望着遠去的帆影，"心情喪惘，癡坐凝思"，返舟急追，已不知其蹤，後"又沿江細訪，並無音耗。抵家，寢食皆縈念之"。第二年，他又來到南方尋找芸娘。這次他特地買了一艘船住在江邊，"日日細數行舟，往來者帆檣皆熟"，只是不見芸娘。半年之後，資罄而歸，此後"行思坐想，不能少置"。至此，王桂庵癡情種的形象躍然紙上。

日有所思，夜有所夢。一天，王桂庵在夢裏見到芸娘。夢境伊始，是對芸娘住處的環境描寫，十分優美。合歡在這裏首次出現：

> 一夜夢至江村，過數門，見一家柴扉南向，門內疏竹為籬，意是亭園，徑入。有夜合一株，紅絲滿樹。隱唸：詩中"門前一樹馬纓花"，此其是矣。過數武，葦笆光潔。又入之，見北舍三楹，雙扉闔焉。南有小舍，紅蕉蔽窗。……有奔出瞰客者，粉黛微呈，則舟中人也。喜出望外，曰："亦有相逢之期乎！"

詩中的"馬纓花"就是合歡，以其花散垂如絲，恰似馬頭上的紅纓而得名。很快，芸娘的父親回來，王桂庵驚醒。但這個夢是那樣的真實，"景物歷歷，如在目前"。王桂庵也很珍惜這次夢中的相逢，"恐與人言，破此佳夢"。誰知最後竟變成現實，於是，合歡再一次出現：

> 又年，余再適鎮江。郡南有徐太僕，與有世誼，招飲。信馬而去，誤入小村，道途景象，彷彿平生所歷。一門內，馬纓一樹，夢境宛然。駭極，投鞭而入。種種物色，與夢無

別。再入，則房舍一如其數。夢既驗，不復疑慮，直趨南舍，舟中人果在其中。

上面兩段引文都很精彩。在《聊齋誌異》眾多的愛情故事中，《王桂庵》別具一格。故事中沒有狐鬼花妖，都是普通的凡人，但夢境與現實的完全重疊，也頗為傳奇。也許就像明代戲曲家湯顯祖《牡丹亭》裏說的“生者可以死，死者可以生”，究其緣故，其實都在於一往而情深。

細讀文本，雖然“種種物色，與夢無別”，但蒲松齡只寫了“馬纓一樹”，其他夢中之景略而不提。春暮夏初那一樹盛開的合歡，不僅是故事裏美妙的風景，也成為夢境與現實的連接，有着重要的隱喻功能。多年後的重逢，男方備述相思之苦，女方也表明心跡，原來彼此都有意，她還留着那支金釧，為了等待他的出現，推掉了多門親事。終於等到了，自然結為夫妻。

但這個故事還沒講完。此外，王桂庵在夢中默唸的那句“門前一樹馬纓花”其實也大有用意，它原來的版本不是“馬纓花”，而是“紫荊花”。為甚麼會從紫荊變成合歡呢？

紫荊

郎若閒時來喝茶，
門前一樹紫荊花

〔日〕岩崎灌園《本草圖譜》，紫荊

紫荊三四月開花，花朵簇生於老枝和主幹，這是它的特別之處。與合歡喻夫妻情深不同，紫荊象徵兄弟團結，古代庭院多種。

上篇文章我們說到《聊齋誌異》中的愛情故事《王桂庵》，男主人公王桂庵在江上邂逅女主人公孟芸娘後，求偶不得，尋覓無果，又念念不忘，終於在夢中見到心上人。在這個美麗的夢境開頭，有"合歡一株，紅絲滿樹"，男主人公默唸：這就是詩中所說的"門前一樹馬纓花"吧。這句詩源於一首竹枝詞，是一首民間情歌，它的另一個版本是"門前一樹紫荊花"。為甚麼會有兩個版本呢？我們首先認識一下紫荊。

紫荊與洋紫荊

紫荊（*Cercis chinensis* Bunge）是豆科紫荊屬叢生或單生灌木，早春開花時，紫紅或粉紅的蝶形花冠簇生於老枝和主幹，將枝幹團團包裹，密密麻麻，而那時綠葉尚未萌發，是以滿樹皆紅，又名滿條紅。[1] 花落之後，枝幹上就掛滿了莢果，冬天也不脫落，特徵很明顯。

從紫荊拉丁名中的加種詞 chinensis，可知它原產中國，與之相對的是洋紫荊（*Bauhinia variegata* L.）。洋紫荊一般可代指豆科羊蹄甲屬的幾種園林植物，在我國南方熱帶、亞熱帶省份廣泛栽培，花或紫紅，或白粉，幾乎全年開花。中國香港特別行政區區旗上的圖案即香港市花，就是一種洋紫荊，其中文正式名為紅花羊蹄甲（*Bauhinia blakeana* Dunn），是園林雜交種，原產中國香港地區，

1　〔清〕陳淏子輯，伊欽恆校註：《花鏡》，農業出版社，1962 年，第 117 頁。

很少結果。[2] 從花冠來看，紫荊和洋紫荊區別很大，無法想像洋紫荊也是豆科植物。

唐代陳藏器《本草拾遺》中另有一種植物名為"紫荊花"，又名紫珠，可解蛇蟲叮咬之毒。據考證，其原植物為馬鞭草科紫珠屬植物，[3] 與豆科紫荊並非一物，但被《本草綱目·木部》合二為一，《植物名實圖考》已指出其誤。[4]

紫荊是常見的栽培植物，也是清華大學的校花，南北皆有。《本草圖經》曰："紫荊處處有之，人多種於庭院間。"[5] 庭院間多種紫荊，與其文化內涵有關。

紫荊的文化寓意

與合歡喻夫妻恩愛不同，紫荊是兄弟友愛的象徵。《太平御覽》卷 959 引南朝周景式《孝子傳》："古有兄弟，忽欲分異。出門見三荊同株，接葉連蔭。歎曰：'木猶欲聚，況我兄弟而欲殊哉？'遂還，相為雍和矣。"[6]

2　劉仁林主編：《園林植物學》，中國科學技術出版社，2003 年，第 205 頁。

3　國家中醫藥管理局編委會：《中華本草》，上海科學技術出版社，1999 年，第 6 冊，第 549 頁。紫珠的原植物可能是杜虹花、白棠子樹、華紫珠、老鴉糊。

4　"紫荊，《開寶本草》始著錄。處處有之。又《本草拾遺》有紫荊子，圓紫如珠，別是一種。湖南亦呼為紫荊。《夢溪筆談》未能博考，李時珍併為一條，亦踵誤。"見〔清〕吳其濬著：《植物名實圖考》，中華書局，2018 年，第 819–820 頁。

5　轉引自〔明〕李時珍著，錢超塵等校：《本草綱目》，上海科學技術出版社，2008 年，下冊，第 1348 頁。

6　〔宋〕李昉等撰：《太平御覽》，中華書局，1960 年，第 4256 頁。

南朝吳均神話誌怪小說集《續齊諧記》中也有類似的故事，說京兆田真兄弟三人分家產，堂前一株紫荊不好處理，兄弟三人商議將其截為三段。次日砍樹時，"樹即枯死，狀如火然"。田真見此，對弟弟們說："樹本同株，聞將分斫，所以憔悴。是人不如木也。"兄弟三人遂"悲不自勝，不復解樹。樹應聲榮茂。兄弟相感，合財寶，遂為孝門"。[7]

後世詩文遂以"三荊""紫荊"寄託手足之情，如唐代楊炯《從弟去盈墓誌銘》："三荊搖落，五都悲凉，痛門戶之無主，悼人琴之兩忘。"杜甫《得舍弟消息》："風吹紫荊樹，色與春庭暮。花落辭故枝，風回返無處。骨肉恩書重，漂泊難相遇。猶有淚成河，經天復東注。"《紅樓夢》第 94 回"宴海棠賈母賞花妖　失寶玉通靈知奇禍"，林黛玉以田家紫荊枯而復榮，推斷海棠萎了一年之後反季節開放，必是喜事。

　　邢夫人道："我聽見這花已經萎了一年，怎麼這回不應時候兒開了？必有個原故。"……獨有黛玉聽說是喜事，心裏觸動，便高興說道："當初田家有荊樹一棵，三個兄弟因分了家，那荊樹便枯了。後來感動了他兄弟們仍舊歸在一處，那荊樹也就榮了。可知草木也隨人的。如今二哥哥認真唸書，舅舅喜歡，那棵樹也就發了。"賈母王夫人聽了喜歡，便說："林姑娘比方得有理，很有意思。"

7　〔南朝〕吳均撰：《續齊諧記》，上海古籍出版社，2012 年，第 227 頁。

由此可知紫荊指代兄弟團結、手足情深，世家大族庭院中多植此樹，即取此意。《閒情偶寄・種植部》介紹合歡的栽植之法時說，不同的植物當據其寓意，種在不同的地方：

> 植之閨房者，合歡之花宜置合歡之地，如椿萱宜在承歡之所，荊棣宜在友于之場，欲其稱也。[8]

合歡喻夫婦，宜種於閨房（女子住所）；椿樹和萱草喻父母，宜種於父母居處（"承歡"指侍奉父母）；"荊"是紫荊，"棣"是《詩經・小雅・常棣》中的常棣，皆喻手足，宜種於兄弟居處（"友于"典出《尚書・君陳》，指代兄弟）。

既然紫荊喻兄弟，合歡喻夫妻，在《聊齋誌異・王桂庵》所引詩句中，合歡自然比紫荊要合適。但這並非蒲松齡所改，在他之前，就有人覺得合歡更符合詩意。這首詩及其背後的故事，同樣也很美。蒲松齡在此引用這句詩，其實大有用意。

從紫荊花到馬纓花

"前門一樹馬纓花"出自何處？《聊齋誌異》刊行後多家為之評註，馮鎮巒認為此乃元代詩人虞集的作品。之後，呂湛恩註《聊齋誌異》謂此句出自《水仙神》詩，全文如下：

8　〔清〕李漁著，江巨榮、盧壽榮校註：《閒情偶寄》，上海古籍出版社，2000 年，第 304 頁。

錢塘江上是奴家，郎若閒時來吃茶。

黃土築牆茅蓋屋，門前一樹馬纓花。[9]

虞集，字伯生，號道園，與楊載、范梈、揭傒斯合稱"元詩四大家"，在元代文壇頗負盛名，"杏花春雨江南"即出其詞《風入松・寄柯敬仲》。但據趙伯陶先生查閱，虞集作品《道園學古錄》及有關總集中並沒有這句詩。據他考證，"門前一樹馬纓花"這句引詩的原著作權，當歸屬元代詩人張雨。[10]

張雨，字伯雨，錢塘人，20 歲出家為道士，詩文書法皆有名氣，與虞集、揭傒斯等文士交友，且集中多有唱和之作。其《湖州竹枝詞》與呂湛恩註中所引《水仙神》詩極為相似，只是末句植物為紫荊花，而非馬纓花：

臨湖門外是儂家，郎若閒時來吃茶。

黃土築牆茅蓋屋，門前一樹紫荊花。

這首竹枝詞同樣出現在《南村輟耕錄》卷 4 "奇遇" 一則中，《南村輟耕錄》是元末明初陶宗儀所著元朝史事札記，"奇遇" 故事的主角正是上文所提 "元詩四大家" 之一的揭傒斯。揭傒斯早年家貧，遊湖湘間，夜泊江畔，一位容儀清雅的女子乘舟前來，自稱商人之婦："妾與君有夙緣，非同人間之淫奔者，幸勿見卻。" 兩人相見甚歡，及至天亮，揭傒斯還 "戀戀不忍去"。臨別時，婦人説："君

9　〔清〕蒲松齡著，張友鶴輯校：《聊齋誌異》，上海古籍出版社，2011 年，第 1633 頁。

10　趙伯陶：《門前一樹馬纓花》，《中國典籍與文化》，1996 年第 2 期，第 80、82 頁。

大富貴人也，亦宜自重。"（此話日後應驗，揭傒斯 40 歲後由布衣薦授翰林國史院編修官。）然後，她留下這首竹枝詞：

> 盤塘江上是奴家，郎若閒時來吃茶。
> 黃土作牆茅蓋屋，庭前一樹紫荊花。

次日揭傒斯上岸沽酒，得知此地正是詩中所言盤塘鎮，詩的後兩句也成為現實：

> 行數步，見一水仙祠，牆垣皆黃土，中庭紫荊芬然。及登殿，所設像與夜中女子無異。

原來，江上出現的商人之婦，乃水仙祠中的仙女，《水仙神》一名大概由此而來。由以上情節可知，蒲松齡《王桂庵》一文明顯參考了《南村輟耕錄》。

比較《南村輟耕錄》中仙女的臨別贈詩、張雨《湖州竹枝詞》和《聊齋誌異》所引《水仙神》詩，會發現三者只在地名、植物名上有區別，很明顯是同一首詩的三個版本，而且均出現於元代。可以推測，《湖州竹枝詞》在先，它首先是一首民歌；之後出現在《南村輟耕錄》中，該故事為陶宗儀根據揭傒斯的姪兒所述撰寫而成[11]；再之後，有了這首《水仙神》詩，原本竹枝詞中的"紫荊花"被改成"馬纓花"，後被蒲松齡引入《聊齋誌異》。

11　"余往聞先生之姪孫立禮說及此，亦一奇事也。今先生官至翰林侍講學士，可知神女之言不誣矣。"見〔元〕陶宗儀撰，李夢生校點：《南村輟耕錄》，上海古籍出版社，2012年，第 47 頁。

竹枝詞裏的愛情

　　為甚麼會將紫荊改為合歡呢？正是由於兩者在文化寓意上的區別。竹枝詞本是巴蜀一帶民歌，經劉禹錫的加工而廣為流傳，後世詩人多以此為題書寫愛情故事、鄉土風俗。湖州地處太湖之濱，這首《湖州竹枝詞》或許就是湖州一帶的民歌。更重要的是，它很有可能是一首女子向男子表白心意、以身相許的情歌。

　　為何如此説？原因就在"吃茶"二字。在婚俗中，"吃茶"意味着許婚，例如《紅樓夢》第 25 回"魘魔法姊弟逢五鬼　紅樓夢通靈遇雙真"，王熙鳳打趣林黛玉道："你既吃了我們家的茶，怎麼還不給我們家做媳婦？"説得眾人都笑起來，林黛玉也紅了臉。

　　仔細品讀，這首情歌是那麼真摯、含蓄又美好。女子對自己的心上人説："就在這個春天，你空閒的時候，就來我家提親吧。我家就住在湖邊，黃土築的牆，茅草蓋的屋，門前有一樹盛開的馬纓花。"紫荊喻兄弟，合歡喻夫妻，所以在這首竹枝詞和《聊齋誌異》的故事中，合歡要更為合適。這句詩不僅是夢境與現實中的環境描寫，也暗示了情節的發展：現實中兩人相見後互訴衷腸，孟芸娘要求王桂庵正式提親，明媒正娶。夢裏的合歡也是重要的徵兆，預示着兩人後來結為連理。

　　古詩《留別妻》曰："結髮為夫妻，恩愛兩不疑。"合歡和紫荊到此就講完了，但《聊齋誌異》裏的故事才講到一半。王桂庵與芸娘成親後辭岳北歸，途中取笑騙她説家中已有妻室，乃吳尚書之女。芸娘臉色大變，竟然投江自盡。所幸芸娘獲救，數年後二人重逢，冰釋前嫌，闔家團圓。這就是《聊齋誌異》中一波三折的愛情故事，原文比上述的概括要精彩得多。

棟樹

金鈴子、棟花風與傳說

棟樹果實又名金鈴子,「花竟則立夏」,詩文多以棟花暗示時間流逝、春光已老。

〔日〕佚名《本草圖匯》,棟樹的花與果實

只怪南風吹紫雪

棟（*Melia azedarach* L.）是楝科楝屬落葉喬木。楝科植物中，我們最熟悉的可能是香椿。在我國，楝屬植物僅兩種，另一種是川楝（*Melia toosendan* Sieb. et Zucc.）。兩者只在花、葉和果的外形上有細微區別，川楝的果實稍大 [1]。古人皆稱楝，本文以"楝樹"統而稱之。

作為中藥，"楝實"在《神農本草經》中位列下品，味苦寒。《本草圖經》載其別名"苦楝"。奶奶告訴我，這種樹叫苦朗果子樹，大概也是果實苦的緣故。夏天炎熱，不過有風的早晨很涼爽，角落裏的楝樹灑下一片濃蔭。奶奶在樹底下洗衣服，自來水嘩啦嘩啦地流。奶奶說，果子很苦，可不能吃喔。我覺得它風乾後的樣子很像話梅，冬天樹葉落光，"話梅"還掛在樹上。雖然很想知道它是甚麼味道，但我還是聽奶奶的話，沒去嚐。

苦朗果子還有個很好聽的名字 —— 金鈴子，和懸鈴木一樣妙。《本草圖經》載：

> 楝實即金玲子也，生荊山山谷，今處處有之，以蜀川者為佳。木高丈餘，葉密如槐而長。三四月開花，紅紫色，

---

1 《中國植物誌》："楝：子房 5-6 室；果較小，長通常不超過 2 厘米，小葉具鈍齒；花序常與葉等長。川楝：子房 6-8 室；果較大，長約 3 厘米；小葉近全緣或具不明顯的鈍齒；花序長約為葉的一半。"

芬香滿庭間。實如彈丸，生青熟黃，十二月採實，其根採無時。[2]

在黃河以南各省區，楝樹較為常見，再往北，比如北京就極少見。一年春天回武漢，我特地找了一下楝樹。那時楝樹正值花期，芳香撲鼻，一點不輸於樟，真可謂"芬香滿庭間"。那香味讓我想到宋代詩人李次淵《乾溪鋪》：

蘆芽抽盡柳花黃，水滿田頭未插秧。
客裏不知春事晚，舉頭驚見楝花香。

"甚麼花，這樣香？"我也幾乎是驚見！仔細看它的花，五枚花瓣白色平展開來，中間是紫色的雄蕊管，上面有黃色的花藥。單個花朵雖小，但整個圓錐花序一同綻放，滿樹皆是，密密麻麻，是以古詩中常將它比作雪。比如王安石《鍾山晚步》"小雨輕風落楝花，細紅如雪點平沙"；楊萬里《淺夏獨行奉新縣圃》"只怪南風吹紫雪，不知屋角楝花飛"，想一想那畫面都很美。

猶堪纏黍吊沉湘

不過，讓詩人"驚見"的恐怕不是楝花的香味，而是匆匆流逝

---

2 轉引自〔清〕吳其濬著：《植物名實圖考長編》，中華書局，2018 年，第 1113 頁。

的時光。唐宋時江南有"二十四番花信風"之説,以小寒到穀雨的八個節氣,對應二十四候,梅花為始,楝花為終。"穀雨一候牡丹,二候酴醿(荼蘼),三候楝花。花竟則立夏矣。"[3]

所以,與荼蘼(一種薔薇)一樣,楝花也多用來指示逝者如斯、春光已老,所謂"客裏不知春事晚"。古詩裏寫楝花的,也常將其作為春夏之交的節點,如宋代張蘊《楝花》"江南四月無風信,青草前頭蝶思狂";元代朱希晦《寄友》"門前桃李都飛盡,又見春光到楝花"。

關於楝樹,還有不少傳説。楝實是鳳凰和獬豸的食物,但是水底的蛟龍卻怕它。《荊楚歲時記》載:"蛟龍畏楝。民斬新竹筍為筒粽,楝葉插頭,五彩縷投江,以為辟水厄。士女或取楝葉插頭,彩絲繫臂,謂為長命縷。"[4]"水厄"即溺水之災。想起兒時生活在江邊,河湖眾多,幾乎每年夏天都有小孩因貪玩下水丟了性命,所以家裏的長輩嚴禁我們到河裏玩水。古人祈求"辟水厄",會不會也與此有關?那時,未婚的青年男女也把楝葉插在頭上,在手臂上繫上彩繩,稱之為長命縷。

3　明初王達《蠹海集・氣候類》:"一月二氣六候,自小寒至穀雨,凡四月八氣二十四候。每候五日,以一花之風信應之。世所異言,曰始於梅花,終於楝花也。詳而言之,小寒之一候梅花,二候山茶,三候水仙;大寒之一候瑞香,二候蘭花,三候山礬;立春之一候任春,二候櫻桃,三候望春;雨水一候菜花,二候杏花,三候李花;驚蟄一候桃花,二候棣棠,三候薔薇;春分一候海棠,二候梨花,三候木蘭;清明一候桐花,二候麥花,三候柳花,穀雨一候牡丹,二候酴醿,三候楝花。花竟則立夏矣。"清代類書《廣羣芳譜》引《歲時雜記》亦載,內容基本一致,只是"棣棠"為"棠梨",最後一句為"楝花竟則立夏"。

4　〔梁〕宗懍撰,〔隋〕杜公瞻註:《荊楚歲時記》,中華書局,2018 年,第 52 頁。

既然蛟龍畏楝，所以民間在祭祀三閭大夫屈原時，也會在粽子上纏縛五色絲和楝樹葉，投入江中，以免為蛟龍所竊。[5] 上文張蘊《詠楝花》詩的前兩句"綠樹菲菲紫白香，猶堪纏黍吊沉湘"，就用到了這個典故。楝葉確實有毒，其鮮葉可用於農藥。

　　不獨水底的蛟龍怕楝，連深山的猛虎也不敢靠近。《無錫縣志》載：

　　　　許舍山中多虎，童男女晝不出戶。尤行制叔保居之，使人拾楝樹子數十斛，作大繩，以楝子置繩股中，埋於山之四圍。不四五年，楝大成城，土人遂呼為楝城，乃作四門，時其啟閉，虎不敢入。[6]

　　這是北宋的故事，尤叔保於真宗天禧年間（1017-1021）遷入吳地，成為當地尤氏始祖。[7] 與始祖有關的記載，不免摻入傳說，但文中"不四五年，楝大成城"卻並非虛言。元代王禎《農書·百穀譜集之九》："以楝子於平田耕熟作壟種之，其長甚疾。五年後，可作大椽。北方人家欲構堂閣，先於三五年前種之，其堂閣欲成，

5　"屈原以夏至赴湘流，百姓競以食祭之。常苦為蛟龍所竊，以五色絲合楝葉縛之。又以獺豸食楝，將以言其志。"見《荊楚歲時記》，第 52 頁。

6　轉引自《植物名實圖考長編》，第 1114 頁。原文"尤行制叔保"當為"尤待制叔保"，"待制"乃唐置官名，選京官五品以上，更宿中書、門下省，以備諮詢政事，宋代因襲。

7　"尤叔保，字碧岩，宋天禧二年入吳，是為遷吳始祖贈待制公。尤叔保長子尤大成，字有終，贈少師，後遷無錫許舍山，是為尤氏遷錫始祖……"見凌郁之著：《蘇州文化世家與清代文學》，齊魯書社，2008 年，第 190 頁。

則棟木可椽。"[8] 椽是屋頂上用於承受望板、瓦片重量的木條。可見在元朝時,人們已種植楝樹用以建造房屋。

在我的印象中,楝樹不過是老屋旁邊一株野生的雜樹罷了。如果不是寫它,不會想到這樣平凡的一棵樹,背後也有不少傳奇。

8　〔元〕王禎撰,繆啟愉、繆桂龍譯註:《農書譯註》,齊魯書社,2009年,第346頁。

倪清閟
原師北
苑晚藏
自成豪
沒人多
上古淡
擬未然
失之
士標

《四季山水圖冊》清　查士標

夏輯

茉莉

誰家浴罷臨妝女，
愛把閒花插滿頭

茉莉原產印度，經波斯傳入歐洲、北非、東南亞及我國。《本草綱目‧草部》：「其花皆夜開，芬香可愛。女人穿為首飾，或合面脂。亦可薰茶，或蒸取液以代薔薇水。」

〔日〕岩崎灌園《本草圖譜》，茉莉

一到夏天，花店的門口就擺滿了茉莉。雪白的花骨朵綴滿枝頭，在綠葉的襯托下更覺清新脫俗，讓人忍不住想俯下身湊近了聞。

茉莉從何而來

好一朵茉莉花，好一朵茉莉花。滿園花草香也香不過它。
我有心採一朵戴，又怕看花的人兒罵。

這首江蘇民歌《茉莉花》源自清代揚州民間的《鮮花調》，後因為意大利歌劇《圖蘭朵》而蜚聲海外。在眾多的版本中，節奏稍慢的《好一朵美麗的茉莉花》常作為中國民歌的代表，出現於各種重要的國事場合。在我印象中，"芬芳美麗滿枝丫，又香又白人人誇"的茉莉，就該屬於吳儂軟語的江南。

但茉莉並非原產我國，文獻記載茉莉源自波斯或西國。據《中國植物誌》，其原產地是今天的印度，它在古籍文獻中又名抹厲、抹利、沒利、末麗，皆是從梵文 mallikā 音譯而來[1]。

早在佛教出現之前，印度人就將茉莉等鮮花用線穿起來，戴在頭上或者掛在身上作為裝飾，人稱"華鬘"。佛教興起後，佛前供花、以花獻佛，是禮佛儀式中的重要環節。直到今天，一些東南亞國家

---

1 "時珍曰：嵇含《草木狀》作末利，《洛陽名園記》作抹厲，佛經作抹利，《王龜齡集》作沒利，《洪邁集》作末麗。蓋末利本胡語，無正字，隨人會意而已。韋君呼為狌客，張敏叔呼為遠客。楊慎《丹鉛錄》云：《晉書》都人簪柰花，即今末利花也。"見〔明〕李時珍著，錢超塵等校：《本草綱目》，上海科學技術出版社，2008 年，上冊，第 592 頁。

如泰國、菲律賓等，仍然會在禮佛儀式中將茉莉花環供奉於佛前。

南宋人已認識到茉莉源自印度且與佛教有關，王十朋《又覓沒利花》詩云："沒利名嘉花亦嘉，遠從佛國到中華。老來恥逐蠅頭利，故向禪房覓此花。"似乎當時寺廟裏也多種茉莉。鄭域認為茉莉是隨佛教傳入中國的，其《茉莉花》云："風韻傳天竺，隨經入漢京。"葉庭珪則說茉莉一名雖然見於佛經，但其傳入中國，應該是域外商人的功勞，其詩云"名字惟因佛書見，根苗應逐賈胡來"。看來，關於茉莉的傳入方式，自古就有爭議。

一般認為茉莉是從印度經海路傳入嶺南，在此過程中，茉莉也在東南亞紮下根，並成為菲律賓、印度尼西亞等東南亞國家的國花。在菲律賓首都馬尼拉街頭，常見曬得黝黑的小孩子，提着一大把茉莉花穿成的花串在街頭叫賣。茉莉也途經中亞，一路向西傳入歐洲和北非，地中海沿岸的北非國家突尼斯尊其為國花，認為茉莉花象徵着愛情的堅貞與永恆，當地的中年男人常將茉莉紮成一束別在耳朵上。

茉莉的傳入時間

茉莉是何時傳入我國的呢？最早的文獻記載是西晉嵇含《南方草木狀》：

> 耶悉茗花、末利花，皆胡人自西國移植於南海。南人憐其芳香，競植之。陸賈《南越行紀》曰："南越之境，五穀無

味，百花不香。此二花特芳香者，緣自胡國移至，不隨水土而變，與夫橘北為枳異矣。彼之女子，以彩絲穿花心，以為首飾。"[2]

陸賈在漢高祖劉邦和漢文帝劉恆時，分別出使南越，一般據此判斷茉莉早在西漢立國之初已傳入我國，但無論是《南越行紀》，還是《南方草木狀》，其真實性都值得懷疑。

已知最早記載"晉嵇含《南方草木狀》"的是南宋初期尤袤《遂初堂書目》，此前各家書目中均未著錄。大約 100 年後，該書出現於南宋咸淳九年（1273）左圭輯刊的叢書《百川學海》之中，成為《南方草木狀》如今通行本的最早刊本。《四庫全書總目提要》已指出，該版本卷首的題署，包括作者官職、時間均與史實不符，書中多種植物並未見於晉以前的文獻。據近代著名農史學家繆啟愉先生考證："《南方草木狀》並非嵇含之書，而是後人根據類書及其他文獻編造的，其時代當在南宋時。"[3]中國科學院自然科學史研究所羅桂環先生持有相同的觀點，他認為《南方草木狀》是通過採擷唐劉恂《嶺表錄異》、段公路《北戶錄》、房千里《投荒雜錄》等有關南方方誌拼湊而成，其成書當在南宋鄭樵《通志》之後。[4]

2　〔晉〕嵇含撰：《南方草木狀》，上海古籍出版社，2012 年，第 141 頁。

3　《南方草木狀》主要參考的古書有《藝文類聚》《北戶錄》《嶺表錄異》《太平御覽》《證類本草》等，也有《爾雅》郭璞註和《法苑珠林》。其利用前述編綴成文的跡象，主要有五種情況：綜合、全抄、摘抄、承誤、增飾。見繆啟愉：《〈南方草木狀〉的諸偽跡》，《中國農史》，1984 年第 3 期，第 12 頁。

4　羅桂環：《關於今本〈南方草木狀〉的思考》，《自然科學史研究》，1990 年第 2 期，第 165-167 頁。

再來看《南方草木狀》引用的《南越行紀》，該書未見於史誌著錄，亦無傳本。清代目錄學家姚振宗《漢書藝文志拾補》據上述引文將其錄入諸子略小說家類，理由是"陸賈兩使南越，宜有此作。嵇含生於魏末，距漢未遠，所見當得其真"。[5] 美國學者勞費爾《中國伊朗編》(1919) 就有懷疑："在陸賈的時代，這兩種外國植物不可能從海路運到華南；如果陸賈真的寫了這段文章，那他心裏想的也一定是另外兩種植物。"[6]

因此，若要根據《南方草木狀》判斷茉莉的傳入時間，還要打個問號。明代楊慎《丹鉛總錄》卷 4 "末利" 提供了另一條時間線索："《晉書》都人簪奈花，云為織女帶孝是也。則此花入中國久矣。"[7] 這句話見於《晉書·后妃傳下》，晉成帝時"三吳女子相與簪白花，望之如素奈"。"奈"一般指蘋果，從上下文來看，沒有任何證據表明此處的"白花"就是茉莉，不知楊慎何以得知。茉莉是否在晉代或之前就傳入我國，尚需要更多的證據。否則，其傳入時間就要推遲到唐代。

唐代段公路《北戶錄》載："恙弭花、白茉莉花，皆波斯移植夏中。"[8] 段公路是唐朝宰相段文昌之孫、段成式之子，唐懿宗 (859-873 在位) 時人，其《北戶錄》專記嶺南地產風物，具有很高的史料價值。

5　轉引自石昌渝主編：《中國古代小說總目·文言卷》，山西教育出版社，2004 年，第314 頁。
6　〔美〕勞費爾著，林筠因譯：《中國伊朗編》，商務印書館，2015 年，第 167 頁。
7　〔明〕楊慎撰，王大淳箋證：《丹鉛總錄箋證》，浙江古籍出版社，2013 年，第 153 頁。
8　〔明〕陸楫編：《古今說海·北戶錄》，巴蜀書社，1996 年，第 162 頁。

上述文獻所載的"恙弭花"，應當就是其父段成式在《酉陽雜俎》卷 18 中提到的野悉蜜。[9]野悉蜜、恙弭花、《南方草木狀》中的耶悉茗花，都是茉莉的阿拉伯語名稱 yās (a) min 的音譯名，茉莉的英文名 Jasmine 也由此而來。南漢以後，人們將圓瓣者稱為茉莉，尖瓣細瘦者稱為素馨。[10]素馨在嶺南地區廣為種植，與茉莉一樣受人喜愛，兩者同為木犀科素馨屬。

花雖香但難養護

茉莉雖然在唐代已傳入中國，但唐代文獻中關於茉莉的記載極少。在清代類書《廣羣芳譜》中，"茉莉"一條下幾乎都是宋及以後的詩文，可能茉莉在唐代並未普及。

一種解釋是説茉莉性不耐寒，極難養護，不適合在北地種植。北宋張邦基《墨莊漫錄》提到茉莉時，就説："經霜雪則多死。"[11]《廣羣芳譜》關於茉莉的養護方法中，大部分內容都是關於如何避寒：

---

9 "野悉蜜，出拂林國，亦出波斯國。苗長七八尺，葉似梅葉，四時敷榮。其花五出，白色，不結子。花若開時，遍野皆香，與嶺南詹糖相類。西域人常採其花壓以為油，甚香滑。"見〔唐〕段成式撰：《酉陽雜俎》，中華書局，1981 年，第 180 頁。

10 "茉莉為常綠灌木，其種來自波斯，《南方草木狀》謂之耶悉茗，則譯音也。本與素馨同類，其名亦同，後入我國，始專稱尖瓣細瘦者為耶悉茗。南漢以後，又稱素馨，而圓瓣者則謂之茉莉。""素馨為常綠灌木，花似茉莉，而四瓣尖瘦，其種來自西域。《南方草木狀》亦謂之耶悉茗，則以西文與茉莉同一字，不分二種也。"見〔清〕徐珂編撰：《清稗類鈔》，中華書局，1981 年，第 12 冊，第 5921 頁。素馨為五瓣，上文曰"四瓣"，恐是受《本草綱目》的影響。《本草綱目·草部》："素馨亦自西域移來，謂之耶悉茗花，即《酉陽雜俎》所載野悉蜜花也。枝幹裊娜，葉似茉莉而小。其花細瘦四瓣，有黃、白二色。"

11 〔宋〕張邦基撰，孔凡禮點校：《墨莊漫錄》，中華書局，2002 年，第 198 頁。

"霜時移北房簷下，見日不見霜，大寒移入暖處，圍以草荐。"到了十月需入窖，立夏後方可出窖，"總之風氣不宜也，金陵易得，每歲購二三本，霜後輒棄之"。[12] 可見，茉莉很難養護。

茉莉不僅怕寒，還不耐貧。《廣羣芳譜》介紹茉莉的栽培方法時說得很詳細，需"壅以雞糞"，用燙過豬、雞、鵝的水，或者淘米水來澆灌，如此則開花不絕。"六月六日，以治魚水一灌，愈茂。故曰：清蘭花，濁茉莉。"[13]

於是，我知道為甚麼家裏的那盆茉莉養得那麼好了。父親在花盆裏鋪了一層榨油剩下的殘渣，那可是上好的肥料。江城多雨的夏天，一場暴雨過後，西天佈滿火紅的雲霞。茉莉喝足了浸過肥料的雨水，葉子洗得乾乾淨淨，墨綠色的葉片反射出天光。等到暮色升起，四野寂靜，茉莉那雪白肥厚的花苞慢慢展開。

這盆茉莉是常見的重瓣品種，我懷疑那就是《花鏡》裏說的寶珠茉莉：

> 一種寶珠茉莉，花似小荷而品最貴，初蕊時如珠，每至暮始放，則香滿一室，清麗可人，摘去嫩枝，使之再發，則枝繁花密。[14]

用"寶珠""小荷花"來形容茉莉，真是貼切又可愛。重瓣茉莉裏面有個名叫虎頭茉莉的培育品種，花瓣可達 50 片以上，養護難度很高。

---

12 〔清〕汪灝等著：《廣羣芳譜》，上海書店，1985 年，第 2 冊，第 1030-1031 頁。
13 《廣羣芳譜》，第 2 冊，第 1024 頁。
14 〔清〕陳淏子輯，伊欽恆校註：《花鏡》，農業出版社，1962 年，第 248 頁。

素馨與茉莉同為木犀科素馨屬。《清稗類鈔・植物類》：「昔劉王有侍女名素馨，塚生此花，因以得名。蓋南漢後始有素馨之名。廣州城西之花也，種此者最多。」

〔日〕岩崎灌園《本草圖譜》，素馨

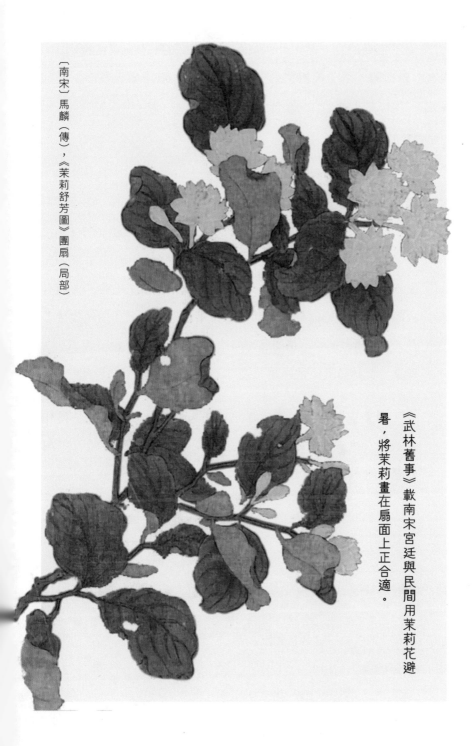

〔南宋〕馬麟（傳），《茉莉舒芳圖》團扇（局部）

《武林舊事》載南宋宮廷與民間用茉莉花避
暑，將茉莉畫在扇面上正合適。

除了常見的自立灌木外，茉莉還有攀緣的品種。《花鏡》曰：
"木本者出閩、廣，幹粗莖勁，高僅三四尺；藤本者出江南，弱莖
叢生，有長至丈者。"[15] 藤本者當是攀緣灌木，據《中國植物誌》記
載，其高可達 3 米。

窨茶與避暑

由於性不耐寒，茉莉傳入我國後，在溫暖的南國安了家，廣
東、廣西、福建等地多有種之。北宋陶穀《清異錄》記載了一個有
趣的故事：五代十國時期，後周世宗柴榮派遣使者到南漢，接待者
送使者茉莉，驕傲地說這花的名字叫小南強[16]。《墨莊漫錄》寫茉莉，
不吝讚美，譽其為閩廣地區眾花之冠：

> 閩廣多異花，悉清芬郁烈，而末利花為眾花之冠。嶺外
> 人或云"抹麗"，謂能掩眾花也，至暮則尤香。今閩人以陶
> 盎種之，轉海而來，浙中人家以為嘉玩。[17]

文中提到福建人用陶盎—— 一種陶製酒器來種茉莉，很是講

---

15 《花鏡》，第 248 頁。
16 "南漢地狹力貧，不自揣度，有欺四方傲中國之志。每見北人，盛誇嶺海之強。世宗遣
使入嶺，館接者遺茉莉，文其名曰小南強。及本朝銀主面縛，偽臣到闕，見洛陽牡丹，
大駭歎。有搢紳謂曰：'此名大北勝。'"見〔宋〕陶穀：《清異錄》，上海古籍出版社，
2012 年，第 34 頁。
17 《墨莊漫錄》，第 198 頁。

究。19 世紀 50 年代，福建開始盛產茉莉花茶，產品遠銷全國。這種花茶的香味全靠新鮮的茉莉經過數次窨製而成，窨一遍需幾道工藝，次數越多，難度和成本就越高。

茉莉窨茶的歷史可追溯至南宋，關於茉莉的記載在宋代文獻中也突然多了起來，可見茉莉在當時已十分普及，朝野上下皆愛之。宋徽宗在開封營建皇家園林"艮岳"，茉莉乃 8 種芳草之一。[18] 北宋滅亡後，都城南移至臨安（今浙江省杭州市），1162 年宋孝宗即位，南宋進入相對繁榮的歷史時期，史稱"乾淳之治"。周密《武林舊事》卷 3 "禁中納涼"載乾道、淳熙年間宮廷避暑，場面很是奢華，其中一項便是"置茉莉、素馨……等南花數百盆於廣庭，鼓以風輪，清芬滿殿"。[19]

帝王避暑用到茉莉，百姓亦如是。《武林舊事》卷 3 "都人避暑"中也提到茉莉：

> 關撲香囊、畫扇、涎花、珠佩。而茉莉為最盛，初出之時，其價甚穹，婦人簇戴，多至七插，所直數十券，不過供一餉之娛耳。[20]

"關撲"是宋元時期廣泛流行的商業活動，本質上是一種賭博遊戲，顧客和店家約好價格，擲銅錢，以其正反面的朝向或字樣之

---

18 "茉莉花見於嵇含《南方草木狀》，稱其芳香酷烈。此花嶺外海濱物，自宣和中名著，艮嶽列芳草八，此居其一焉。八芳者，金蛾、玉蟬、虎耳、鳳尾、素馨、渠那、茉莉、含笑也。"見《丹鉛總錄箋證》，第 153 頁。

19 〔宋〕周密著，錢之江校註：《武林舊事》，浙江古籍出版社，2011 年，第 55 頁。

20 《武林舊事》，第 56 頁。

組合來判定輸贏。贏可取物，輸則付錢。[21] 從這則文獻可知，在關撲的遊戲中，茉莉最受歡迎，儘管花期伊始價格甚高，而且可供裝飾的時間並不長，但依然很搶手。人們相信茉莉的消暑功效，就像南宋詩人劉克莊《茉莉》所寫："一卉能薰一室香，炎天猶覺玉肌涼。野人不敢煩天女，自折瓊枝置枕傍。"

茉莉何以成為"淫葩妖草"

不管茉莉是否能帶來清凉，不同地域、不同身份的女子都喜歡把它插在頭上作為裝飾。蘇軾"暗麝著人簪茉莉，紅潮登頰醉檳榔"（《題姜秀郎几間》），寫的是嶺南的黎族女子；楊巽齋"誰家浴罷臨妝女，愛把閒花插滿頭"（《茉莉》），寫的是尋常人家；而《武林舊事》卷 6"酒樓"記載，酒樓裏的私妓也在夏月茉莉盈頭，憑檻招邀。[22]

到了明末，茉莉卻因此而招來惡名。明末清初文學家余懷《板橋雜記》中將茉莉花與蘭花、佛手柑、木瓜相比，論其品格優劣，很有意思。原文抄錄於此：

> 裙屐少年，油頭半臂，至日亭午，則提籃挈榼，高聲唱賣逼汗草、茉莉花。嬌婢捲簾，攤錢爭買，捉腕撩胸，紛紜

21　李平君編著：《博弈》，中國社會出版社，2009 年，第 46-47 頁。

22　"每處各有私名妓數十輩，皆時妝袨服，巧笑爭妍。夏月茉莉盈頭，春滿綺陌。憑檻招邀，謂之'賣客'。"見《武林舊事》，第 127 頁。

笑謔。頃之烏雲堆雪，競體芳香矣。蓋此花苞於日中，開於枕上，真媚夜之淫葩，殢人之妖草也。建蘭則大雅不羣，宜於紗幮文榻，與佛手、木瓜，同其靜好。酒兵茗戰之餘，微聞薌澤，所謂王者之香，湘君之佩，豈淫葩妖草所可比綴乎！[23]

《板橋雜記》主要記載明末秦淮長板橋一帶有關舊院名妓的見聞，捲簾爭買茉莉的也許正是這些青樓女子，白日插花於髮髻，夜間花開於枕上，難怪要說它是"媚夜之淫葩，殢人之妖草"。吳其濬估計受此影響，稱茉莉"草花雖芬馥，而莖葉皆無氣味。又其根磨汁，可以迷人，未可與芷、蘭為伍。退入羣芳，只供簪髻。"[24]如果汪曾祺看到，肯定要為茉莉鳴不平。[25]

前述《墨莊漫錄》寫茉莉時，引北宋顏博文詠茉莉詩，稱"觀此詩則花之清淑柔婉風味，不言可知矣"。[26]"清淑柔婉"是個多好的詞，到了"淫葩妖草"，真是一落千丈。植物背後的文化都是人賦予的，不同的人，觀念千差萬別，想來是很有趣的。

我還是傾向用"清淑柔婉"來形容茉莉，曹雪芹大概也這麼覺得。《紅樓夢》第 38 回"林瀟湘魁奪菊花詩　薛蘅蕪諷和螃蟹詠"有個細節寫到茉莉，那日湘雲招待眾人吃螃蟹，黛玉倚欄杆坐着釣

---

23 〔明末清初〕余懷著，薛冰點校：《板橋雜記》，南京出版社，2006 年，第 10 頁。

24 〔清〕吳其濬著：《植物名實圖考》，中華書局，2018 年，第 706 頁。

25 汪曾祺散文《夏天》中寫梔子："(梔子花) 極香，香氣簡直有點叫人受不了，我的家鄉人說是'碰鼻香'。梔子花粗粗大大，又香得撣都撣不開，於是為文雅人不取，以為品格不高。梔子花說：'去你媽的，我就是要這樣香，香得痛痛快快，你們他媽的管得着嗎！'"

26 《墨莊漫錄》，第 198 頁。

魚,寶釵拿着桂花掐了桂蕊扔到水裏,探春、李紈、惜春立在垂柳
蔭中看鷗鷺,只有迎春,"又獨在花蔭下拿着花針穿茉莉花"。這
樣的舉動和場景,多麼符合迎春的性格。這個被稱為"二木頭",
溫柔善良、與世無爭,結局卻悲慘淒涼的賈家二小姐,想起來還真
叫人憐惜。

構樹

黃鳥黃鳥，無集於穀

「穀」、「穀」二者字形近似，但字意不同。穀，即今構樹。穀、構在古時同聲，故穀亦名構。

〔日〕細井徇《詩經名物圖解》，穀

花如柔荑，實如楊梅

構樹[*Broussonetia papyrifera* (Linn.) L'Hér. ex Vent.]是桑科構屬常見落葉喬木。小時候，村裏的小夥伴們常結伴採構葉來餵豬。放了學，一把鐮刀、一個裝過化肥的蛇皮口袋，上房爬樹，採滿一袋背回家，切碎了與豬食同煮。難怪很多人家的豬圈旁都種有構樹，長得快，遮陽，還能做飼料。

每到盛夏，這種樹就掛滿了顏色鮮豔的小紅果，外形極似楊梅，外面一層果肉晶瑩剔透，讓人很有食慾。《救荒本草》中，構樹被稱為"楮桃樹"，其果實即"楮桃"，外面一層紅蕊可吃，味道很甜。[1] 但我從未吃過，因為大人們說，蒼蠅蟲子都往上爬，不乾淨，當心吃了拉肚子。

除了果實，構樹的花和葉也都可以食用。《本草綱目·木部》載："雄者皮斑而葉無丫叉，三月開花成長穗，如柳花狀，不結實，歉年人採花食之。"[2] 構樹的花是雌雄異株，即雌花和雄花分別生於不同的兩棵樹上，反之則是雌雄同株。雌花序球形頭狀，所以結實如楊梅的都是雌株，而雄花序為穗狀，植物學術語叫柔荑花序。《詩經·衛風·碩人》"手如柔荑，膚如凝脂"，就是說美人的手像新生的茅草一樣柔嫩纖細。只要想一想楊樹和柳樹柔軟細長的花序在春風中搖擺的樣子，就知道"柔荑"是個頗為生動的術語，構

---

1 "採葉並楮桃帶花，炸爛，水浸過，握乾作餅，焙熟食之。或取樹熟楮桃紅蕊食之，甘美。不可久食，令人骨軟。"見〔明〕朱橚著，王錦秀、湯彥承譯註：《救荒本草譯註》，上海古籍出版社，2015 年，第 319 頁。

2 〔明〕李時珍著，錢超塵等校：《本草綱目》，上海科學技術出版社，2008 年，下冊，第 1316 頁。

樹的雄花序即是如此。

不過大家看到掉在地上的軟軟的花序，不會說"手如柔荑"，而會脫口而出"毛毛蟲"。《本草綱目・木部》說，在糧食歉收的年份，人們採這種"毛毛蟲"來充飢。此時雄花序已老，當其未舒展時，才是最美味的。

良木還是惡木？

古籍中很早就有關於構樹的記載。先秦時，它的名字叫"穀"。《山海經・南山經》曰："有木焉，其狀如穀而黑理，其華四照。其名曰迷穀，佩之不迷。"清代郝懿行《山海經箋疏》引南朝陶弘景《本草經集註》云："穀，即今構樹是也。穀、構同聲，故穀亦名構。"[3]《植物名實圖考》也說："穀、構一聲之轉，楚人謂乳穀亦讀如構也。"[4] 故而"構"之得名，是因為發音與"穀"相近。

這裏的"穀"不同於"穀"，兩者的區別就在於左下角的部首，一為木，一為禾，正說明兩種植物的不同類別，後世對此多有混淆。

《詩經・小雅》中，《鶴鳴》《黃鳥》兩首詩均提到構樹，皆名為"穀"。《黃鳥》云：

> 黃鳥黃鳥，無集於穀，無啄我粟。此邦之人，不我肯穀。
> 言旋言歸，復我邦族。

---

3 〔晉〕郭璞註，〔清〕郝懿行箋疏：《山海經箋疏》，中國致公出版社，2016 年，第 1 頁。
4 〔清〕吳其濬著：《植物名實圖考》，中華書局，2018 年，第 789 頁。

構樹花、葉皆可食用，其果實名為楮桃。魏晉時種此樹，可採皮造紙、織布，其利甚多。

〔日〕岩崎灌園《本草圖譜》，構樹

黃鳥黃鳥，無集於桑，無啄我粱。此邦之人，不可與明。言旋言歸，復我諸兄。

黃鳥黃鳥，無集於栩，無啄我黍。此邦之人，不可與處。言旋言歸，復我諸父。

這是一首異鄉之人思歸的詩，共分三章。第一章的字面意思

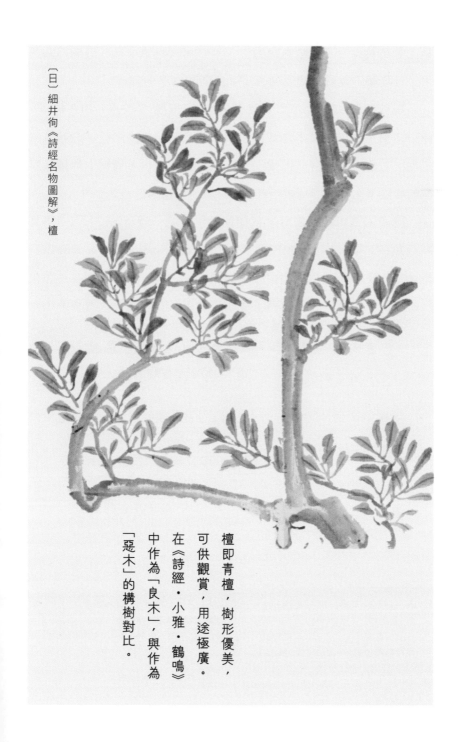

〔日〕細井徇《詩經名物圖解》，檀

檀即青檀，樹形優美，可供觀賞，用途極廣。在《詩經・小雅・鶴鳴》中作為「良木」，與作為「惡木」的構樹對比。

是：黃鳥黃鳥，不要歇在構樹上，不要啄食我的小米。這個邦國的人，對我並不友好，我要回去了，回到我自己的邦族。

對於"榖"，《毛詩草木鳥獸蟲魚疏》解釋說："幽州人謂之榖桑，或曰楮桑，荊揚交廣謂之榖，中州人謂之楮。殷中宗時，桑榖共生是也。"[1] 故構樹還有"榖桑""楮"等別名。所以，構樹上那種紅彤彤的果實又名楮實，這是一味藥材，在《名醫別錄》中位列上品。[2]

除了果實可藥用之外，其樹皮還可造紙、織布。《毛詩草木鳥獸蟲魚疏》載有構樹的用途："今江南人績其皮以為布，又搗以為紙，謂之榖皮紙，潔白光澤，其裏甚好。"[3]《齊民要術》載有種植構樹的方法，種植目的正是為了造紙和織布，由此可使人獲利不小。

> 煮剝賣皮者，雖勞而利大。自能造紙，其利又多。種三十畝者，歲斫十畝，三年一遍。歲收絹百匹。[4]

構樹用途如此之多，而《毛傳》卻說《鶴鳴》一詩中的構樹乃"惡木"，這是為何？我們先來看一下這首詩：

> 鶴鳴於九皋，聲聞於野。魚潛在淵，或在於渚。樂彼之園，爰有樹檀，其下維蘀。它山之石，可以為錯。

---

1 轉引自〔唐〕孔穎達撰：《毛詩正義》，北京大學出版社，1999 年，第 670 頁。
2 《名醫別錄》："楮實，味甘，寒，無毒。主治陰痿水腫，益氣，充肌膚，明目。久服不飢，不老，輕身。生少室山，一名榖實。"見〔梁〕陶弘景撰，尚志鈞輯校：《名醫別錄》，中國中醫藥出版社，2013 年，第 35 頁。
3 《毛詩正義》，第 670 頁。
4 〔北朝〕賈思勰著，繆啟愉、繆桂龍譯註：《齊民要術譯註》，上海古籍出版社，2009 年，第 298 頁。

鶴鳴於九皋，聲聞於天。魚在於渚，或潛在淵。樂彼之園，爰有樹檀，其下維穀。它山之石，可以攻玉。

“它山之石，可以攻玉”多為後世引用，其比興的修辭手法在《詩經》中較為突出：“詩全篇皆興也。鶴、魚、檀、石，皆以喻賢人。”[5] 這首詩旨在勸諫周宣王廣求天下賢而未仕者歸附於朝，為國效力。對於“穀”，《毛傳》曰：“惡木也。”《毛詩正義》解釋説：“以上檀、蘀類之，取其上善下惡，故知‘穀，惡木也’。”[6] 據此，構樹之所以為“惡木”，乃是與“檀”做對比，以檀喻賢士，以穀比小人。檀是何種植物呢？

檀，中文正式名為青檀（*Pteroceltis tatarinowii* Maxim.），榆科青檀屬喬木。我國南北多有分佈，高可達 20 米以上，其翅果近圓形或近四方形，黃綠色或黃褐色。據《中國植物誌》，青檀的用途極廣，樹皮纖維為製宣紙的主要原料；木材堅硬細緻，可供作農具、車軸、家具和建築用的上等木料；種子可榨油；樹供觀賞用。一年春天，我在北京上方山森林公園的上坡路上見到過青檀，樹皮灰色，小枝樹黃綠色，樹葉翠綠光滑，清清爽爽的樣子，的確要比構樹形態優美。

如此説來，將青檀與構樹做高下對比，也有些道理。在今人眼中，這種具有雜草一般頑強的生命力，隨處可生的喬木，儼然是雜草一般的存在，這倒應了“惡木”之名。

---

5 〔清〕陳奐撰，滕志賢整理：《毛詩傳疏》，鳳凰出版社，2018 年，第 578 頁。
6 《毛詩正義》，第 670 頁。

國槐
老樹不知歲時

〔日〕岩崎灌園《本草圖譜》，槐

國槐是中國本土槐種，中文正式名"槐"，之所以稱"國槐"，乃是與"洋槐"對應，其莢果為串珠狀。

國槐是北京常見的行道樹。民俗學家鄧雲鄉先生寫過兩篇講國槐的文章，他說：“當年北京沒有高層建築，夏天站在北海白塔上四周一望，一片綠海，差不多全是槐樹。”[1] 到了七八月，國槐開花，站在高樓俯瞰，道路兩旁的槐樹如煙火、似輕雪，是夏天特有的景觀。

國槐與洋槐

國槐，中文正式名“槐”（*Sophora japonica* Linn.），之所以稱“國槐”，乃是與“洋槐”對應。兩者同為豆科，國槐是槐屬，洋槐是刺槐屬。據《中國植物誌》，洋槐，中文正式名“刺槐”（*Robinia pseudoacacia*），原產美國東部，17 世紀傳入歐洲和非洲，18 世紀末由歐洲引入青島栽培。現在全國各地都有，是優良的固沙保土樹種，與國槐一樣是優良的蜜源植物。

從外形上看，國槐與洋槐非常相似，都是羽狀複葉和總狀花序，如何區分？最明顯的是花：洋槐春天開花，香氣濃鬱，站在樹底下就能聞到；國槐夏天開花，較洋槐花要小，沒有香味。花落了看葉：國槐的葉先端漸尖；而洋槐的葉先端圓，微凹。到了冬天，樹葉落光了怎麼辦？看掛在枝頭的果：國槐的莢果是串珠狀，每一粒種子都是圓鼓鼓的；而洋槐的莢果扁平，有點像扁豆。掌握了這

1　鄧雲鄉著：《草木魚蟲》，中華書局，2015 年，第 86 頁。本文在介紹北京槐樹和國槐文化底蘊等內容時，着重參考了該書《槐蔭文化》《古槐》兩篇。

些，一年四季都可以區分國槐與洋槐。以上也是區分相近物種的常用方法。相近的植物可能在樹幹、樹葉等方面的差異較小，一旦涉及花、果，區別就會顯而易見。[2]

豆科槐屬植物用途極廣，樹形優美可用於園林觀賞、城市綠化。而國槐作為我國古老的樹種，與之有關的記載很多。從文獻來看，它的用處也不少，不僅可作藥用，其葉與花都可食用。明代徐光啟《農政全書》記載，槐葉煮飯被稱為"世間真味"：

> 晉人多食槐葉。又槐葉枯落者，亦拾取和米煮飯食之。
> 嘗見曹都諫真予，述其鄉先生某云："世間真味，獨有二種：謂槐葉煮飯，蔓菁煮飯也。"

果真如此美味？《救荒本草》載有槐樹嫩芽的食用方法，必須要淘洗去除苦味："採嫩芽炸熟，換水浸淘，洗去苦味，油鹽調食。或採槐花，炒熟食之。"[3]

槐葉煮飯、油炸嫩芽的吃法不知是否流傳下來，炒槐花現在是有的。

在北方的農家院裏，槐花炒雞蛋是一道特色菜。其花多是洋槐花，個大且甜。後來，與朋友到山東旅行，在威海品嚐到了洋槐花炒鵝蛋，槐花的甜香，至今難忘。

國槐花除可食用外，亦可做染料。《本草衍義》記載："槐花，

2　我們在公園裏還能見到幾種與槐樹相似的觀賞植物：龍爪槐，冬天虬枝旁逸，夏天如一把撐開的綠傘；五葉槐，葉片集生於葉軸先端、糾纏扭曲如蝴蝶，又名蝴蝶槐；毛洋槐、紫花越南槐，花色紫紅，灌木，其中毛洋槐的小枝、莢果等部位密佈剛毛。

3　〔明〕朱橚著，王錦秀、湯彥承譯註：《救荒本草譯註》，上海古籍出版社，2015 年，第329 頁。

今染家亦用，收時折其未開花，煮一沸出之，釜中有所澄下稠黄滓，滲漉為餅，染色更鮮明。"[4] 此種顏料可用於國畫，近現代工筆畫大師于非闇對此有詳細的描述：

> 如果採用未開的槐花蕊，製成的是嫩綠色；如果採用已開的花，製成的是黄綠色。製法都是採下來用沸水燙過，然後捏成餅，用布絞出汁來即可。尤其是使用石綠時，必須用它罩染。[5]

國槐的文化底蘊

作為我國的本土樹種，國槐有如此多的實用價值，亦有着深厚的文化底蘊。關於國槐的故事和典故很多，成語"南柯一夢"即與國槐有關。

這個廣為流傳的故事出自唐代傳奇小説《南柯太守傳》，説廣陵郡（今揚州）東十里有位遊俠之士名叫淳于棼。"所居宅南有大古槐一株，枝幹修密，清蔭數畝。淳于生日與羣豪大飲其下。"一日大醉，夢見兩名紫衣使者前來，隨之由古槐洞穴進入大槐安國，娶了金枝公主，做了駙馬。後在南柯郡做了二十年太守，造福一方，膝下五男二女，皆榮華富貴，顯赫一時。檀蘿國入侵，淳于棼帶兵拒賊，不料兵敗。不久妻子不幸病故，遂辭任太守，扶柩回京，從此失去國君寵信。國君准其回故里探親，仍由兩名紫衣使者

4　〔宋〕寇宗奭著，張麗君、丁侃校註：《本草衍義》，中國醫藥科技出版社，2012 年，第 55 頁。

5　于非闇著，劉樂園修訂：《中國畫顏色的研究》，北京聯合出版公司，2013 年，第 16 頁。

洋槐，中文正式名「刺槐」，原產美國東部。

刺槐枝葉及其莢果
H. Fletcher 根據荷蘭花卉畫家 J. van Huysum 作品所作的彩色版畫，1730 年
據 CC BY 4.0（https://creativecommons.org/licenses/by/4.0）協議許可使用，
圖片來源：https://wellcomecollection.org/works/wnjmv7vp#licenseInformation

送行，從槐樹洞出。醒來發現，這一世浮華，原是一場夢。夢中所
見槐安國、南柯郡，不過是槐樹下的兩處螞蟻穴而已。

　　李公佐寫這個故事，旨在告訴世人："幸以南柯為偶然，無以
名位驕於天壤間云。"意思是說，功名富貴並非注定，不要藉此炫
耀。因為在通達的人看來，"貴極祿位，權傾國都"，都不過是螞蟻
穴裏的一場夢罷了。

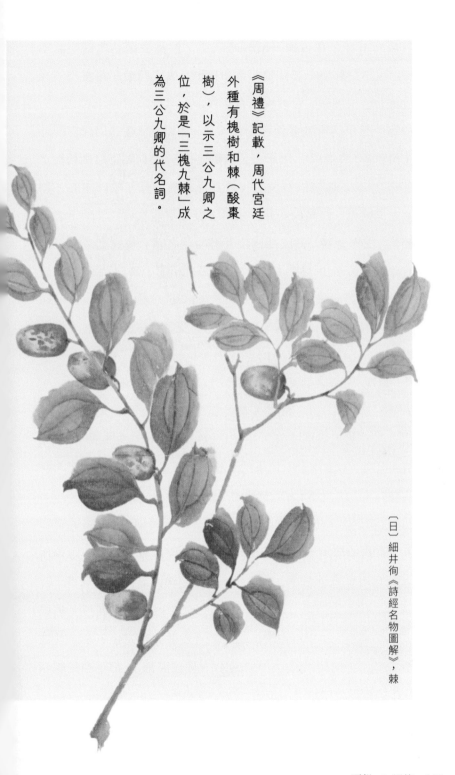

《周禮》記載，周代宮廷外種有槐樹和棘（酸棗樹），以示三公九卿之位，於是「三槐九棘」成為三公九卿的代名詞。

〔日〕細井徇《詩經名物圖解》，棘

這個故事發生在古槐下的螞蟻穴中，但為甚麼是槐樹，而不是桑樹，也不是梓樹？要知道，桑和梓也是古人門前屋後常種的喬木。這就要追根溯源，看看槐樹在唐以前有甚麼寓意。

古籍中很早就有關於槐樹的記載。《周禮》記載，周代宮廷外種有槐樹和棘（酸棗樹），以示三公九卿之位。[6] 為何要種這兩種樹？東漢鄭玄註曰："樹棘以為位者，取其赤心而外刺，象以赤心三刺也。槐之言懷也，懷來人於此，欲與之謀。"[7]

於是"三槐九棘"就成為三公九卿的代名詞，槐樹則成為三公宰輔的象徵。許多由"槐"組成的詞都與之相關，如"槐鼎"指執政大臣，"槐宸"指皇帝的宮殿，"槐掖"指宮廷，"槐綬"指三公的印綬，"槐府"指三公的官署或宅第，"槐第"則指三公的宅院。

國槐也常作為科第吉兆的象徵，考試的年頭稱"槐秋"，舉子赴考稱"踏槐"，考試的月份稱"槐黃"，所謂"槐花黃，舉子忙"。另外，"槐"與"魁"近，故世人植此樹，有企盼子孫得魁星之佑登科入仕之意。北宋兵部侍郎王佑在自家庭院種下三株槐樹，"子孫必有為三公者"，後其子王旦果然入相，天下謂之"三槐王氏"。蘇軾為此寫有《三槐堂銘》，文中記述了三槐王氏祖先的事跡。

回過頭來看"南柯一夢"，這是一個夢見自己做駙馬、當太守，享盡榮華富貴的故事，難怪要發生在槐樹下的大槐安國了。

說完槐樹背後的含義，我們再來看《左傳》中"鉏麑觸槐"的

6　《周禮・秋官司寇第五・朝士》："掌建邦外朝之法。左九棘，孤、卿、大夫位焉，群士在其後。右九棘，公、侯、伯、子、男位焉，群吏在其後。面三槐，三公位焉，州長眾庶在其後。"

7　〔漢〕鄭玄註，〔唐〕賈公彥疏，彭林整理：《周禮註疏》，上海古籍出版社，2010 年，第1373 頁。

故事。春秋時期，晉國國君晉靈公不理朝政，驕奢殘暴，老臣趙盾多次勸諫不聽。由於趙盾位高權重，晉靈公擔心趙盾日後對自己構成威脅，於是找來刺客鉏麑欲絕後患。這天清晨，鉏麑來到趙盾家中，看見趙盾已穿好朝服，由於天色尚早，於是"坐而假寐"。鉏麑被這一幕感動，退而歎曰："（趙盾）不忘恭敬，民之主也。賊民之主，不忠；棄君之命，不信。有一於此，不如死也。"於是觸槐而死。這一故事雖沒有被司馬遷載入《史記‧刺客列傳》，卻同樣讓後人肅然起敬。

《左傳》記載的這個故事告訴我們，春秋時，王公大臣的庭院中已種有國槐。鉏麑選擇觸槐而死，而不是觸桑或觸梓，是因為"槐樹"象徵三公宰輔，而趙盾又是國之重臣，因此以國槐比喻趙盾。

走近古槐

槐樹的故事如此久遠，現存的古樹有很多，歷史上關於古槐的記載也不少。例如上文"南柯一夢"的故事裏，就是一株"清蔭數畝"的古槐。

清人查慎行筆記《人海記》載：

> 昌平州天壽山古槐，相傳實禹鈞家物，樹中枵可佈三五席，稱竇家槐。[8]

---

8 〔清〕查慎行撰，張玉亮、辜艷紅點校：《查慎行集》，浙江古籍出版社，2014 年，第 2 冊，第 332 頁。

昌平州天壽山就是今北京明十三陵的所在地。竇禹鈞為五代後周大臣，五個兒子都考中進士，《三字經》"竇燕山，有義方。教五子，名俱揚"說的就是他。五代後周距今已有 1000 多年，不知昌平天壽山上，這株老槐是否還在。

所以，槐樹的樹齡可以很長。俗語云："千年松，萬年柏，頂不上老槐歇一歇。"據鄧雲鄉先生說，故宮旁邊的中山公園裏共有 23 株古槐，是 13 世紀後期元大都建城時的遺物。[9] 故宮裏的古槐樹也不少，最好看的莫過於養性門前的兩株。養性門是寧壽宮養性殿、樂壽堂、頤和軒三宮殿的正門，這裏是乾隆退位後的休養之地。門前的兩株古槐位於金獅兩側，夏日槐花盛開，為紅牆黃瓦的皇家氣派，增添了幾分清新素雅。

舊時中山公園春明館有一副對聯："名園別有天地，老樹不知歲時。"[10] 此話甚是，那些老樹是歷史的見證者，它們一定知道很多故事。古槐這類活了很久很久的古樹，是大自然的廟宇，在很多地方被奉為神靈，受到人們的崇拜和敬仰。

---

9 《草木魚蟲》，第 80 頁。
10 《草木魚蟲》，第 84 頁。

藎草、萹蓄

瞻彼淇奧，綠竹猗猗

〔日〕細井徇《詩經名物圖解》，綠竹

朱熹《詩集傳》釋《詩經·衛風·淇奧》「綠竹」為綠色的竹子。日本《詩經》圖譜《詩經名物圖解》《毛詩品物圖考》均保留了這一解釋。

要是不讀《詩經》，不會知道藎草和萹蓄。它們生於大江南北的河湖堤岸，極為普通。2000 多年前，一位詩人路過黃河的支流淇水，在看到岸邊一片茂盛的水草時，便將它們寫進詩裏以讚美其國君。《衛風·淇奧》云：

> 瞻彼淇奧，綠竹猗猗。有匪君子，如切如磋，如琢如磨。瑟兮僩兮，赫兮咺兮。有匪君子，終不可諼兮。

此處的"綠竹"，易理解為"綠色的竹子"，但它其實是藎草和萹蓄兩種植物。

何謂"綠竹"

朱熹就認為"綠竹"是綠色的竹子，其《詩集傳》曰："綠，色也。淇上多竹，漢世猶然，所謂'淇園之竹'是也。"[1] 與朱熹同時代的學者洪邁也持此觀點，其《容齋隨筆》引《衛風·竹竿》"籊籊竹竿，以釣於淇"以證之。[2]

同樣在宋代，一位考生卻因為錯用了"綠竹"的典故而名落孫山。南宋大儒程大昌《演繁露》卷 1 載："嘗試館職[3]，有以'綠竹'為題者，試人賦竹，以為釣淇之竹，而苙試者咎其不從訓。故黜

1　〔宋〕朱熹撰，趙長征點校：《詩集傳》，中華書局，2017 年，第 53 頁。

2　〔宋〕洪邁撰，穆公校點：《容齋隨筆》，上海古籍出版社，2015 年，第 52 頁。

3　館職是宋朝特設的官職，掌管三館、秘閣典籍的編校，功能類似明清翰林院，所以要求很嚴，一般文士要經過考試才能授職。

之不取。”這位考生就將《淇奧》中的“綠竹”，錯以為是《竹竿》中的釣淇之竹。由於“本朝之初試，文必本註疏，不得自主己説”，這位考生用典沒有遵從漢唐《詩經》的註疏，因而被主考官黜之不取。

漢唐《詩經》是如何解釋“綠竹”的呢？《毛傳》：“綠，王芻也；竹，萹竹也。”三家詩《魯詩》“綠”作“菉”。《爾雅》：“菉，王芻”，“竹，萹蓄”。萹蓄就是萹竹，又作編竹、編草。所以“綠竹”其實是王芻和萹竹兩種植物。[4]

那麼，王芻和萹竹又是哪兩種植物呢？王芻，中文正式名為藎草（*Arthraxon hispidus* var. hispidus），禾本科藎草屬一年生草本，遍佈全國各地，多生於山坡草地陰濕處，不僅能作牧草，先秦時已用作黃色染料。《小雅·採綠》“終朝採綠，不盈一匊”，這裏的“綠”也是藎草。因而，藎草又名黃草，取名王芻，也與它的染色功能有關。《本草綱目·草部》解釋説：“此草綠色，可染黃……古者貢草入染人，故謂之王芻，而進忠者謂之藎臣也。”[5]

先秦時，植物染料主要供給王室之用。“芻”的本義是割草，其小篆的字形即一上一下兩棵草分別被包起來，取名為“王芻”，意為向王室進貢的染色草。進貢王室，意味着盡忠，因而忠臣又被稱為“藎臣”，如《大雅·文王》：“王之藎臣，無念爾祖。”《詩集傳》

---

4 陸璣《毛詩草木鳥獸蟲魚疏》：“有草似竹，高五六尺，淇水側人謂之菉竹也。”陸璣將“菉竹”視作一種植物，即藎草，與《毛傳》不同。見〔唐〕孔穎達撰：《毛詩正義》，北京大學出版社，1999 年，第 215 頁。

5 〔明〕李時珍著，錢超塵等校：《本草綱目》，上海科學技術出版社，2008 年，上冊，第718 頁。

蓋蓄

《詩經・衛風・淇奧》「瞻彼淇奧，綠竹猗猗」，「綠竹」其實是菉草（又名菉草）、萹蓄（又名萹竹）兩種植物。

〔日〕岩崎灌園《本草圖譜》，菉草、萹蓄

蓋草

釋曰："藎，進也。言其忠愛之篤，進進無已也。"[6] "藎草"這個名字就是這樣得來的。

說完王芻，再說萹竹。雖然名中有竹，但它與竹子沒有任何關係，只是莖像竹子一樣分節，因而又叫竹節草；其葉亦似竹，又名竹葉草。萹竹，中文正式名叫萹蓄（*Polygonum aviculare* L. var. aviculare），是蓼科蓼屬一年生草本。與藎草一樣，萹蓄同樣遍佈各地，多生於田邊、溝邊潮濕的地方。

生境相似，這也許是《淇奧》將它們放在一起的原因。《本草綱目·草部》將藎草列於萹蓄之後，《植物名實圖考》將兩者歸為"濕草"，排序一前一後，或許都是受到《淇奧》的影響。

消失的淇竹

認識了以上兩種植物，再回到《淇奧》這首詩，回到"綠竹"這個被誤解的詞。雖然《淇奧》中的"綠竹"不是綠色的竹子，但歷史上淇水之畔的淇園（今河南鶴壁市淇縣）的確有過竹子。

《史記·河渠書》《漢書·溝洫志》都載有採伐淇園之竹以治水[7]，《後漢書·寇恂傳》亦記載有東漢開國名將寇恂採伐淇園之竹

6　《詩集傳》，第 270 頁。
7　"於是天子已用事萬里沙，則還自臨決河，沉白馬玉璧於河，令羣臣從官自將軍已下皆負薪填決河。是時東郡燒草，以故薪柴少，而下淇園之竹以為楗。"見〔漢〕司馬遷撰：《史記》，中華書局，1959 年，第 4 冊，第 1412-1413 頁。亦見於〔漢〕班固撰：《漢書》，中華書局，1964 年，第 6 冊，第 1682 頁。

做弓箭的故事[8]。所以，朱熹將"綠竹"解釋為"綠色的竹子"，並非望文生義。

但是數百年後，當酈道元來到淇水岸邊時，並未發現任何竹子。他在《水經注》中寫道：

> 《詩》云："瞻彼淇澳，菉竹猗猗。"毛云："菉，王芻也；竹，編竹也。"漢武帝塞決河，斬淇園之竹木以為用。寇恂為河內，伐竹淇川，治矢百餘萬，以輸軍資。今通望淇川，無復此物，惟王芻、編草不異毛興。[9]

那麼，漢代及以前的淇園之竹，到南北朝時就消失了嗎？從東漢到魏晉南北朝，中原地區正在經歷中國歷史上的極冷時期，尤其是酈道元所處的時代，正是魏晉南北朝的第二個冷鋒。[10] 生於熱帶和亞熱帶的竹類植物對溫度和水分的要求較高，氣候的急遽變化，導致竹子無法在北方繼續生存。今天看古代植物的演化與變遷，氣候變化是不可忽視的因素。

酈道元雖不見竹，卻見到《毛傳》裏的"王芻""編草"，與一千多年前《淇奧》的作者看到的一樣，這真是神奇！世事變遷，朝代

---

8 "恂移書屬縣，講兵肄射，伐淇園之竹，為矢百餘萬，養馬二千匹，收租四百萬斛，轉以給軍。"見〔宋〕范曄撰：《後漢書》，中華書局，2012 年，第 3 冊，第 621 頁。

9 〔北魏〕酈道元著，陳橋驛校證：《水經注校證》，中華書局，2003 年，第 224-225 頁。

10 "魏晉南北朝時期的寒冷氣候中出現了兩個大的冷鋒：第一個冷鋒的中心時間在 310 年代，跨度大約在 290-350 年代間；第二個冷鋒的中心時間在 500 年代，跨度大約在 450-540 年代間。從時間延續來看，第二個冷鋒比第一個長，寒冷事件的頻數也要比第一個冷鋒大。第二個冷鋒的中心，今大同一帶'六月雨雪，風沙常起'是比較常見的現象。"見滿志敏著：《中國歷史時期氣候變化研究》，山東教育出版社，2009 年，第 163 頁。酈道元（472-527）所處的正是魏晉南北朝時期的第二個冷鋒時期。

更迭，淇水岸邊草木卻青蔥依舊，一如千年之前。它們生於斯、長於斯，歷經兵火戰亂，"野火燒不盡，春風吹又生"。

衛武公其人

上文提到，藎草又名王芻，有"盡忠"這層內涵，由於其外形"猗猗"（美好貌），所以《淇奧》以藎草起興來讚美衛武公。"有匪君子，如切如磋，如琢如磨"，切、磋、琢、磨，乃是將骨、角、玉、石加工製成器物，後引申為學問上的研究探討，以此來比喻"衛武公德性之養成，乃積學而漸進，聽規諫以自修也"。[11] 那麼，藎草背後的衛武公，是個怎樣的人呢？

衛武公（前812-前758年在位），名和，姬姓，衛氏，衛釐侯之子，衛共伯之弟，衛國第11代國君。《史記·衛康叔世家》載："武公即位，修康叔之政，百姓和集。四十二年，犬戎殺周幽王，武公將兵往佐周平戎，甚有功，周平王命武公為公。"[12]

《國語·楚語》有更多關於衛武公的事跡：

> 左史倚相曰："……昔衛武公年數九十有五矣，猶箴儆於國，曰：'自卿以下至於師長士，苟在朝者，無謂我老耄而捨我，必恭恪於朝，朝夕以交戒我；聞一二之言，必誦誌

11 袁行霈、徐建委、程蘇東撰：《詩經國風新註》，中華書局，2018年，第199頁。
12 《史記》，第1591頁。

漢代淇水岸邊有過竹子，到魏晉南北朝時，氣候變冷，竹子無法在北方生存。所以當酈道元來到淇水岸邊時，並未發現竹子，蓋草和萹蓄卻有不少，與《毛詩》中的解釋一致。

〔日〕細井徇《詩經名物圖解》，蓋草、萹蓄

而納之，以訓導我。'在輿有旅賁之規，位寧有官師之典，倚几有誦訓之諫，居寢有褻御之箴，臨事有瞽史之導，宴居有師工之誦。史不失書，矇不失誦，以訓御之，於是乎作《懿戒》，以自儆也。及其沒也，謂之睿聖武公。"[13]

聞過則喜，從善如流，九旬高齡仍夙夜在公，衛武公可稱得上一代明君。此外，《大雅‧抑》《小雅‧賓之初筵》都是衛武公勸誡周王之作。

不過，據《史記‧衛世家》記載，衛武公殺害自己的長兄而成為國君。唐代司馬貞在為《史記》做索隱時就有所懷疑："若武公殺兄而立，豈可以為訓，而形之於國史乎？蓋太史公採雜說而為此紀耳。"[14]

同時代的孔穎達在註疏《詩經》時，並不去辨析事實，而是美而化之："（武公）殺兄篡國，得為美者，美其逆取順守，德流於民，故美之。齊桓、晉文皆篡弒而立，終建大功，亦皆類也。"[15]對此，清代姚範在其《援鶉堂筆記》卷6駁斥曰："如所云是，經導天下以惡矣。說經者當如是乎？"方東樹批註姚範評語："此唐儒附會，迴避太宗、建成、元吉事耳。然亦由其讀史不審。"

建成是唐太宗李世民的長兄，元吉是四弟，皆喪命於"玄武門之變"。建成遭李世民射殺，時年38歲；元吉死時不過24歲。建成、元吉各有五子，全部遇害。唐貞觀十六年（642），孔穎達等人

13 鄔國義、胡果文、李曉路撰：《國語譯註》，上海古籍出版社，1994年，第520頁。
14 《史記》，第1591頁。
15 〔唐〕孔穎達撰：《毛詩正義》，北京大學出版社，1999年，第215頁。

奉命作《五經正義》，在註《淇奧》時讚美衛武公之“逆取順守”，實則是為太宗正名。因此，方東樹領會到孔穎達註疏時的言外之意，錢鍾書評價他“讀書甚得間”。[16]

由此，我們可以看到政治對經書註釋的影響。

16　錢鍾書著：《管錐編》，生活・讀書・新知三聯書店，2007 年，第 1 冊，第 153 頁。

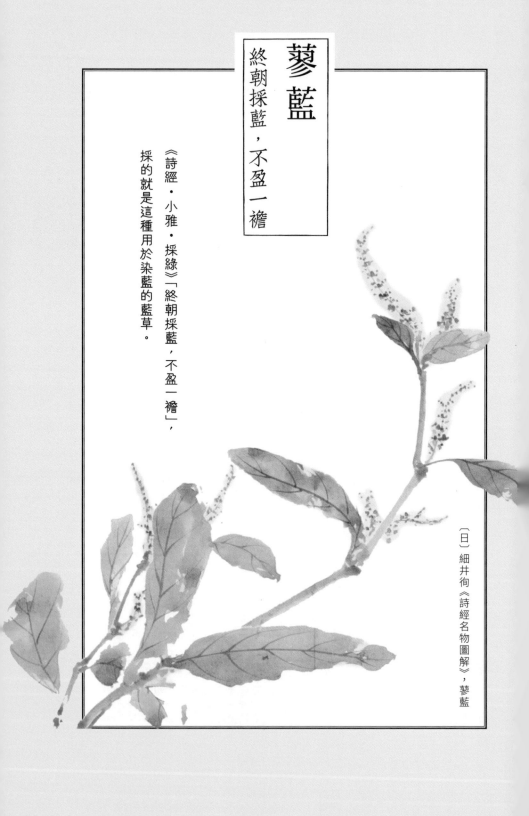

蓼藍

終朝採藍，不盈一襜

《詩經・小雅・採綠》「終朝採藍，不盈一襜」，採的就是這種用於染藍的藍草。

〔日〕細井徇《詩經名物圖解》，蓼藍

舊時江南流行用藍草染布，你看吳冠中的那些江南系列水墨畫，但凡有人物的，就有不少穿着藍色的衣服。國畫中常用的植物顏料花青，也來自於大自然中的藍草。這裏的藍草包括哪些植物？背後又有着怎樣的故事？讓我們一起開啟一段藍草的探索之旅。

《詩經》中的採藍

我們現在用作顏色詞的“藍”，在先秦時指的是染藍植物。《荀子》“青出於藍，而勝於藍”，是説“青”這種顏色出自於藍草。《説文解字》對“藍”的解釋是“染青草也”，西晉時“藍”字才用作顏色詞。為了表述方便，我們將這種“染青草”稱為藍草。

一個春末夏初的傍晚，雲霞染紅了西天，一羣身着羅裙的年輕男女來到淇水之畔。他們潔白的裙襬蹭到折斷的藍草，藍草的汁液經過氧化，留下了清晰明麗、經久不滅的藍色印跡。後來，就有了《詩經·小雅·採綠》：

> 終朝採綠，不盈一匊。予髮曲局，薄言歸沐。
> 終朝採藍，不盈一襜。五日為期，六日不詹。
> 之子於狩，言韔其弓。之子於釣，言綸之繩。
> 其釣維何？維魴及鱮。維魴及鱮，薄言觀者。

這首詩寫婦人出門採集植物時思念遠行在外的丈夫。藎草和蓼藍等都是常見植物，為何採了一上午還不滿一匊、不盈一襜？因為她心裏想着在外的丈夫：“五月為期，如今六月了，依然不見歸來？"其意與《周南‧卷耳》"采采卷耳,不盈頃筐。嗟我懷人,置彼周行"相近。

"五日""六日"在此指五月之日、六月之日,在詩中除了指丈夫歸期未還之外,與採藍這一農事活動也有關係。我國最早的曆書《夏小正》載:"五月……啟灌藍蓼。"意思是說,五月藍草苗長得密集,需"開闢此叢生之藍蓼,分移使之稀散"。[1]《齊民要術》對此有詳細的描述:"五月中新雨後,即接濕摟耩,拔栽之。三莖作一科,相去八寸。"等到了七月,藍草長大了,方可作坑刈藍。[2]

但五月"仲夏當獻絲供服之時,用藍尤亟",需採摘部分藍草以供宮中染色之用,所以吳其濬說:"藍之叢生者,啟之則易滋茂;而啟之有餘科,足以染矣……藍之灌,可採取,不可刈。"[3]可採摘,不可收割,這是對量的控制,從而解釋了為何詩中是"採藍"而不是"刈藍",為何是"一襜""一匊"做量詞,而不是一綑、一把。

藍草與染藍

說完採藍,再說藍草究竟是何種植物。《本草綱目》《天工開物》皆謂"凡藍五種",但藍染植物沿用至今的,只有菘藍、木藍、

---

1 轉引自〔北朝〕賈思勰著,繆啟愉、繆桂龍譯註:《齊民要術譯註》,上海古籍出版社,2009 年,第 323 頁。

2 《齊民要術譯註》,第 322 頁。

3 〔清〕吳其濬著:《植物名實圖考》,中華書局,2018 年,第 259 頁。

板藍、蓼藍 4 種。[4]

事實上，以上植物用於染色的部分均為葉片，古人多用石灰來發酵水解藍草以獲取藍靛。《齊民要術》首先記載了這種方法[5]，《天工開物》延續之[6]。藍靛可以拿來染色，國畫所用的顏料花青，就由藍靛製成。近現代工筆畫大師于非闇對此有詳細的描述：

> 畫家把這樣製成的藍澱，放在乳缽裏去擂，大約四兩藍靛，要用八小時去擂它。擂研以後，兌上膠水，放置澄清。澄清後，把上面浮出的撇出來。所撇出來的，就是我們所需要的好花青。[7]

雖然藍靛可由 4 種以上的藍草發酵而成，但蓼藍或許是其中使用最為廣泛的。蓼藍染色的技法後來傳入日本，盛行於德島縣阿波地區，日本"阿波藍"也由此得名。

藍印花布與《邊城》

隨着紡織技術的發展，宋代開始用石灰和豆粉調製成一種糊

4　張海超、張軒萌：《中國古代藍染植物考辨及相關問題研究》，《自然科學史研究》，2015年第 3 期，第 333 頁。

5　"七月中作坑，令受百許束，作麥秆泥泥之，令深五寸，以苫蔽四壁。刈藍，倒豎於坑中，下水，以木石鎮壓令沒。熱時一宿，冷時再宿，漉去荄，內汁於甕中。率十石甕，着石灰一斗五升，急手抨之，一食頃止。澄清，瀉去水；別作小坑，貯藍澱着坑中。候如強粥，還出甕中，藍澱成矣。"見《齊民要術譯註》，第 322 頁。

6　"凡造澱，葉與莖多者入窖，少者入桶與缸。水浸七日，其汁自來。每水漿一石，下石灰五升，攪沖數十下，澱信即結。水性定時，澱澄於底。"見〔明〕宋應星著，潘吉星譯註：《天工開物譯註》，上海古籍出版社，2013 年，第 93 頁。

7　于非闇著，劉樂園修訂：《中國畫顏色的研究》，北京聯合出版公司，2013 年，第 18 頁。

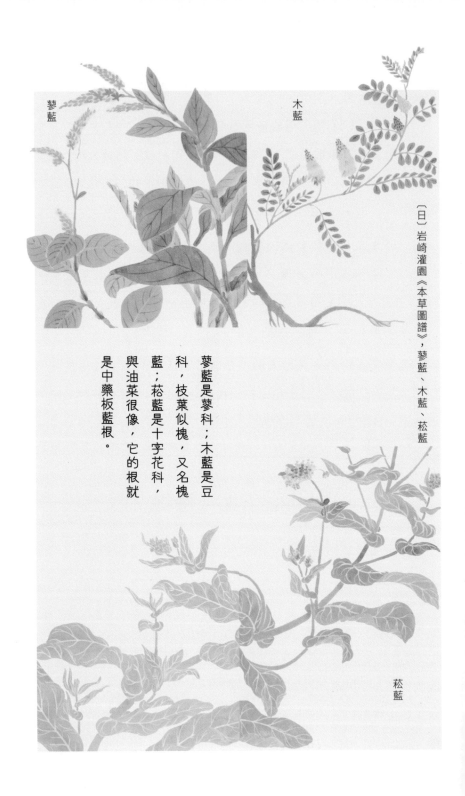

木藍

〔日〕岩崎灌園《本草圖譜》，蓼藍、木藍、菘藍

蓼藍是蓼科；木藍是豆科，枝葉似槐，又名槐藍；菘藍是十字花科，與油菜很像，它的根就是中藥板藍根。

菘藍

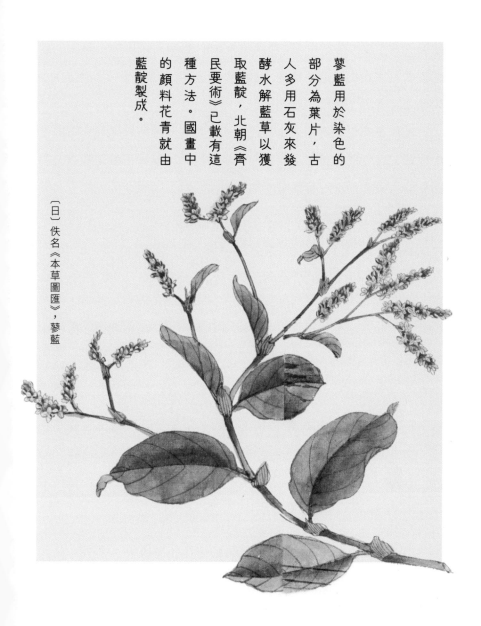

蓼藍用於染色的部分為葉片，古人多用石灰來發酵水解藍草以獲取藍靛，北朝《齊民要術》已載有這種方法。國畫中的顏料花青就由藍靛製成。

〔日〕佚名《本草圖匯》，蓼藍

狀物，俗稱"灰藥"，透過鏤刻的花版，將灰藥塗到坯布上形成花紋，然後將布匹放入染缸染色，晾乾後，刮去布匹上先前塗上的灰藥，就出現了空白的花紋，達到藍白相間的效果，這就是我們一開始提到的"藍印花布"。這種染色方法叫灰纈。在紡織工藝中，於紡織品上印製出圖案花樣稱之為"纈"。灰纈是傳統印染工藝之一，其他還有夾纈、蠟纈、絞纈。

藍印花布可根據需要來設計圖案，各式品種和紋樣都有相對應的程式。鏤刻的花版可重複使用，拼接靈活，如果花版是紙質的，則易於移動和清洗，其實用性和便利性較其他紡織品染色法更為突出。因此藍印花布在民間極為流行，日常所用之物如外衣、窗簾、頭巾、圍裙、包袱、蚊帳等皆可採用。

明清兩代，江蘇地區成為藍印花布之鄉。其中以南通最為出名，這與南通地理位置的獨特優越，蓼藍、棉花的廣泛種植，以及棉紡織業的快速發展密不可分。除了江蘇南通，湖南湘西的藍印花布亦有名氣。沈從文在《邊城》開頭描寫城中的景緻，寫到女人們身上穿的藍布衣裳：

> 又或可以見到幾個中年婦人，穿了漿洗得極硬的藍布衣裳，胸前掛有白布扣花圍裙，躬着腰在日光下一面說話一面作事。一切總永遠那麼靜寂，所有人民每個日子皆在這種不可形容的單純寂寞裏過去。

這裏的"藍布衣裳"有可能就是藍印花布做成的，"漿洗"是一個舊詞，指的是用淘米水或米湯來清洗衣物。小時候，奶奶常用米湯洗被罩，曬乾了蓋在身上的確有點硬，不過曬過的被子有陽光的味道，特別暖和。古時候大戶人家會用澱粉攪水來替代米湯，衣服在漿洗後會變得貼身、筆挺。沈從文對這個細節想必印象很深，他在《邊城》另一處也提到了新漿洗的藍布衣服。這次是財主家的女人：

一羣過渡人來了，有擔子，有送公事跑差模樣的人物，另外還有母女二人。母親穿了新漿洗得硬朗的藍布衣服，女孩子臉上塗着兩餅紅色，穿了不甚合身的新衣，上城到親戚家中去拜節看龍船的。……那母女顯然是財主人家的妻女，從神氣上就可看出的。

　　經由藍印花布，回看小説裏的這些細節，越發覺得《邊城》是很美的小説，風景、人物、語言、回憶，都是極美的。小説雖然沒有對翠翠服飾的描寫，但總感覺青山綠水裏養着的翠翠，也是穿着藍印花布的衣服長大的。

洋靛的衝擊

　　藍布衣服在古時多是下層百姓所穿，即使是在朝服中，藍色也代表最卑微的官職[8]。也許正是因為這樣，民間對藍草的需求才會更大。據《齊民要術》記載，種藍、染藍這門營生，要比種田強得多："種藍十畝，敵穀田一頃。能自染青者，其利又倍矣。"[9]

　　不過，這種情況未能延續。光緒中葉以後，化學合成染料洋靛進入我國市場。由於染色方法簡易且價格便宜，洋靛對本土藍靛造

8　據《新唐書·車服志》，隋朝已開始用朝服的顏色來區分官階，唐高祖在隋制的基礎上將官次服色分為以下數等：天子用"赤、黃"，親王、三品以上"色用紫"，四品、五品"色用朱"，六品、七品"服用綠"，八品、九品"服用青"。見〔宋〕歐陽修、宋祁等撰：《新唐書》，中華書局，1975 年，第 527 頁。
9　《齊民要術譯註》，第 322 頁。

成巨大衝擊，國內種藍產業自此衰敗。清末民初的印染匠人吳慎因晚年著有《染經》，對此有相關的記錄，惋惜之情溢於言表：

> 自德國輸入靛油，有本靛二十倍之效力，價僅十倍，管缸省力，渣滓又少，本靛衰落，幾至絕種。……靛農因種藍之收入不及種糧食三分之一，又棄之如遺矣。

種藍不及種糧收入的三分之一，與《齊民要術》所載幾乎完全相反。

20世紀50年代以後，很長一段時間內，藍、灰、綠三色是國民服裝的主要顏色。但這時的藍色多半是化學染劑染成，真正傳統的藍靛染布製衣只在農村存在，但也只是小規模的自給自足。[10] 如今，藍印花布成了江蘇省非物質文化遺產保護項目，在南通建有藍印花布博物館，使用藍草染色的作坊已不多見。説起來，曠野裏的藍草背後還隱藏着一部民族工商業的興衰史呢！

國畫顏料花青也遭遇了同樣的命運，在光緒末年多用普魯士藍（簡稱"普藍"）替代。但無論如何，化學製品染成的藍，哪有藍草染成的那樣美麗呢？用藍靛染成的衣服"比普藍顏色更加鮮豔，能抗拒日光，不太變色。"[11]

"終朝採藍，不盈一襜。"遙想先人採藍、製靛、染藍、晾曬、刮灰、漂洗……每一步都有大自然的生靈參與其中；每一件藍印花布做成的衣裳，都蘊藏着民間手藝人的溫度和日常。

---

10 郭智偉、夏燕靖：《染藍歷史及其發展》，《南京藝術學院學報》，1993年第4期，第57頁。
11 《中國畫顏色的研究》，第17頁。

車前草

采采芣苢，薄言採之

車前草根鬚發達，根莖短且粗，葉基生，呈蓮座狀平臥、斜展或直立。所以不怕碾壓，在牛和車經常走的路上也能生存，故其名為「車前」。

〔日〕細井徇《詩經名物圖解》，車前草、捲耳

聽一位同學說，她在大學上《詩經》課，老師講到《周南·芣苢》時走出教室，片刻後回來，手裏拿着一株野草，對大家說：「'采采芣苢'，芣苢，車前草也。」就是這樣一株野草，可以說的其實很多。

車前之得名

車前草，中文正式名為車前（*Plantago asiatica* L.），車前科車前屬二年生或多年生草本，在全國各地廣泛分佈。「車前」一名見於《爾雅》：「芣苢，馬舄。馬舄，車前。」郭璞註曰：「今車前草，大葉，長穗，好生道邊。江東呼為蝦蟆衣。」為何名為「車前」？陸璣《毛詩草木鳥獸蟲魚疏》解釋：

> 馬舄，一名車前，一名當道，喜在牛跡中生，故曰車前、當道也。今藥中車前子是也。幽州人謂之牛舌草，可鬻作茹，大滑。其子治婦人難產。[1]

據《中國植物誌》，車前草根鬚發達，根莖短且粗，葉基生，呈蓮座狀平臥、斜展或直立。所以不怕碾壓，在牛和車經常走的路上也能生存，故其名為「車前」，又名車輪草、車轱轆菜等。

中學時患腎炎，父親帶着我四處求醫問藥，最後終於在縣醫院找到一位經驗豐富的中醫。她是一位和藹慈祥的奶奶，開完藥，對

1　轉引自〔唐〕孔穎達撰：《毛詩正義》，北京大學出版社，1999 年，第 51 頁。

父親說，用車前草和甘草煎水喝，有助於泌尿。我就是在那時認識的車前草。將它與甘草一起熬成淡棕色的湯，味道很甜。事實證明，這種湯藥真的有效果。後來讀《詩經》，知道"采采芣苢，薄言採之"的"芣苢"即車前草時，覺得無比親切。

車前草的藥用價值始載於漢代《神農本草經》："車前子，味甘寒無毒。主氣癃，止痛，利水道小便，除濕痺。久服輕身耐老。一名當道。生平澤。"[2] 先人早已經發現車前草在泌尿方面的療效。但在《詩經》中，人們採它，卻是別有用處。

車前草之詠歎調

關於《芣苢》的主旨，《毛詩序》曰："《芣苢》，后妃之美也。和平則婦人樂有子矣。"鄭玄《毛詩傳箋》："天下和，政教平也。"孔穎達《毛詩正義》進一步解釋說："若天下亂離，兵役不息，則我躬不閱，於此之時，豈思子也？今天下和平，於是婦人始樂有子矣。"[3] 一首採摘車前草時所唱的歌，與"婦人樂有子"有何關係呢？

這就涉及車前草的功效。《毛傳》曰："芣苢，馬舃。馬舃，車前也。宜懷妊焉。"原來，芣苢這種草藥有助於治療不孕不育。到了魏晉時成書的醫書《名醫別錄》中，"車前子"已被賦予這種功

2　〔日〕森立之輯，羅瓊等點校：《神農本草經》，北京科學技術出版社，2016年，第17頁。
3　《毛詩正義》，第51頁。

車前科車前屬全球共一百九十餘種，我國有二十種。

〔日〕岩崎灌園《本草圖譜》，各種車前草

效：“養肺，強陰，益精，令人有子。”⁴ 這一說法在《毛詩正義》中得到延續，白居易或是受此影響，其詩《談氏外孫生三日，喜是男，偶吟成篇，戲呈夢得》前兩聯云：

> 玉芽珠顆小男兒，羅薦蘭湯浴罷時。
>
> 芣苢春來盈女手，梧桐老去長孫枝。

白居易喜得外孫，作詩給劉禹錫。詩中的“芣苢”即“芣苢”，所用典故正是出於《詩經》。而車前子的這一功能，對於理解這首詩至關重要。

對此，聞一多《匡齋尺牘》有精彩的論述。利用音韻學和古代神話傳說，聞一多考證出“芣苢”即“胚胎”，兩者音同，在《詩經》中可謂一語雙關。⁵ 這印證了《毛傳》對芣苢“宜懷妊”的解釋。而在宗法社會，繁衍子嗣、延續香火，對於一個出嫁的女人來說是何等的重要。正如聞一多所言：

> 宗法社會裏是沒有“個人”的，一個人的存在是為他的種族而存在的，一個女人是在為種族傳遞並繁衍生機的功能上存在着的。如果她不能證實這功能，就得被她的儕類賤視，被她的男人詛咒以致驅逐，而尤其令人膽顫的是據說還得遭神——祖宗的譴責。……總之，你若想像得到一個婦人在做妻以後，做母以前的憧憬與恐怖，你便明白這採芣苢的風俗所含意義是何等嚴重與神聖。⁶

4　〔梁〕陶弘景撰，尚志鈞輯校：《名醫別錄》，中國中醫藥出版社，2013 年，第 39 頁。

5　聞一多著：《神話與詩》，生活・讀書・新知三聯書店，1982 年，第 346 頁。

6　《神話與詩》，第 347 頁。

所以聞一多說，知道芣苢是甚麼植物，有甚麼功用，知道這功用所反映的是何等嚴肅的意義，才算有了充分的資格來讀這首詩。接下來，我們將在字裏行間，感受那些做妻以後，做母以前的婦女們，在採集芣苢時"憧憬與恐怖"的情態：

采采芣苢，薄言採之。采采芣苢，薄言有之。
采采芣苢，薄言掇之。采采芣苢，薄言捋之。
采采芣苢，薄言袺之。采采芣苢，薄言襭之。

這首詩共 3 章，每章兩句，每句都有"采采芣苢"和"薄言"，在疊字的用法上，詩三百中無出其右。這種重複的句法看似簡單，實則是理解這首詩的玄機。"采采"形容顏色鮮明，"薄"通"迫"，"薄言"即急急忙忙地。在《詩經》中，"薄言"共出現 18 次，皆為此意。而在這首詩中，急切的心情、迫切的情調，加上重複的表達，婦女採摘車前子時的情狀宛在眼前。[7]

再看第二章和第三章的動詞。"掇"和"捋"都是摘的意思，如"明明如月，何時可掇"。如今一些方言裏還有"捋袖子""捋花生"的用法，意為用手握住條狀物向一端滑動。由此可知，其所採的正是車前子，而不是車前的葉片。此處聞一多的解釋也很有趣：從"掇"和"捋"這兩個聲音上，"你就可以明白那是兩種多麼有勁的動作。審音的重要性於此可見一斑"。[8] 這種以語音輔助解釋語義的方法，類似於以古音求古意，頗有道理。可見"掇"和"捋"的

7　《神話與詩》，第 348 頁。"采采"和"薄言"的解釋歷來不一。
8　《神話與詩》，第 349 頁。

動作、力氣都比"採"和"有"要大，反映在情緒上也是一種遞進。"袺"與"襭"都從衣，可理解為用衣襟兜起來，是整套動作中的最後一步。

余冠英評論說："這篇似是婦女採芣苢子時所唱的歌。開始是泛言往取，最後是滿載而歸，歡樂之情可以從這歷程見出來。"[9] 但從以上分析來看，《芣苢》傳達出來的，卻不一定全是"歡樂之情"。

聞一多就認為這其中可能有不幸者：在那邊山坳裏，或許還有一個中年的"佝僂的背影"，她"急於要取得母親的資格以穩固她妻的地位"。此處寫得極為精彩，引述如下：

> 在那每一掇一捋之間，她用盡了全副的腕力和精誠，她的歌聲也便在那"掇""捋"兩字上，用力的響應着兩個頓挫，彷彿這樣便可以幫助她摘來一顆真正靈驗的種子。但是疑慮馬上又警告她那都是枉然的。她不是又記起已往連年失望的經驗了嗎？悲哀和恐怖又回來了——失望的悲哀和失依的恐怖。動作，聲音，一齊都凝住了。淚珠在她眼裏。[10]

一首看似歡快的詩，實則暗藏舊時婦女所承受的巨大壓力。聞一多從事中國古典文學研究，以文字學、音韻學為工具，從社會學的角度來闡釋這首詩，從中讀出婦女們的"憧憬與恐怖"，叫人信服，令人感佩。清人方玉潤《詩經原始》認為此乃田家婦女於平

9　余冠英註譯：《詩經選》，人民文學出版社，1979年，第10頁。
10　《神話與詩》，第350頁。

原繡野、風和日麗中羣歌互答[11]，僅從音律和節奏上去解讀，便少了這一層意味。

"令人有子"之真相

詩說完了，再回到"苯苢"。其實，關於它究竟是何種植物，曾經有過爭議。

《說文解字》："苯苢，一名馬舄，其實如李，令人宜子。從草吕聲，《周書》所說。"苯苢的種子怎麼可能像李子呢？此處《周書》，後世稱《逸周書》，其卷 7 "王會"篇云："康民以桴苢者，其實如李，食之宜子。""康"是西戎的別名，此處的"桴苢"乃西戎之木，因為都有益於生子，發音相同，故與《周南》"苯苢"相混淆。

聞一多則從文字學的角度，考證出"苯苢"即"薏苡"。[12] 而在關於夏人祖先的故事中，就有有莘氏之女修己吞食薏苡而懷禹的傳說，因此薏苡又被稱為神珠。薏苡是甚麼植物呢？

薏苡（*Coix lacryma-jobi* L.），禾本科薏苡屬一年生粗壯草本。

---

11 "夫佳詩不必盡皆徵實，自鳴天籟，一片好音，尤足令人低迴無限。若實而按之，興會索然矣。讀者試平心靜氣，涵詠此詩，恍聽田家婦女，三三五五，於平原繡野、風和日麗中羣歌互答，餘音裊裊，若遠若近，忽斷忽續，不知其情之何以移而神之何以曠。則此詩可不必細繹而自得其妙焉。"見〔清〕方玉潤撰，李先耕點校：《詩經原始》，中華書局，1986 年，第 85 頁。

12 《神話與詩》，第 352-354 頁。

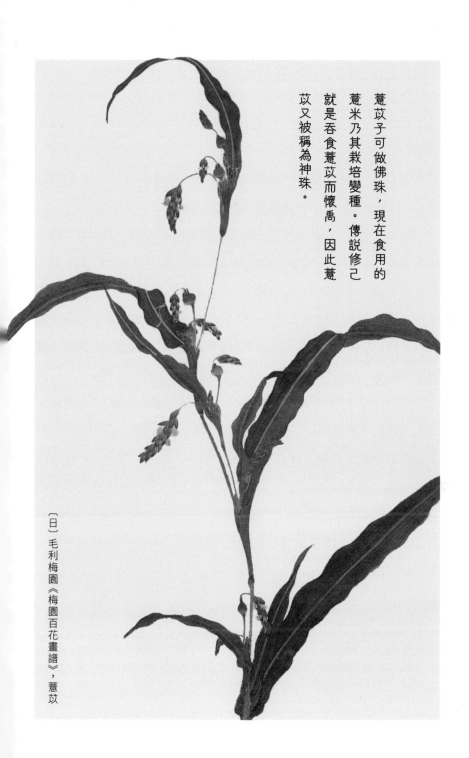

薏苡子可做佛珠，現在食用的薏米乃其栽培變種。傳說修己就是吞食薏苡而懷禹，因此薏苡又被稱為神珠。

〔日〕毛利梅園《梅園百花畫譜》，薏苡

其種子中間有小孔，小時候我們拿它穿成佛珠，掛在脖子上。[13] 現在食用的薏米就是薏苡的栽培變種，又名薏苡仁，是一種保健食品。在修己吞食薏苡而懷禹的故事中，薏苡應是薏苡仁。《神農本草經》中也有"薏苡子"，且列於"車前子"之前。[14] 但無論是薏苡，還是薏苡仁，歷代醫書中都不見其利於生子這一說。對於《詩經》中"芣苢"的解釋，目前學界還是從《爾雅》，認為是車前。

前文已說到，最早將"宜懷妊"的神奇功能賦予"芣苢"這種尋常草藥的醫書，是魏晉時成書的《名醫別錄》。西漢傳《詩》者有魯、齊、韓、毛四家，前三家《詩》於西漢前中期被立於學官。西漢平帝至新莽時期，《毛詩》也曾一度被立於學官。魏晉以後，前三家《詩》先後亡佚，《毛詩》獨行於世。"令其有子"出現於《名醫別錄》中，恐怕是受到此一時期大盛的《毛詩》的影響。

實際上，不論是車前、薏苡，還是桴苢，都無助於生育子嗣。清人姚際恆《詩經通論》就指出了這一點："按車前，通利之藥；謂治產難或有之，非能宜子也。"[15]

的確，陸璣就只說"治婦人難產"。這一說法在後世醫書中亦有繼承，例如唐代許仁則《子母秘錄》載"車前子末，酒服二錢"可治"橫產不出"；南宋陳自明《婦人良方》載"車前子為末，酒服方

---

13 《中國植物誌》："本種為唸佛穿珠用的菩提珠子，總苞堅硬，美觀，按壓不破，有白、灰、藍紫等各色，有光澤而平滑，基端之孔大，易於穿線成串，工藝價值大，但穎果小，質硬，澱粉少，遇碘成藍色，不能食用。"

14 "薏苡仁：味甘微寒。主筋急拘攣，不可屈伸，風濕痹，下氣。久服輕身益氣。其根下三蟲，一名解蠡。生平澤及田野。"見《神農本草經》，第 17 頁。

15 "故毛謂之'宜懷妊'；《大序》因謂之'樂有子'，尤謬矣。車前豈宜男草乎！"見〔清〕姚際恆著，顧頡剛標點：《詩經通論》，中華書局，1958 年，第 26 頁。

寸匕。不飲酒者，水調服"，可"滑胎易產"。[16] 也有說車前子可墮胎[17]，豈不是與《毛傳》"宜懷妊"的解釋相矛盾？

　　婦人生產，絕非兒戲。陸璣、唐宋醫家皆認為車前子可治難產，當有其臨床依據。也正是因為如此，如果孕婦在懷孕期間服用車前子，則會有流產的風險，所以吳其濬認為芣苢乃孕婦之禁方[18]。那麼，關於車前子可墮胎的說法，也就可以成立。

　　總而言之，車前子並不能"令人有子"。但是在《詩經》時代，人們相信車前子具有"宜懷妊"的功效。理解了這一點，我們再去讀《芣苢》這首詩，就會多一種視角，對於這首詩的理解，也會更為豐富。

16　轉引自〔明〕李時珍著，錢超塵等校：《本草綱目》，上海科學技術出版社，2008年，上冊，第700頁。

17　"季明德謂芣苢為宜子，何玄子又謂為墮胎，皆邪說。"見《詩經通論》，第27頁。

18　"說《詩》者或以桴苡為芣苢，然二者今皆為孕婦禁方矣。"見〔清〕吳其濬著：《植物名實圖考》，中華書局，2018年，第4頁。

凌霄

我來六月聽鳴蟬

十九世紀中葉，中國的凌霄與原產美洲的厚萼凌霄雜交產生雜種凌霄。

〔荷蘭〕亞伯拉罕・雅克布斯・溫德爾繪，《荷蘭園林植物誌》，凌霄，一八六八年

〔荷蘭〕亞伯拉罕・雅克布斯・溫德爾繪，《荷蘭園林植物誌》，厚萼凌霄，一八六八年

夏天的傍晚，閒逛時"偶遇"一片凌霄，從院牆上傾瀉而下，橙黃色、小喇叭一樣的花朵翹立枝頭，熱鬧極了。

回來翻看《詩經名物圖解》，仔細觀察其所繪凌霄，越發覺得它真是漂亮。賞心悅目之餘，就想知道它的歷史，古人不會不注意到這種植物，那時的人們是如何寫它的呢？沒想到，它背後的故事還真不少。

初識凌霄

"我如果愛你，絕不像攀援的凌霄花，借你的高枝炫耀自己。"相信很多人知道凌霄都是因為這句詩。學這首詩的時候，我正在上初中。那時不知道，原來學校附近一戶人家院子裏種的就是它。入夏凌霄盛開，每次路過都豔羨不已。

凌霄 [*Campsis grandiflora* (Thunb.) Schum.] 是紫葳科凌霄屬的攀緣藤本，這個形象的名字源自其緣木而生的習性[1]。但這也是後來才有，凌霄在成書於東漢的《神農本草經》中名為"紫葳"。《本草綱目·草部》也以"紫葳"作為篇目名，現代植物學家則以"紫葳"作為本科的科長。紫葳科植物的花冠多呈鐘狀或漏斗狀，大而美。我們熟知的梓樹、灰楸和黃金樹，都是如此。既然凌霄的花朵如此奪目，作為一科之長也不無道理。

1　"時珍曰：俗謂赤豔曰紫葳葳，此花赤豔，故名。附木而上，高數丈，故曰凌霄。"見〔明〕李時珍著，錢超塵等校：《本草綱目》，上海科學技術出版社，2008年，上冊，第814頁。

不過今日我們常見的凌霄品種是雜種凌霄（*Campsis×tagliabuana*），是由凌霄（*Campsis grandiflora*，中國凌霄）與厚萼凌霄（*Campsis radicans*，美國凌霄）於 19 世紀中葉雜交而成。

古人所見的"中國凌霄"花萼薄、分裂深、棱角分明；花冠裂片大，幾乎重疊，似一圓筒。而今天用於園林觀賞的雜種凌霄，花萼圓潤、厚實、分裂淺；花冠裂片小，可以清晰地數出五瓣。美國凌霄在我國南方的庭院中也較多見，區別在於其花筒細長，花萼與花冠均為橙紅至鮮紅色。而雜種凌霄的花萼為黃綠色，花冠為橙黃色。

凌霄作為中藥主要用於婦科。雲南當地稱之為墮胎花，"飛鳥過之，其卵即隕"，吳其濬已在《植物名實圖考》中指出此說之謬 [2]。

詩文中的凌霄

凌霄喜攀緣，盛夏怒放，花色橙黃，引人注目。早在唐代，它就成為文人託物言志的對象。最為典型的當屬白居易的這首諷喻詩：

有木名凌霄，擢秀非孤標。

偶依一株樹，遂抽百尺條。

托根附樹身，開花寄樹梢。

2　"余至滇，聞有墮胎花，俗云飛鳥過之，其卵即隕。亟尋視之，則紫葳耳。青松勁挺，凌霄屈盤，秋時旖旎雲錦，鳥雀翔集，豈見有胎殰卵殈者耶？"見〔清〕吳其濬著：《植物名實圖考》，中華書局，2018 年，第 536 頁。

自謂得其勢，無因有動搖。

一旦樹摧倒，獨立暫飄搖。

疾風從東起，吹折不終朝。

朝為拂雲花，暮為委地樵。

寄言立身者，勿學柔弱苗。

白居易讀《漢書》列傳，作《有木詩八首》以木喻人。前六首託弱柳、櫻桃、枳橘、杜梨、野葛、水櫪，以諷當權者。第七首凌霄則諷刺依附權勢之人，警誡後人自強獨立，不可學凌霄攀木，一旦樹倒則淪為柴草。

與白居易如出一轍，北宋楊繪《凌霄花》亦云：

直饒枝幹凌霄去，猶有根源與地平。

不道花依他樹發，強攀紅日鬥妍明。

楊繪是宋神宗時的御史中丞，監察百官，諫言聖上。彼時王安石正在大力推行變法，楊繪上疏勸誡神宗：王安石變法以來，當朝舊臣諸如范鎮、歐陽修、司馬光等多引疾求去，陛下應深思。王安石得知後大怒，欲將其貶至嶺外，還是神宗手下留情，只貶到了亳州（今安徽省亳州市）。[3] 北宋中後期，圍繞變法鬥爭激烈，趨炎附勢、狐假虎威的人不在少數。楊繪所寫《凌霄花》，所諷刺的正是這一類人。

清代畫家"揚州八怪"之首金農畫有凌霄繞松冊頁，將凌霄花

3　〔元〕脫脫等撰：《宋史》，中華書局，1977 年，第 10449-10450 頁。

掛於青松，比作 15 歲的小女扶老翁，世人看花不看松，但大雪來臨時，花枝枯萎，只有松樹依舊挺立[4]。

當然，寫凌霄的詩並不都是貶義。比楊繪稍早一些的北宋宰相賈昌朝，賦詩《詠凌霄花》讚頌凌霄謙遜而不居功：

> 披雲似有凌霄志，向日寧無捧日心。
> 珍重青松好依托，直從平地起千尋。

由於凌霄花攀繞喬木，直上雲霄，詩歌裏多比之為"盤升之龍"。五代十國後蜀花間派詞人歐陽炯《凌霄花》詩云：

> 凌霄多半繞棕櫚，深染梔黃色不如。
> 滿樹微風吹細葉，一條龍甲颭清虛。

蘇軾《減字木蘭花·雙龍對起》將兩株繞古松入青雲的凌霄稱之為"雙龍"：

> 雙龍對起，白甲蒼髯煙雨裏。疏影微香，下有幽人畫夢長。
> 湖風清軟，雙鵲飛來爭噪晚。翠颭紅輕，時下凌霄百尺英。

據詞前小序，此乃蘇軾貶官杭州時所作。彼時，詩僧清順住在錢塘西湖的藏春塢。門前兩株古松，各有凌霄繞於其上，清順白天

4　畫中金農題辭曰："凌霄花，掛松上，天梯路可通。彷彿十五女兒扶阿翁，長袖善舞生回風。花嫩容，松龍鍾。擅權雨露私相從，人卻看花不看松。轉眼大雪大如掌，花萎枝枯誰共賞？松之青青青不休，三百歲壽春復秋。稽留山民畫並效樂府老少相倚曲題之。"

常臥於其下。這天蘇軾獨自登門拜訪，見松風騷然，落英繽紛，清順指落花求韻，蘇軾便做了這首詞。

歷史上詠凌霄的詩中，陸游《夏日雜題》是我尤其喜歡的一首：

> 眈眈醜石羆當道，矯矯長松龍上天。
> 滿地凌霄花不掃，我來六月聽鳴蟬。

園中怪石如熊羆當道，但凌霄繞松，恰似飛龍上天。花不掃，聽鳴蟬，有情狀，也有力量，詩人的倔強溢於言表。放翁就是放翁，尋常草木到了他的筆下，似都生出一種鐵骨，氣勢如虹。其《老學庵筆記》載有一株不依木而生，挺然獨立的凌霄：

> 凌霄花未有不依木而能生者，惟西京富鄭公園中一株，挺然獨立，高四丈，圍三尺餘，花大如杯，旁無所附。[5]

這株凌霄亦見於南宋朱弁文言小說集《曲洧舊聞》：

> 富韓公居洛，其家園中凌霄花無所因附而特起，歲久遂成大樹，高數尋，亭亭然可愛。韓秉則云：“凌霄花必依他木，罕見如此者，蓋亦似其主人耳。”予曰：“是花豈非草木中豪傑乎，所謂不待文王猶興者也。”[6]

富韓公即北宋名相富弼，因才被晏殊納為婿。北宋至和二年（1055）與文彥博同任宰相，曾與范仲淹一起推行新政，因反對王

5　〔宋〕陸游撰，李劍雄、劉德權點校：《老學庵筆記》，中華書局，1979 年，第 120 頁。
6　〔宋〕朱弁撰，孔凡禮點校：《曲洧舊聞》，中華書局，2002 年，第 111 頁。

安石變法而出判亳州，力主結盟契丹，使百姓免於戰亂。富弼死後，配享神宗廟庭，宋哲宗親自篆其碑首為"顯忠尚德"，並命蘇軾撰文刻寫。園中種凌霄，卻不種喬木於其旁，令其獨立而成樹，由此可見富弼的性情，正如韓秉則所說："蓋亦似其主人耳。"至此，凌霄已成為草木中的豪傑。

凌霄在宋代已作為庭院觀賞藤本，如《本草圖經》云："今處處皆有，多生山中，人家園圃亦或種蒔。初作藤蔓生，依大木，歲久延引至巔而有花，其花黃赤，夏中乃盛。"[7] 這一方面得益於宋代園林藝術的發展，同時也是因為凌霄作為觀賞植物的獨特優勢：施之於棚架，枝繁葉茂可供納涼，花期漫長，能熱熱鬧鬧地開過一整個盛夏，怎不叫人喜愛？到清代，李漁《閒情偶寄·種植部》更是不吝讚美之詞："藤花之可敬者，莫若凌霄。然望之如天際真人，卒急不能招致，是可敬亦可恨也。"[8] 而真正讓凌霄花為讀書人所盡知的，是南宋朱熹。他在《詩集傳》中將《小雅·苕之華》中的"苕"解釋為凌霄，凌霄從此登堂入室，進入儒家經典。

7　轉引自〔宋〕唐慎微撰，郭君雙等校註：《證類本草》，中國中醫藥科技出版社，2011 年，第 429 頁。

8　〔清〕李漁著，江巨榮、盧壽榮校註：《閒情偶寄》，上海古籍出版社，2000 年，第 312 頁。

鼠尾草

苕之華，芸其黃矣

鼠尾草為穗狀花序，長且細，形如鼠尾，故此得名。鼠尾草凋謝時，花瓣枯黃，正是《詩經·小雅·苕之華》所說「芸其黃」。

〔日〕岩崎灌園《本草圖說》，鼠尾草

上篇文章我們說到，朱熹《詩集傳》將《小雅·苕之華》中的"苕"解釋為凌霄，後世《詩經》註者多有從之。但實際上，"苕之華"的"苕"並非凌霄，而是鼠尾草。

鼠尾草家族

據《中國植物誌》，鼠尾草（*Salvia japonica* Thunb.），唇形科鼠尾草屬一年生草本。鼠尾草屬是一個龐大的家族，約 700-1050 餘種，我國有 78 種，分佈於全國各地。比較常見的是做裝飾用的一串紅，多為小盆種植，頂部花開朱紅，十分喜慶。

鼠尾草的花穗是長長的一枝，從底部竄出，末端高高翹起，越到尾部越細，就像老鼠的尾巴，花可以一直開到穗尾，《本草綱目·草部》說："鼠尾以穗形命名"。[1] 鼠尾草為草本，凌霄為藤本，兩者相去甚遠，朱熹怎麼會將兩者混淆呢？我們先看一下《苕之華》這首詩：

> 苕之華，芸其黃矣。心之憂矣，維其傷矣！
> 苕之華，其葉青青。知我如此，不如無生！
> 牂羊墳首，三星在罶。人可以食，鮮可以飽！

關於這首詩的主旨，《毛傳》說得很明白："大夫閔時也。幽王

---

1 〔明〕李時珍著，錢超塵等校：《本草綱目》，上海科學技術出版社，2008 年，上冊，第 703 頁。

之時，西戎東夷交侵中國，師旅並起，因之以饑饉。君子閔周室之將亡，傷己逢之，故作是詩也。"對於"苕"，《毛傳》解釋説："苕，陵苕也，將落則黃。"鄭玄《毛詩傳箋》："陵苕之華，紫赤而繁。"《毛詩正義》引陸璣《毛詩草木鳥獸蟲魚疏》云：

> 一名鼠尾，生下濕水中，七八月中華紫，似今紫草。華可染皂，煮以沐髮即黑。[2]

《爾雅》關於"苕"的解釋與《毛傳》相同，但多了一句："苕，陵苕。黃花，蔈；白花，茇。"黃花和白花的陵苕有不同的名字，所以郭璞《爾雅註》説："苕，花色異，名亦不同。"這些説明了鼠尾草家族不同種類花色各異的特點。在現代植物學分類上，鼠尾草屬中不少種類即以花色來命名，例如黃花鼠尾草、橙色鼠尾草、暗紅鼠尾草等。古人也發現鼠尾草不止一種，於是將開黃花的鼠尾草命名為蔈；開白花的命名為茇。

鼠尾草在凋謝時，花瓣枯黃，正是詩中所説"芸其黃"。所以，《苕之華》首句言鼠尾草凋謝時花色變黃，花落則枝幹獨立，以興諸侯兵敗，京師孤弱，西戎、東夷入侵。

如果將"苕"解釋為凌霄，放在詩中是否可行？朱熹這樣描述凌霄的比興意義："詩人自以身逢周室之衰，如苕附物而生，雖榮不久，故以為比，而自言其心之憂傷也。"[3]凌霄為攀緣植物，其附

2　〔唐〕孔穎達撰：《毛詩正義》，北京大學出版社，1999 年，第 946 頁。
3　〔宋〕朱熹撰，趙長征點校：《詩集傳》，中華書局，2017 年，第 267 頁。

物而生的習性，已被唐宋文人賦予或褒或貶的象徵意義。所以朱熹
如此解釋，自有其傳統，也符合詩意。但朱熹怎麼會想到凌霄呢？

朱熹的影響

將"苕"與凌霄等同起來並非朱熹首創，他有文獻作為依據。
朱熹這樣解釋"苕"："苕，陵苕也。《本草》云：'即今之紫葳，蔓
生附於喬木之上，其華黃赤色，亦名凌霄。'"[4] 可見，他依據的是
某種《本草》。

北宋唐慎微《證類本草》"紫葳"條下引南朝陶弘景："《詩》云：
有苕之華。郭云：凌霄。亦恐非也。"又引唐本註："郭云：一名
陵時，又名凌霄。"[5] 這說明，在朱熹之前，晉代郭璞《爾雅註》已
將"苕"與凌霄等同起來。

從傳世的文獻來看，《爾雅註》只説"一名陵時"，並無一字提
及凌霄，吳其濬也發現了這一問題[6]。不知文獻流傳過程中，在哪裏
出了問題，但無論如何，在宋以前的本草著作中，"苕"已與凌霄
聯繫在一起。

4　《詩集傳》，第 267 頁。
5　〔宋〕唐慎微著，郭君雙等校註：《證類本草》，中國醫藥科技出版社，2011 年，第 429
　　頁。《證類本草》"墨蓋"下所引"唐本""唐本註"等資料出自北宋掌禹錫《蜀本草》。參
　　見尚志鈞：《證類本草》"墨蓋"下引"唐本""唐本註"討論》，《中華醫史雜誌》，2002
　　年第 2 期，第 86 頁。
6　"唐本草註"引《爾雅》：'苕，陵苕。'郭註：'又名陵霄。'今本無之。"見〔清〕吳其
　　濬著：《植物名實圖考》，中華書局，2018 年，第 536 頁。

〔日〕細井徇《詩經名物圖解》，苕

朱熹《詩集傳》釋「苕」為凌霄，後世《詩經》註本與日本《詩經》學多受其影響。

陸璣對"苕"的描述，與凌霄有着明顯的區別，朱熹不會沒有注意到，但他依然採用了《本草》中的解釋，將"苕之華"解釋為凌霄花。原因何在？

凌霄自宋代已成為園林中常用的觀賞植物，蘇軾等人寫過有關凌霄的詩詞，朱弁所著《曲洧舊聞》亦載有富弼家圃中凌霄花的故事。可以想見，凌霄在宋代文人圈子中有着較高的知名度。其次，從外形上看，與凌霄這樣極具觀賞性的攀緣開花藤本相比，鼠尾草顯得有些不太起眼。因此用凌霄解釋《詩經》，更容易為世人接受，在詩意上也完全解釋得通。於是，朱熹便摒棄了陸璣的觀點，選擇了凌霄。凌霄也從此進入儒家經典，為後世讀書人所知曉。

與朱熹同時代的羅願《爾雅翼》亦做如是説。[7] 羅願，字端良，號存齋，徽州歙縣人，南宋乾道二年（1166）進士。《爾雅翼》是他的代表作，主要解釋《爾雅》草木鳥獸蟲魚各種物名，作為《爾雅》的輔翼，故此得名。

羅願比朱熹小 6 歲，兩人曾有交往。淳熙十年（1183）春天，時任鄂州知事的羅願致信朱熹，請其為鄂州社稷壇改遷一事作文以記之。當時，朱熹正在福建武夷山講學。在《鄂州社稷壇記》一文中，朱熹對羅願建社稷壇以扶正地方風俗一事稱讚有加，謂其"學古愛民之志卓然有見""勸學劭農甚力"[8]。從上述兩人通信來看，他們交往頗多，在學問上或許也有過交流。《爾雅翼》成書於淳熙元

7　"苕：陵苕，黃華蔈，白華茇。華色既異，名亦不同，今凌霄花是也。蔓生喬木上，極木所至，開花其端。詩云：苕之華，芸其黃矣。"見〔宋〕羅願撰，石雲孫點校：《爾雅翼》，黃山書社，2013 年，第 40 頁。

8　〔宋〕朱熹：《朱子文集》，商務印書館，1936 年，卷 9，第 385-386 頁。

年（1174），《詩集傳》作於淳熙四年（1177），兩人都將"苕"解釋為"凌霄"，恐怕都是受到唐宋年間本草書籍的影響。

朱熹《詩集傳》是繼唐代孔穎達《毛詩正義》後又一里程碑式的《詩經》註本，在明清兩代成為官方教材。明清時期，士子參加科舉考試，需以《詩集傳》為準繩，其影響之遠，不難想見。明代毛晉《毛詩草木鳥獸蟲魚疏廣要》即認為"苕之華"為凌霄花，而"陸璣疏全謬不可從"。[9] 清人方玉潤《詩經原始》對"苕之華"的註釋，即源自《詩集傳》。今人周振甫《詩經譯註》，程俊英、蔣見元《詩經註析》也都沿襲之。《詩集傳》也影響到日本《詩經》學，岡元鳳《毛詩品物圖考》、細井徇《詩經名物圖解》為"苕之華"所畫的插圖，正是一枝翹首綻放的凌霄花。

其實，清代《詩經》研究者已發現其中的問題，陳奐和王先謙都曾指出《詩集傳》此處的錯誤。宋代的學術重在闡釋義理，對於文字訓詁、名物考證則不深究，這正是宋學與漢學的不同之處。因此，對於《詩經》中的植物，《詩集傳》《爾雅翼》的解釋需謹慎對待，這是今天我們讀《詩經》時要注意的問題。

9　〔晉〕陸璣撰，〔明〕毛晉參：《毛詩草木鳥獸蟲魚疏廣要》，中華書局，1985 年，第 20 頁。

栀子花

千畝卮茜千戶侯

〔日〕毛利梅園《梅園百花畫譜》，千葉栀子

千葉栀子即重瓣栀子，又名
玉樓花、玉樓春、白蟾，由
單瓣栀子的花蕊「瓣化」而
來，不結果實。

梔子、夏天與《朝花夕拾》

小時候，家門前有一棵梔子樹。初夏清晨，梔子盛開，遠遠地就能聞到香味。那時每天起牀後最期待的事，就是去摘花，泡在水裏放在房間，香氣很快充滿整個屋子。夜晚伴着香氣入眠，別提多美。女同學都喜歡將它紮在辮子上，於是教室裏也滿是梔子花的香味，那是童年夏天特有的味道。因為開花總在六月前後，所以每年兒童節，我們都要摘許多送給老師。

梔子花的花瓣潔白如雪，花香馥鬱。高考之後的那個暑假在家，江城數日暴雨，天氣陰霾。考試成績出來之前，心裏忐忑不安。還好尚有一件事情可做：將帶有枝葉的梔子花插在透明的金魚缸裏，擺在窗前的書桌上，等待清晨的陽光灑進來。綠葉、白花、黃蕊搭配，顯得清新素雅。聞着香，看着花，也能消磨一上午光陰。那年夏天的花香，曾讓少年的內心得到片刻安寧。

1927 年 5 月，當魯迅正在炎熱的廣州編輯《朝花夕拾》中的舊文時，案頭的一盆梔子大概也曾消解作家心中的"離奇和蕪雜"。他在《朝花夕拾·小引》中寫道：

> 廣州的天氣熱得真早，夕陽從西窗射入，逼得人只能勉強穿一件單衣。書桌上的一盆"水橫枝"，是我先前沒有見過的：就是一段樹，只要浸在水中，枝葉便青蔥得可愛。看看綠葉，編編舊稿，總算也在做一點事。做着這等事，真是雖生之日，猶死之年，很可以驅除炎熱的。

據《中國植物誌》，梔子本種作盆景植物，稱"水橫枝"。魯迅所説的"水橫枝"就是梔子，廣東地區常用於製作盆景。在溫暖的南方地區，梔子可以水培，截取一段枝條插在水中，兩週左右就能長出白色的根鬚，養護得當也能開花。炎炎夏日，梔子那青蔥可愛的綠葉、水中或靜或動的根鬚，的確可以叫人靜下心來。

作為染料的梔子

"梔子"在古籍中的名稱有很多，如巵子、鮮支、鮮枝、木丹、越桃等。"梔子"一名源自《説文解字》："梔，木，實可染。從木巵聲。"[1]可見，果實的染色功能乃是梔子的重要特點。作為染料的梔子（*Gardenia jasminoides* Ellis）是茜草科植物。茜草也是一種紅色染料，用作染料的是其根部；而梔子是一種黃色染料，用於染色的是其果實。在我印象中，梔子花從不結果，倒是幼年在山間曾見過"野生"的梔子結出橙黃色的果實。

現在用於觀賞的梔子叫重瓣梔子，古籍中又名"白蟾"。重瓣梔子是單瓣梔子的變種，多出來的花瓣是由花蕊"瓣化"而來。"瓣化"是指雄蕊、雌蕊等組織變化形成花瓣的現象，除了梔子，山茶、牡丹、芍藥、睡蓮、杜鵑、蜀葵等多種植物都會發生"瓣化"。花瓣數量增加，花型豐富多樣，觀賞性增強，瓣化後的重瓣品種受到園藝界的歡迎。

1　關於"梔子"之得名，《本草綱目·木部》曰："巵，酒器也。梔子象之，故名。"見〔明〕李時珍著，錢超塵等校：《本草綱目》，上海科學技術出版社，2008年，下冊，第1322頁。

部分花蕊變成花瓣，於是雌蕊受精和結實的概率就會降低。《花鏡》載："單葉小花者結子多，千葉大花者不結子。"[2]"單葉小花者"即單瓣梔子，"千葉大花者"即重瓣梔子。所以，如今我們見到的重瓣品種，主要供人觀賞，不負責"繁衍後代"。此外，梔子並不依賴果實繁衍生息，通過扡插的方法就可以生根存活。

秦漢時期，梔子已用作黃色染料。《史記·貨殖列傳》載："若千畝巵茜，千畦薑韭：此其人皆與千戶侯等。"這裏的"巵"和"茜"都是指染料而言。漢代，家中若有千畝梔子與茜草，其富足可匹敵千戶侯，可見梔子和茜草在當時是重要的經濟作物。

植物染料那麼多，為甚麼能使人獲利的是梔子和茜草呢？這與漢朝尊崇的顏色有密切關係。劉邦建立漢朝後，為鞏固自己"赤帝之子"的形象便推崇紅色，將龍袍做成了紅色（秦朝是黑色）。漢武帝即位後信奉陰陽五行，秦朝是水德，漢朝是土德，土能克水，"金木水火土"對應"白青黑赤黃"，"土"對應"黃"。於是漢武帝便將龍袍改成黃色，同時保留紅色的龍袍。到了東漢，劉秀又將漢朝所屬的"土德"更為"火德"，繼續崇尚紅色。[3]所以，整個漢朝，紅色和黃色兩種顏色都曾為統治者青睞。東漢學者應劭著有《漢官儀》，專門介紹漢代典章制度。其書云："染園出巵（按：也有寫做'芝'或'支'者）茜，供染御服。"這裏的"巵"即梔子。

此外，秦漢時期，染黃的原料主要是梔子，其他染黃的作物如地黃、槐花、黃檗、薑黃和拓黃尚未推廣，礦物顏料中用於染黃的

2　〔清〕陳淏子輯，伊欽恆校註：《花鏡》，農業出版社，1962 年，第 131 頁。

3　陳魯南著：《織色入史箋：中國歷史的色象》，中華書局，2014 年，第 154 頁。

山梔子即單瓣梔子，果實橙黃，在秦漢幾乎是處於壟斷地位的黃色染料，漢代皇室用於染御服。

〔日〕佚名《本草圖匯》，山梔子

石黃和雄黃都運用得較晚。⁴因此，秦漢時，梔子在黃色染料方面可謂處於壟斷地位。加上漢武帝對黃色的尊崇，所以朝野上下對梔子這種染料的需求想必相當大，也難怪大面積種植梔子就能夠匹敵千戶侯。

端午插花與工藝裝飾

梔子在南宋時用於插花，《西湖老人繁勝錄》記載南宋都城臨安端午節的習俗：

> 城內外家家供養，都插菖蒲、石榴、蜀葵花、梔子花之類，一早賣一萬貫花錢不啻。何以見得？錢塘有百萬人家，一家買一百錢花，便可見也。⁵

梔子花在端午前後正開，與菖蒲、石榴、蜀葵花一同出現於集市中，尋常百姓也買來這些花材插於瓶中。想想看這樣的插花組合，因有了梔子，平添幾分別緻和清雅。

因為花香濃鬱、易於栽培，古往今來梔子廣為人愛，其圖案亦逐漸出現於工藝品上作為裝飾之用。現藏於北京故宮博物院的元代張成造"剔紅梔子花紋圓盤"是其中的代表。這件精美絕倫的漆器出自元代雕漆藝術大師張成。圓盤中央是一朵盛開的重瓣梔子，

4　《織色入史箋：中國歷史的色象》，第 147 頁。
5　《西湖老人繁勝錄》，古典文學出版社，1957 年，第 118 頁。

説明元代已有重瓣栀子這一變種。

雕漆是漆器工藝中的一種，根據漆的顏色不同可分為剔紅、剔黑、剔彩、剔犀等。"剔紅"是在胎骨上塗上厚厚的朱色大漆，待其半乾時描繪畫稿，然後雕刻紋樣，由於漆厚，最後能達到浮雕的效果。這件以栀子花紋為主要圖案的漆器就是這樣製成。據孫機先生介紹，圓盤中能觀察到的塗漆達 80-100 道。[6] 單是想一想手藝人一遍一遍、不厭其煩地疊加上漆，就讓人心生敬意。

> 盤中刻出盛開的大栀子花一朵，笑靨迎人，四旁的葉子很密，但舒捲自如，流露出寫生的意趣。與之相應，雕工、磨工極為細膩，完全符合《髹飾錄》所稱"藏鋒清楚、隱起圓滑"的描寫；也正表現出元代雕漆的特點。[7]

張成是西塘鎮楊匯人，生卒年不詳，生平亦不為人所知。不知這件精美的漆器是為誰而作，也不知它的主人為何要以栀子花作為畫面的主體，而不是蘭、梅、竹、菊四君子或是雍容華貴的牡丹。或許這背後還隱藏着一個有趣的故事有待發現呢。

除了漆器，栀子花亦出現於景泰藍中。例如明萬曆年間的"掐絲琺瑯栀子花紋蠟台"，蠟台圓盤的折邊上有一圈栀子花紋，看上去應該是單瓣栀子。器物之外，服飾也少不了栀子花。北京故宮博物院藏有一件"藍色緞串珠繡栀子天竹夾馬褂"，這件清代后妃便服上的圖案以栀子花和南天竹為主，其中栀子花的形象並不是

6　孫機著：《中國古代物質文化》，中華書局，2014 年，第 278 頁。
7　《中國古代物質文化》，第 279 頁。

特別寫實，看不出來是單瓣還是重瓣。但枝葉相對而言較為逼真，金線所繡的葉脈與花蕊相應，金光閃閃，細微處透露出皇家的高貴之氣。

難道清宮的後花園中也曾種有梔子？雖然梔子在北方難得開花，在移植非本土植物方面，皇家有的是財力與辦法。初夏時節，紫禁城裏梔子花開，花期比南方稍遲，後宮的女人們換上這身寬敞的便服，清清爽爽迎接夏天的到來。[8]

不知道當年是哪位嬪妃曾穿過這件繡有梔子的馬褂，是否從南方來，是否從種有梔子的故鄉來？

8　"因為在清代，宮廷中有一個不成文的規定，就是從后妃、公主、福晉下至七品命婦，在穿用便服時，倘若在服飾上織繡花卉，必須是應季的花卉。"見祝勇著：《故宮的古物之美》，人民文學出版社，2018 年，第 241 頁。

迷迭香

香草、瘟疫與戰爭

迷迭香在西方代表記憶與緬懷。在歐洲和澳大利亞,迷迭香被用於戰爭紀念日和葬禮,哀悼者將它投入墓穴中以表達哀思。

〔日〕岩崎灌園《本草圖譜》,粉紅色迷迭香

早就聽說過迷迭香的名字，"你隨風飄揚的笑，有迷迭香的味道"，一直好奇，迷迭香究竟是甚麼味道？日常似乎很少見到這種植物。後來友人送我一個紗網袋，裏面裝着細碎的枯草，湊近了聞，清凉中略帶辛辣。友人告訴我說，這就是迷迭香，英國歌曲《斯卡布羅集市》（*Scarborough Fair*）中的 rosemary：

Are you going to Scarborough Fair?
你要去斯卡布羅集市嗎？
Parsley, sage, rosemary and thyme.
歐芹、鼠尾草、迷迭香、百里香。

斯卡布羅集市上為何會出現迷迭香？這種植物在歌詞中有何寓意？這首歌背後可有甚麼動人的故事？從斯卡布羅集市開始，我們一起開啟一段迷迭香的探尋之旅。

海邊的香草

迷迭香（*Rosmarinus officinalis* Linn）屬於唇形科。唇形科是香料大戶，在上面那句歌詞中，除了歐芹，其他 3 種香料都是唇形科。其中，迷迭香是多年生常綠灌木，高可達兩米，其英文名 rosemary 源自拉丁語學名中的 *Rosmarinus*。拉丁文 ros 意為 dew（露水），marinus 意為 sea（海洋），所以迷迭香的本義是"海洋之露"。迷迭香原產歐洲、北非地中海沿岸，所以名中有"海"。另一種說法與聖母瑪利亞有關，rosemary 又被解釋為 Rose of Mary，即瑪利亞的玫瑰。海風帶來了海鷗，也帶來了貨船，還有船上的迷迭香。它們沾着露水，靠岸後將出現於集市上，然後出現於千家萬戶的餐桌上。

迷迭香的莖、葉、花都富含濃鬱的香氣，可用於提取芳香油，調製香水。在地中海地區，新鮮或曬乾的迷迭香是廚房裏常見的調味料與天然防腐劑。其清新獨特的風味，能夠搭配多種食材，尤其是烤肉。

作為常用的香料，迷迭香在西方文化中有着悠久且豐富的意蘊。在古埃及，迷迭香即被視作可以防腐的神聖之物。在歐洲，因為它的神聖寓意，聖誕節時，人們多會在教堂、家中的柱子或門上裝飾迷迭香。中世紀的婚禮中，新娘會佩戴迷迭香編織的頭飾，新郎和賓客也會佩戴一枝迷迭香，因為迷迭香也象徵忠貞不渝的愛情。此外，它還代表記憶與緬懷。在歐洲和澳大利亞，迷迭香被用於戰爭紀念日和葬禮，哀悼者將它投入墓穴中以表達哀思。在《哈姆雷特》第四幕第五景中，莎士比亞就用到了迷迭香的這一含義：

There's rosemary, that's for remembrance；pray, love, remember.

那邊有"迷迭香"，是保守記憶的；愛人呀，請你別忘了我。

魏晉時，迷迭香即通過絲綢之路傳入中國。《太平御覽》卷 982 引三國時期魏國史書《魏略》"大秦出迷迭"，大秦即羅馬帝國與近東地區。又引晉人郭義恭《廣志》"迷迭出西海中"，"西海"當指地中海。迷迭香傳入中原後，魏文帝曹丕對這種"揚條吐香，馥有令芳"的植物青睞有加，作《迷迭香賦》，辭藻華麗，不吝讚美。曹植則將迷迭香比之於幽蘭和靈芝："芳暮秋之幽蘭兮，麗崑崙之英芝。"

迷迭香在傳入中國後沒有用於烹調，而是用於薰香、驅蚊和辟邪。在唐代陳藏器《本草拾遺》中，迷迭香的主治功效是："主治惡氣，令人衣香，燒之去鬼。"[1] 可見在中西方文化中，迷迭香的含義和用途區別都很大，所以迷迭香在西方是尋常之物，在中國就不那麼常見了。

《斯卡布羅集市》

迷迭香象徵愛情，含有緬懷與銘記之意。知道這些，對於理解《斯卡布羅集市》大有幫助。這首風靡全球的電影插曲，改編自一首古老的英國民謠。

Are you going to Scarborough Fair?

你要去斯卡布羅集市嗎？

Parsley, sage, rosemary, and thyme.

歐芹、鼠尾草、迷迭香、百里香。

Remember me to the one who lives there,

請替我轉告住在那裏的人，

For once she was a true love of mine.

她曾是我的真心愛的姑娘。

1　轉引自〔明〕李時珍著，錢超塵等校：《本草綱目》，上海科學技術出版社，2008 年，上冊，第 594 頁。

〔日〕岩崎灌園《本草圖說》，迷迭香

迷迭香原產歐洲、北
非地中海沿岸，魏晉時
引入我國後主要用於薰
香、驅蚊和辟邪。

斯卡布羅是英格蘭的一座濱海小鎮，位於約克郡東北海岸。
1253 年 1 月 22 日，英格蘭國王亨利三世簽署了一份文件，允許斯
卡布羅鎮於每年 8 月 15 日至 9 月 29 日舉辦集市。小鎮因此成為
國際化的商貿港口，吸引着來自全英格蘭、歐洲大陸、挪威、丹
麥、波羅的海各國及奧斯曼帝國的商人。後由於其他商貿口岸的
競爭等諸多原因，斯卡布羅集市逐漸衰落，最終在 1788 年關閉。

從歌詞來看，歐芹、鼠尾草、迷迭香、百里香，都是斯卡布羅集市上的香料。這首民謠的出處已不可考，到 18 世紀末，它已被改編成 20 多個版本。雖然版本眾多，但大意基本不變：由這 4 種香草給戀人捎一段話，請戀人為對方做一些事：

　　　Tell her to make me a cambric shirt,

　　　請讓她為我做一件麻布衣裳，

　　　Without no seams nor needlework.

　　　沒有接縫也找不到針腳。

　　在二重唱中，女方也對男方提出要求：

　　　Tell him to buy me an acre of land,

　　　請他為我買一畝地，

　　　Between the salt water and the sea sand.

　　　在那海水和海灘之間。

　　如此之後，他們才可以成為戀人。顯然，這些任務是無法完成的，因此，這是一首絕望的情歌。從歌詞及其流傳時間來看，人們推測這首歌與當時盛行於歐洲的黑死病（Black death）有關。

　　被稱為黑死病的鼠疫曾多次肆虐歐洲，奪去無數人的生命，是人類歷史上破壞力最大的瘟疫之一。這種瘟疫所造成的死亡人數在 1347–1351 年達到高峰，當時斯卡布羅集市的貿易一定也受到影響。民謠的這位主人公很可能就是斯卡布羅集市上的香料商人，由於他不幸死於瘟疫，再也無法見到他心愛的姑娘。因此，他只好拜託歐芹、鼠尾草、迷迭香和百里香，讓這些香草為他傳話。

為何是這 4 種香料，也許他心愛的姑娘曾從他那裏買過。其中之一的迷迭香，曾在鼠疫橫行期間用於治病救人。當時的醫院和教堂曾大量燃燒包括迷迭香在內的芳香植物來抵禦疾病，後來英國的盜賊還發明了一種抵禦瘟疫的藥劑 "四賊醋"（Vinegar of Four Thieves），配方的原料之一就是迷迭香。所以，歌詞中的 "迷迭香"，一方面傳情，一方面救命，同時也象徵愛情。

　　這首民謠旋律優美，故事動人，為後人反覆吟唱。1965 年，美國歌手保羅・西蒙（Paul Simon）旅居英國時，聽到這首歌謠後被打動。而就在這一年，越南戰爭正式爆發，美國國內反戰呼聲日漸高漲。正是在這樣的背景下，西蒙決定改編這首民謠。他與阿特・加芬克爾（Art Garfunkel）合作，在民謠中加入創作於 1963 年的反戰歌曲 *The Side of a Hill* 作為副歌：

On the side of a hill a sprinkling of leaves，
山旁零落着幾片紅葉，
Washes the grave with silvery tears.
銀色泪水沖洗着墳塋。
A soldier cleans and polishes a gun，
一位士兵在擦亮着他的槍，
War bellows blazing in scarlet battalions.
戰爭之聲在血色的軍營中燃燒。
Generals order their soldiers to kill，
將軍對士兵下達了開戰的命令，
And to fight for a cause they've long ago forgotten.
為一個早已遺忘的理由。

這一次讓愛人們生離死別的,不是瘟疫,而是比瘟疫更為殘酷的戰爭。[2]

前面提到,迷迭香常出現於在西方的葬禮上,人們將迷迭香扔進死者的墓穴以表示緬懷。後來,迷迭香也出現在戰爭紀念日中。因此,保羅·西蒙將《斯卡布羅集市》這首民謠加入反戰歌曲,實在非常巧妙。歌詞中的"迷迭香",此處正好對應"戰爭"與"死亡"。有意思的是,收錄這首歌曲的專輯名字 *Parsley, Sage, Rosemary and Thyme*,正是歌詞中的 4 種香草。

這不禁讓人想到那首《白樺林》,這首極具俄羅斯風格的歌曲裏所唱的,同樣是相愛的人因為戰爭而生離死別:

> 靜靜的村莊飄着白的雪,
> 陰霾的天空下鴿子飛翔。
> 白樺樹刻着那兩個名字,
> 他們發誓相愛用盡這一生。
> 有一天戰火燒到了家鄉,
> 小夥子拿起槍奔赴邊疆。
> 心上人你不要為我擔心,
> 等着我回來在那片白樺林。

戰爭勝利了,可是,白樺林裏的姑娘再也等不回她的愛人。"誰來證明那些沒有墓碑的愛情和生命?"白樺林與迷迭香一樣,背後是不同時空但一樣催人泪下的故事。

---

2 本文第二節關於歌曲背後的越南戰爭等內容的寫作,參考了知乎專欄《斯卡布羅集市》一文。https://zhuanlan.zhihu.com/p/26886393。

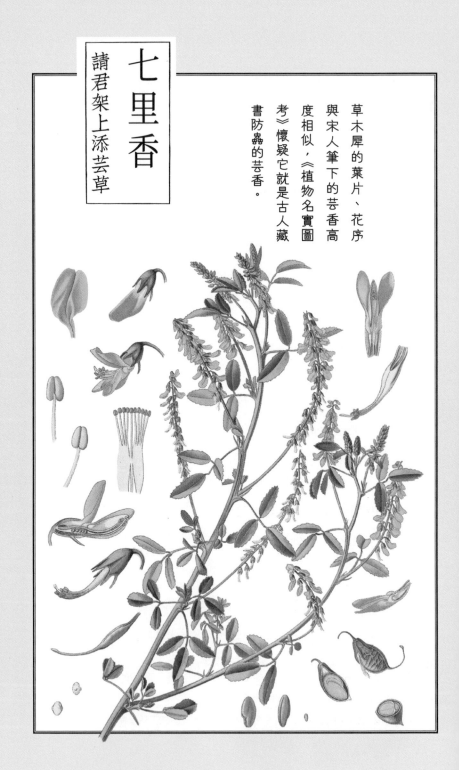

七里香
請君架上添芸草

草木犀的葉片、花序
與宋人筆下的芸香高
度相似，《植物名實圖
考》懷疑它就是古人藏
書防蟲的芸香。

〔德〕赫爾曼・阿道夫・科勒（Hermann Adolph Köhler）
《科勒藥用植物》（*Köhler's Medizinal-Pflanzen*），草木犀，1887 年

"你突然對我說，七里香的名字很美。"這首名為《七里香》的歌聽了多年，我突然很好奇，七里香究竟是甚麼植物？

席慕蓉的《七里香》

據説，方文山創作《七里香》這首歌的靈感，來源於中國台灣詩人席慕蓉的同名詩作《七里香》，收錄於席慕蓉 1981 年出版的第一部同名詩集：

> 溪水急着要流向海洋，
> 浪潮卻渴望重回土地。
> 在綠樹白花的籬前，
> 曾那樣輕易地揮手道別。
> 而滄桑的二十年後，
> 我們的魂魄卻夜夜歸來。
> 微風拂過時，
> 便化作滿園的鬱香。

這首詩寫的大概是初戀，看方文山填的詞："初戀的香味就這樣被我們尋回。"詩中的"綠樹白花"，應當就是七里香。七里香，中文正式名為千里香 [*Murraya paniculata* (L.) Jack.]，是芸香科九里香屬小喬木。與柑橘是近親，所以它有個名字叫月橘，果實像金錢橘，成熟後直徑不足 2 厘米。

據《中國植物誌》，七里香又名十里香、千里香、萬里香、九秋香、九樹香、過山香、青木香等，總之離不開“香”。以七里、十里、千里乃至萬里冠名，想必其香味一定非常濃鬱。除了中國台灣省，七里香在福建、廣東、海南以及湖南、廣西、貴州、雲南四省的南部都有分佈。廈門的師妹告訴我，她們學校的花壇裏就種有七里香，花開的時候真是清香馥鬱。七里香的根、葉可用作草藥，味道與柑橘的樹葉一樣，苦中帶辣。

在七里香和十里香之間，還有一個九里香（*Murraya exotica* L.）。它是本屬的“屬長”，也可用於製作綠籬或盆景，花期都在夏天。

古人藏書辟蠹的七里香

七里香在古籍中叫甚麼名字？它有甚麼作用？《植物名實圖考》中有兩處提及七里香，與席慕蓉詩均有不同。其一曰：“七里香生雲南，開小白花，長穗如蓼，近之始香。”[1]根據其配圖和《中國植物誌》中的物種別名信息，此處的七里香當是馬錢科醉魚草屬的白背楓（*Buddleja asiatica*）。白背楓是一味草藥，花芳香，可提取芳香油。

其二名曰“芸”，乃是古人藏書防蟲所用的香草，見於北宋沈括《夢溪筆談》：

> 古人藏書，辟蠹用芸。芸，香草也，今人謂之“七里香”者是也。葉類豌豆，作小叢生，其葉極芬香。秋後葉間微白

1　〔清〕吳其濬著：《植物名實圖考》，中華書局，2018 年，第 697 頁。

如粉污，辟蠹殊驗。南人採置席下，能去蚤虱。予判昭文館時，曾得數株於潞公家，移植秘閣後，今不復有存者。[2]

芸，即芸香，又稱芸台香、芸草，三國時魏國人魚豢《典略》已記載其藏書防蟲之功效："芸台香辟紙魚蠹，故藏書台稱芸台。"[3] 鑒於芸香在保護書籍方面的功效，它也成為書籍的代名詞，如書齋稱"芸窗"或"芸館"，書籍稱"芸帙""芸編"，校書郎稱"芸香吏"，書籤稱"芸籤"。

《夢溪筆談》對芸香的形態、用途與秘閣（皇家藏書閣）中芸草的來歷做了介紹，文中提到的"潞公"就是北宋著名宰相文彥博。沈括在掌管藏書的機構昭文館任職時，曾從文彥博家中引種芸草於秘閣。後文彥博官居宰相，前往秘閣參加曝書宴，這是北宋士大夫一年一度的集會，以曬書防黴的名義，切磋學問、聯絡感情。當日，文彥博請眾人觀看秘閣裏的芸草，聯想到芸香辟蠹的典故，隨口出了一道考題，結果難倒了眾人。《墨莊漫錄》記載了這個有趣的故事：

> 文潞公為相日，赴秘書省曝書宴，令堂吏視閣下芸草，

2 〔宋〕沈括撰，施適校點：《夢溪筆談》，上海古籍出版社，2015 年，第 15 頁。《說郛》卷 19 引沈括《夢溪忘懷錄》中亦有"芸草"："古人藏書中，謂之'芸香'是也。採置書帙中，即去蠹；置席下，即去蚤虱。栽園庭間，香聞數十步，極可愛，葉類豌豆，作小叢生。秋間葉上微白粉污。南人謂之'七里香'，江南極多。大率香草多只是花香，過則已。縱有葉香者，須採掇嗅之方香，此種十步外，此間已香，自春至秋不歇，絕可玩也。"見胡道靜著，盧信棠、金良年編《夢溪筆談校證》，上海人民出版社，2016 年，第 124 頁，註釋 1。
3 轉引自唐初類書《初學記》卷 12。《初學記》《太平御覽》均作"芸台香辟紙魚蠹"，也有文獻作"芸香辟紙魚蠹"，如〔宋〕洪芻《香譜》"芸香"、〔宋〕傅幹註《蘇軾詞集》卷 3《臨江仙·其二》"昔年共採芸香"註。

乃公往守蜀日以此草寄植館中也。因問蠹出何書，一座默然。蘇子容對以魚豢《典略》，公喜甚，即藉以歸。[4]

“蠹出何書”，問的是芸香辟蠹典故的出處，只有蘇子容一人知道答案。蘇子容就是宋代官修藥物學巨著《本草圖經》的主要編撰者蘇頌，22歲中進士，後官拜宰相，在藥物學和天文學方面頗有造詣，被李約瑟譽為中國古代和中世紀最偉大的博物學家和科學家之一。

《典略》中芸香辟蠹的典故並非生僻，唐人已將其化入詩中，如杜甫“晚就芸香閣，胡塵昏埃莽”（《八哀詩·故著作郎貶台州司戶滎陽鄭公虔》）、楊巨源“芸香能護字，鉛槧善呈書”（《酬令狐員外直夜書懷見寄》）。比文彥博年長几歲的梅堯臣也有詩用到這個典故，其《和刁太博新墅十題其二·西齋》云：“靜節歸來自結廬，稚川閒去亦多書。請君架上添芸草，莫遣中間有蠹魚。”參加曝書宴的可都是飽學之士，為甚麼只有蘇頌一人知道答案呢？

與蘇頌同時代的藏書家王欽臣《王氏談錄》也提到這種香草：“芸，香草也，舊說謂可食，今人皆不識。文丞相自秦亭得其種，分遺公，歲種之。”[5]“文丞相”即文彥博。由此我們知道，並非眾人不知芸香辟蠹的典故，而是根本不認識芸香，也就無法與此則典故聯繫起來。滿座之中只有蘇頌一人認得，也說明他在本草方面的積累超乎常人。

4　轉引自《植物名實圖考》，第651頁。孔凡禮點校《墨莊漫錄》作“因問：‘芸辟蠹，出何書？’”，未出校記。見〔宋〕張邦基撰，孔凡禮點校：《墨莊漫錄》，中華書局，2002年，第173頁。
5　轉引自《夢溪筆談校正》，第125頁，註釋8。

尋找芸香的真面目

　　宋人已多不識芸香，難道當時已經不用這種植物來保護書籍了？芸香到底是甚麼植物呢？明代李時珍《本草綱目・木部》說它是山礬，顯然不對，山礬是喬木，而芸香是本草。到了清代，吳其濬《植物名實圖考》在介紹"芸香"時未予置評，只是羅列歷代典籍中的相關記載，配圖也是異常潦草。

　　從吳其濬梳理的文獻可見，早在三國《典略》之前已有關於"芸"的記載。《夏小正》曰："正月採芸，為廟採也；二月榮芸。"《禮記・月令》曰："仲冬芸始生。"東漢鄭玄註曰："芸，香草也。"《雜禮圖》曰："芸，蒿也，葉似邪蒿，香美可食。"[6] 這裏"芸"是一種蒿類蔬菜。

　　《說文解字》曰："芸，草也，似苜蓿。"清代學者郝懿行認為這裏的"芸"與《爾雅》"權，黃華"、又名牛芸的植物一樣，同為野決明[7]；《植物名實圖考》稱之為霍州油菜。它還不是後人藏書辟蠹的芸草，因為野決明不甚香。

　　魏晉時，傅玄、傅咸、成公綏均作有《芸香賦》，時人庭院、帝王宮殿中都種有這種香草。[8] 據成公綏《芸香賦》描述："莖類秋

6　轉引自《植物名實圖考》，第 650、652 頁。

7　〔清〕郝懿行撰，王其和、吳慶峰、張金霞點校：《爾雅義疏》，中華書局，2017 年，第 734 頁。

8　傅玄《芸香賦》序云："世人種之中庭，始以微香進入，終於捐棄黃壤。籲，可閔也！遂詠而賦之。"成公綏《芸香賦》："去原野之蕪穢，相廣夏之前庭。莖類秋竹，葉象春楗。"可知，魏晉時期芸香已進入庭院中成為觀賞植物。《藝文類聚》卷 81 引《洛陽宮殿簿》曰："顯陽殿前芸香一株，徽音殿前芸香二株，含章殿前芸香二株。"引《晉宮閣名》曰："太極殿前，芸香四畦；式乾殿前，芸香八畦。"說明魏晉時的宮殿亦種有這種香草。《洛陽宮殿簿》《晉宮閣名》為唐以前著作，今不存。

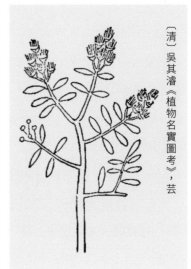

（清）吳其濬《植物名實圖考》，芸

「草木樨」一名始見於程瑤田《釋草小記》，原寫作「草木樨」，與辟汗草為一物，夏開小黃花，人多摘置髮中辟汗氣。

（清）程瑤田《釋草小記》，草木樨

竹，葉象春檉。"檉一般指檉柳，其葉與豌豆區別較大，也不是我們要找的芸香。

隋唐兩代有關芸香植物形態的文獻有待發現，目前只能依據宋人的記載去推測。除《夢溪筆談》外，梅堯臣《唐書局叢莽中得芸香一本》一詩描述道："有芸如苜蓿，生在蓬藋中。……黃花三四穗，結實植無窮。"可知芸草有如下特徵：葉類豌豆，似苜蓿，極香，秋天葉片微白，花黃色，且是穗狀花序。

據此，吳其濬懷疑《植物名實圖考》中排在"芸"之前的第三種植物"辟汗草"，可能就是芸香：

　　辟汗草，處處有之。叢生高尺餘，一枝三葉，如小豆葉，夏開小黃花如水桂花，人多摘置髮中辟汗氣。按《夢溪筆談》，"芸香葉類豌豆，秋間葉上微白如粉污。"《說文》，"芸

〔清〕吳其濬《植物名實圖考》，辟汗草

似首蓿"，或謂即此草，形狀極肖，可備一說。[9]

辟汗草是何種植物？近代植物學家鄭勉教授推測："《植物名實圖考》芳草卷二十五之辟汗草，疑即草木樨。"[10]"草木樨"一名始見於清代考據學家程瑤田《釋草小記》中《蒡苜蓿紀偽兼圖草木樨》一文，程瑤田親手種植並觀察記錄如下：

> 六月作黃花，環繞一莖。莖寸許，着十餘花，莖直上而花下垂。即吾南方之草木樨，女人束之壓鬢下，以解汗濕者也。生南方者有清香。此較大，無氣味。開花匝月。七月漸結子，黑色，亦離離下垂。[11]

據程瑤田所說，女子們將此草壓於髮鬢下以解汗，與吳其濬所謂"摘置髮中辟汗氣"相符；程瑤田在文末所繪的草木樨，與吳其濬的辟汗草配圖一致。因此，鄭勉教授的懷疑是正確的。

在《中國植物誌》中，草木樨寫作草木犀[*Melilotus officinalis* (L.) Pall.]，又名醒頭香，豆科，二年生草本，羽狀三出複葉，似首蓿，花黃色，典型的穗狀花序。其外形與宋人筆下的芸香高度相似，所以吳其濬才有此懷疑。《中國植物誌》採納其觀點，認為草木犀就是我國古時夾於書中以辟蠹的芸香。

原本我以為已經找到問題的答案了，但北京大學的朋友告訴

9　《植物名實圖考》，第 649 頁。
10　轉引自王大均：《芸香考》，《園林》，2000 年第 1 期，第 35 頁。
11　〔清〕程瑤田撰，陳冠明等校點：《程瑤田全集》，黃山書社，2008 年，第 3 冊，第 155 頁。

我，燕園就有草木犀，無任何香味。一年秋天去張家口，在草原天路見到許多野生的草木犀，正值盛花期。的確即使是湊近了聞，也沒有任何味道，或許真如程瑤田所説："生南方者有清香，此較大，無氣味。"但就算是"清香"，也與沈括所説的"其葉極芬香"有一定差距。此外，未見草木犀驅蟲的相關記載。

近來又聽説胡盧巴才是芸香，看來芸香的探索之路並未結束。

舶來香草胡盧巴

豆科植物胡盧巴（*Trigonella foenum-graecum* Linn.）又名胡蘆巴，是阿拉伯語 huluba 的音譯名。據《中國植物誌》，胡盧巴葉片與苜蓿一樣為羽狀三出複葉，花黃白色或淡黃色。"全草有香豆素氣味。可作飼料；嫩莖、葉可作蔬菜食用……乾全草可驅除害蟲。"其形態、味道、功效，皆與宋人筆下的芸香接近。清乾隆年間東北地方誌《盛京通志》即稱其為芸香草[12]，胡盧巴似乎最為接近我們所要找的芸香。

胡盧巴是舶來品，美國學者勞費爾《中國伊朗編》認為這種植物從國外傳入中國南方各省[13]，中國古代的本草文獻可以證明這一

---

12 程超寰著：《本草釋名考訂》，中國中醫藥出版社，2013 年，第 296 頁。第 550 條"胡盧巴"載其異名為芸香草（《盛京通志》）、芸香（《植物名實圖考》）。《植物名實圖考》中"胡盧巴"並無"芸香"之異名。

13 "司徒亞特論 Fenugreek，即漢語的胡蘆巴（日語 koroha）時說這個豆科植物的種子是從外國傳到中國的南方各省。而貝烈史奈德正確地把這漢語名字鑒定為阿拉伯語的 huluba（xulba）。"見〔美〕勞費爾著，林筠因譯：《中國伊朗編》，商務印書館，2015 年，第 292-293 頁。

〔日〕岩崎灌園《本草圖譜》，胡盧巴

胡盧巴是阿拉伯語 huluba 的音譯名，宋代始見記載，宋或以前自西域經東南亞傳入嶺南。

〔德〕赫爾曼・阿道夫・科勒《科勒藥用植物》，芸香科芸香，一八八七年

芸香科的芸香
也許是最為接
近古人藏書辟
蟲的芸香。

點。北宋官修本草《嘉祐本草》首次記載"胡盧巴"，就懷疑它是國外的蘿蔔子：

> 胡盧巴出廣州並黔州。春生苗，夏結子，子作細莢，至秋採。今人多用嶺南者。或云是番蘿蔔子，未審的否。[14]

蘇頌《本草圖經》亦提及胡盧巴源自東南亞各國，前代本草不見著錄，應該才引入不久：

> 今出廣州。或云種出海南諸番，蓋其國蘆菔子也。舶客將種蒔於嶺外亦生，然不及番中來者真好。今醫家治元臟虛冷為要藥，而唐已前方不見用，本草不著，蓋是近出。[15]

明代陳嘉謨《本草蒙筌》則認為，胡盧巴來自西域："《本經》云：乃番國蘿蔔子也。原本產諸胡地，今亦蒔於嶺南。"[16] 據《中國植物誌》，胡盧巴分佈於地中海東岸、中東、伊朗高原以至喜馬拉雅地區，當是從這些地方由海路經東南亞傳入中國南方。它最早見於宋代醫書，而且一直到宋代，仍主要種植於嶺南地區，可見它傳入的時間應該不會太早。因此，它不太可能是《典略》裏的芸香。此外，蘇頌是認識芸香的，如果胡盧巴就是芸香，為何蘇頌說它"蓋是近出"，且隻字未提護書防蟲的功效呢？

再則，胡盧巴花無梗，1-2朵着生於葉腋，談不上梅堯臣所説

---

14 轉引自〔明〕李時珍著，錢超塵等校：《本草綱目》，上海科學技術出版社，2008年，上冊，第645頁。

15 轉引自《本草綱目》，上冊，第645頁。

16 〔明〕陳嘉謨撰，張印生、韓學傑、趙慧玲校：《本草蒙筌》，中醫古籍出版社，2009年，第162頁。

的“黃花三四穗”。因此我們可以斷定，胡盧巴並非古人藏書辟蠹的芸香。

芸香科的芸香

芸香作為書籍的代名詞已名聲在外，但這種植物也太神秘了些。草木犀和胡盧巴都很接近，但都有可疑之處，它究竟是甚麼植物呢？會不會是今天芸香科草本植物芸香（*Ruta graveolens* L.）呢？古文獻學家、科技史學家胡道靜先生就是這麼認為的。[17]

我們對芸香科並不陌生，柑橘一類的植物、川菜中的著名調料花椒就是芸香科。據《中國植物誌》，芸香科的芸香原產地中海沿岸，全草各部有濃烈特殊的氣味，兩廣地區稱之為香草、小葉香，説明它的味道也是香的；其葉片與苜蓿相似，花金黃色。以上特徵均符合宋人的描述。其花徑長約 2 厘米，勉強可以稱得上“三四穗”；其種子可作為驅蟲劑，那麼乾草本身是否也可以驅蟲？如果是，那麼芸香科的芸香則最為接近古人藏書辟蠹的芸香，這也許就是《中國植物誌》命其為“芸香”的原因。

也有人受植物名稱的影響，誤以為芸香是禾本科的芸香草 [*Cymbopogon distans* (Nees) Wats.]，其莖葉可以提取芳香油。但芸香草是典型的禾本科植物，葉片狹長，與宋人的描述差得太遠。

---

17 《夢溪筆談校正》，第 125 頁。

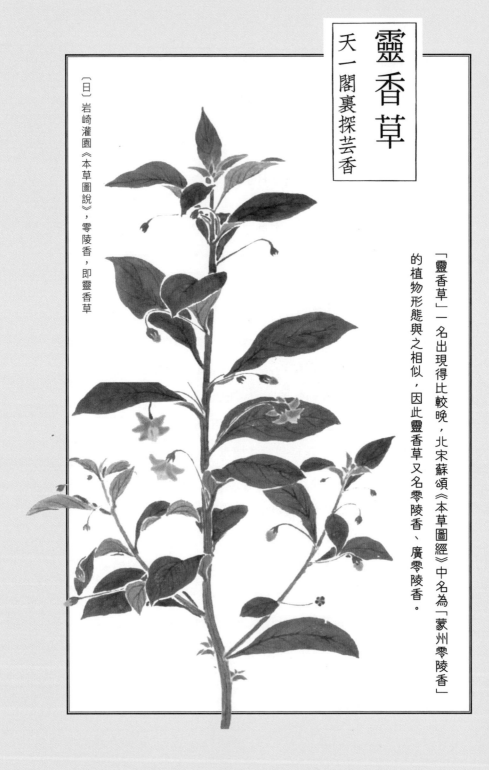

靈香草

天一閣裏探芸香

〔日〕岩崎灌園《本草圖說》，零陵香，即靈香草

「靈香草」一名出現得比較晚，北宋蘇頌《本草圖經》中名為「蒙州零陵香」的植物形態與之相似，因此靈香草又名零陵香、廣零陵香。

上一篇，我們試着探究古人藏書辟蠹所用芸香的真面目。《植物名實圖考》疑為草木犀，有人認為是豆科的胡盧巴，而胡道靜先生認為就是芸香科的芸香，此說最為接近宋人的描述。據說著名的藏書樓天一閣也用芸香來防蟲，這種芸香會不會是以上提及的某種植物呢？不妨從天一閣中有關芸草的一則傳說開始說起。

為芸草而死的奇女子

閣名中外的天一閣位於寧波市月湖以西，由明朝兵部右侍郎范欽退隱後主持修建，是一排六開間的兩層木結構樓房，坐北朝南，前後開窗。天一閣歷史上藏書最多的時候達 5000 餘部、7 萬餘卷，其中不乏各種珍本、善本，重要性不言而喻。

我國歷代許多藏書樓都未能長久，但天一閣能留存至今，是因為"寧波地處沿海，在近代史上也曾經歷過幾次戰爭，幸而天一閣沒有直接受到戰爭的毀滅性打擊。在管理上能注重防火，又避免把書籍作為財產被子孫再分配，因此，書樓和一部分書才得以保存下來"。[1]這其中自然也少不了防蟲藥草的功勞。

這種藥草也被稱為芸香、芸草，清代袁枚《到西湖住七日即渡江遊四明山赴克太守之招》詩云："久聞天乙閣藏書，英石芸香辟蠹魚。今日櫝存珠已去，我來翻擷但唏噓。"作者自註曰："櫥

1　駱兆平：《天一閣藏書管理的歷史經驗》，見駱兆平編：《天一閣藏書史志》，上海古籍出版社，2005 年，第 127 頁。

內所存宋板秘抄俱已散失。書中夾芸草，櫥下放英石，云收陰濕物也。"[2]

關於天一閣中的芸草，清代曲家謝堃《春草堂集》載有一個頗為傳奇的故事。鄞縣（今浙江寧波市鄞州區）錢氏有女名繡芸，"性嗜書，凡聞世有奇異之書，多方購之"。當地太守說："范氏天一閣藏書甚富，內多世所罕見者。兼藏芸草一本，色淡綠而不甚枯，三百年來書不生蠹，草之功也。"此女聽後無比羨慕，"繡芸草數百本猶不能輟"。錢家父母愛女心切，得知她的心思後，將其嫁給天一閣范氏家族范茂才。接下來的故事有些不可思議：

> （繡芸）廟見後，乞茂才一見芸草，茂才以婦女禁例對，女則恍如所失，由是病。病且劇，泣謂茂才曰："我之所以來汝家者，為芸草也。芸草既不可見，生亦何為？君如憐妾，死葬閣之左近，妾暝目矣。"

活着見不到芸草，死後也要葬在書閣之旁，如此方才暝目。為區區芸草，癡情如此，當然是虛構。不過，這個故事也有其原型。著名藏書家、目錄學家馮貞羣說：

> 鄞西范氏家譜，邦柱為安卿侍郎七世祖遜善之後，娶梅墟錢氏，卒嘉慶二十五年六月十八日，年二十六，生一女天。邦柱非侍郎後裔，固難登閣，此女為其所紿鬱鬱而死，宜哉。[3]

2　〔清〕袁枚：《小倉山房文集》卷 36，見王英志編纂校點：《袁枚全集新編》，浙江古籍出版社，2015 年，第 4 冊，第 938 頁。"天乙閣"即天一閣。
3　馮貞羣：《芸草避蠹英石收濕之說》，見《天一閣藏書史志》，第 124 頁。

真實世界中，錢氏因無法登閣鬱鬱而死，與閣中芸草並不相涉。而《春草堂集》將其與芸草聯繫起來，也說明時人對芸草之功的好奇與敬重。由於此則傳說，天一閣中的芸草也蒙上一層傳奇色彩。

天一閣芸草鑒定

那麼，閣中的芸草到底是甚麼植物呢？據馮貞羣先生所言："芸草夾書葉中，花葉莖根皆全，今存三本，趙萬里認為除蟲菊，鍾觀光定為火艾，未審孰是。"[4]

這裏提到兩位先生的不同觀點。一位是植物學家鍾觀光先生。鍾先生是最早採集植物標本並用科學方法進行植物分類學研究的學者，被譽為中國近代植物學的開拓人。鍾先生認為是火艾。據《中國植物誌》，火艾有戟葉火絨草、薄雪火絨草兩種，均為菊科火絨草屬。這兩種菊科的植物，其葉片細長，與宋人描述的葉如苜蓿、似豌豆的"芸香"區別較大。

另一位是著名的文獻學家趙萬里先生。趙先生曾於國家圖書館從事古籍管理工作長達 50 餘年，他認為是除蟲菊。當代藏書史研究學者、天一閣研究專家駱兆平的觀點與趙先生一致："其實天一閣所謂芸草，乃是百花除蟲菊的別名，是一種菊科植物，早已失去了它的除蟲的作用。……現在閣樓裏的書，遭蟲蛀

---

4 《天一閣藏書史志》，第 124 頁。

的數不在少。"[5] 據《中國植物誌》，文中提到的除蟲菊（*Pyrethrum cinerariifolium* Trev.），乃菊科多年生草本，花白色，栽培藥用，主要做農業殺蟲劑。

兩位先生的觀點之所以不同，可能是因為天一閣中的"芸香草"已乾枯不成形，較難鑒別。但無論火艾還是除蟲菊，都是菊科植物，與宋人的描述相差甚遠。而且，除蟲菊原產歐洲，20 世紀 20 年代才引入我國。

如果趙萬里先生見到的芸草確實是除蟲菊，那麼可以確定的是，天一閣中防蟲的香草並非自始至終都是同一種植物。原產歐洲的除蟲菊傳入我國之後，鑒於其在殺蟲方面的功效，便為天一閣引進，在此之前用於防蟲的芸草當另有其物。

有研究表明這種芸草就是靈香草，據《文匯報》1982 年 8 月 8 日報道："天一閣所用防蟲之芸草，經研究，實為廣西產的一種中藥材，名靈香草。范欽官廣西時，即採用過這種止痛中藥靈香草以防蟲護書。"[6]

據《中國植物誌》，靈香草（*Lysimachia foenum-graecum* Hance），報春花科珍珠菜屬，多年生草本植物，高達 60 厘米，葉互生，花冠黃色，產於雲南東南部、廣西、廣東北部和湖南西南部，生於山谷溪邊和林下的腐殖質土壤中。全草含類似香豆素的芳香油，可提煉香精，乾品入箱中可防蟲蛀衣物，亦可入藥，是一種經濟價值很高的芳香植物，尤以金秀瑤族自治縣所產聞名。

---

5 駱兆平：《天一閣藏書的管理》，見《天一閣叢談》，寧波出版社，2012 年，第 34-35 頁。文中"百花除蟲菊"當寫作"白花除蟲菊"。

6 轉引自顧志興著：《浙江藏書史》，杭州出版社，2006 年，上冊，第 222 頁。

1982 年，社會學家費孝通先生在廣西金秀瑤族自治縣做田野調查時，就注意到這種植物。據他介紹，靈香草在防蟲方面的功效引人注目，北京圖書館曾派人採購靈香草，放在書庫裏，線裝書就可以免於蟲蛀。[7] 如今廣西壯族自治區圖書館的古籍保護，用的依然是靈香草。

那麼靈香草會不會是宋人筆下描述的芸香呢？

廣西瑤族的靈香草

"靈香草" 一名出現得比較晚，《本草圖經》中名為 "蒙州零陵香" 的植物形態與之相似，因此靈香草又名零陵香、廣零陵香[8]。岩崎灌園《本草圖説》中配圖為靈香草的植物，題名就是零陵香。在《植物名實圖考》中，靈香草名為 "排草"。書中對其形態、功效有詳細的描述：

> 排草生湖南永昌府，獨莖，長葉，長根，葉參差生，淡綠，與莖同色，偏反下垂，微似鳳仙花葉，光澤無鋸齒。夏時開細柄黃花，五瓣尖長，有淡黃蕊一簇，花罷結細角，長二寸許。枯時束以為把，售之婦女，浸油刡髮。[9]

7　費孝通著：《六上瑤山》，羣言出版社，2015 年，第 213 頁。
8　國家中醫藥管理局編委會：《中華本草》，上海科學技術出版社，1999 年，第 6 冊，第 101 頁。
9　〔清〕吳其濬著：《植物名實圖考》，中華書局，2018 年，第 647 頁。

雖然靈香草花為黃色、全草皆香、可驅蟲，但其葉片與鳳仙花葉接近，與苜蓿或豌豆則差得太遠，因此它不會是宋人筆下描述的芸香。

關於靈香草還有個傳說，據費先生記錄："後來又聽人說，靈香草的這種用處是清代寧波'天一閣'的主人在廣西做官時發現的，他帶回到那個著名的藏書樓裏試用，果然生效，於是就在當時的文人中傳開，視作珍品。"[10] 對此還有個更為詳細的版本："范欽早期的藏書也曾因蟲蛀問題損失慘重，後來他偶然發現惟獨有一部《書經新説》第六卷在殘損的古籍中完好無損，經仔細觀察，發現書中夾有一株小草。范欽記起這小草是他在廣西宦遊讀書時夾進書中作為書籤用的。後來他得知這種小草叫'芸香草'，廣西人常把它放在衣櫃裏防止蟲蠹衣物。"[11]

范欽當年在廣西做官時，的確有機會接觸到靈香草，故而以上說法很有信服力。到 20 世紀七八十年代，靈香草被推薦到天一閣。

駱兆平先生介紹："一九七五年，經廣西壯族自治區第一圖書館同志的推薦，天一閣開始試用廣西金秀瑤族自治縣出產的香草，效果良好。"[12] 這種香草就是靈香草，"對書籍紙張沒有副作用，對人體健康亦無不利影響，不像樟腦丸或用化學藥劑配製的防黴紙那樣具有強烈的刺激性。靈香草放置多年，仍香氣撲鼻，因此，是一種比較理想的藥草，對天一閣來説，更有其特殊的意義，所以，從一九八二年起便大量應用"。[13]

---

10 《六上瑤山》，第 213 頁。"清代"應為"明代"，"'天一閣'的主人"指明代范欽。
11 王國強等著：《中國古代文獻的保護》，武漢大學出版社，2015 年，第 105 頁。
12 駱兆平：《天一閣藏書管理的歷史經驗》，見《天一閣藏書史志》，第 128 頁。
13 駱兆平：《天一閣藏書的管理》，見《天一閣叢談》，第 35 頁。

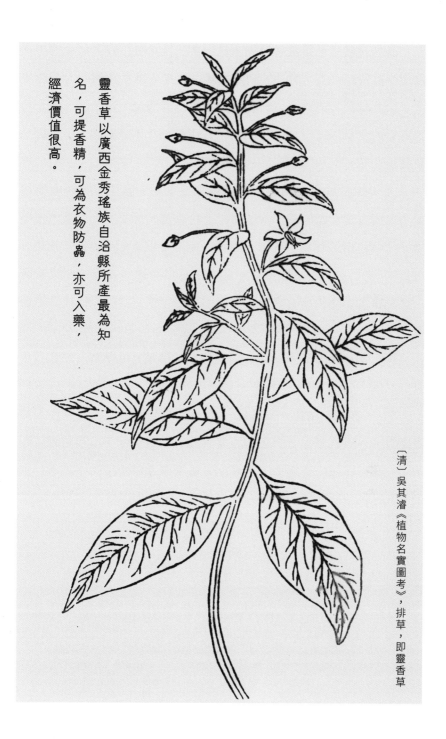

靈香草以廣西金秀瑤族自治縣所產最為知名，可提香精，可為衣物防蟲，亦可入藥，經濟價值很高。

〔清〕吳其濬《植物名實圖考》，排草，即靈香草

既然范欽早已將靈香草引入天一閣，且其防蟲效果如此理想，為何沒有持續下去，而是等到數百年之後經人推薦才開始大量應用呢？由此可見，范欽引入靈香草的故事值得懷疑，我們迄今尚未找到可靠的文獻依據。如果一開始范欽所用芸草不是靈香草，那會是甚麼植物呢？

天一閣裏用於防蟲的藥草可能不止一種，因為"明代中期以後，根據多種文獻記載，除了使用七里香花、樟腦外，文獻保護藥物又陸續使用了香蒿、花椒、煙葉、荷花瓣、艾葉、蘭花、芥菜、肉桂等"。[14] 如此多的植物都曾用於古籍的保護，或也説明沒有哪一種藥草可以防治所有蠹蟲，因此明代中後期至清代，往往是多種藥草兼而用之，發揮不同藥草的作用，達到防治不同蠹蟲的作用。[15]

擁有 400 多年歷史的天一閣，是否還用過其他藥草，比如芸香科的芸香，或豆科的草木犀、胡盧巴？也許只有找到閣中更多的"芸草"標本，才能進一步鑒定。不過這個鑒定想來也沒有多大的實際意義，因為國家圖書館的古籍保護人員告訴我，古籍防蟲，關鍵不在藥，而在於控制溫度和濕度。國家圖書館所用的藥物不是別的，就是再普通不過的樟腦丸。[16]

---

14 《中國古代文獻的保護》，第 105 頁。

15 "裝潢得法，亦貴珍藏。盛以畫囊，置木箱內，懸之屋樑透風處。南方蒸熱，伏候宜取曬晾，以樟腦、芸香、花椒、煙葉等貯箱內。又貴時常取掛，則無黴蛀之患。"見〔清〕鄒一桂著：《小山畫譜》，商務印書館，叢書集成初編，1937 年，卷下，第 44 頁。

16 國家圖書館古籍館的工作人員一般每年在驚蟄前後換一次樟腦丸，先把樟腦丸放入小盒，小盒開小孔，一來便於樟腦丸揮發，二來避免污染書籍，之後放入書櫃中鎖起來，一年一換。

樓居圖軸 明 文徵明

秋
輯

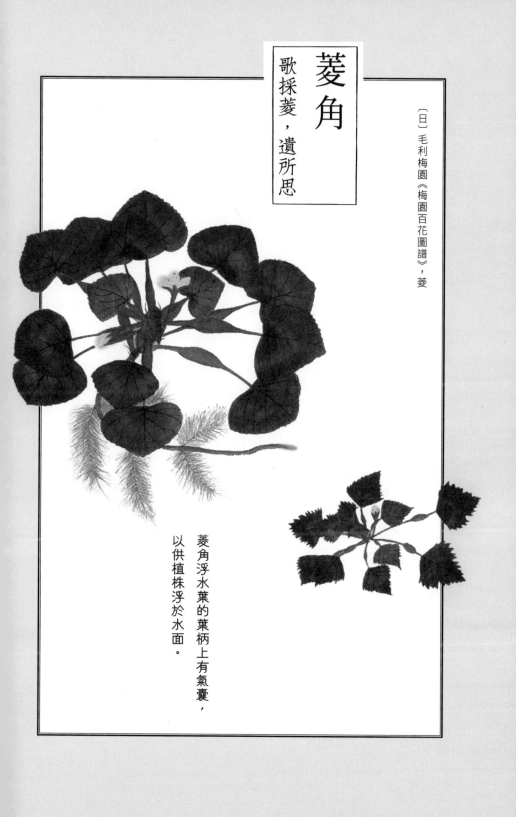

菱角

歌採菱，遺所思

〔日〕毛利梅園《梅園百花圖譜》，菱

菱角浮水葉的葉柄上有氣囊，以供植株浮於水面。

在江南，菱角是"水八仙"之一，其他七仙是芡實、茭白、蓴菜、蓮藕、慈姑、荸薺、水芹。從這篇文章開始，我們將陸續介紹其中的四仙。首先，讓我們一起來探尋歷史悠遠、意蘊深厚的菱角。

菱花與銅鏡

菱（*Trapa bispinosa* Roxb.），菱科菱屬，全國各地均有栽培，古稱菱或芰，有何區別？南朝梁人伍安貧《武陵記》記載："四角、三角曰芰，兩角曰菱。"[1]《本草綱目‧果部》認為其取名皆與植物形態有關："其葉支散，故字從支。其角棱峭，故謂之菱。"[2]

單個菱株浮於水面，是非常美麗的一幅圖案：其葉片圍繞中心向四周佈開，單枚葉片呈菱形，朝外的兩條葉緣有圓凹齒或鋸齒；朝內的兩條邊為直線，植物學上稱為"全緣"。

像許多水生植物一樣，菱的葉片也有沉水葉和浮水葉兩種形態。仔細觀察，浮水葉的葉柄上還有小氣囊，以供植株浮於水面；其沉水葉較小，為羽片狀。菱角開花，露於水面，花瓣四枚，白色。《本草綱目‧果部》說菱角"五六月開小白花，背日而生，晝合宵炕，隨月轉移"。[3]

1　《酉陽雜俎》卷 19《廣動植類之四‧草篇》："芰，今人但言菱芰，諸解草木書亦不分別，唯王安貧《武陵記》言：四角、三角曰芰，兩角曰菱。"見〔唐〕段成式撰：《酉陽雜俎》，中華書局，1981 年，第 184 頁。"王安貧"應為"伍安貧"。

2　〔明〕李時珍著，錢超塵等校：《本草綱目》，上海科學技術出版社，2008 年，下冊，第 1206 頁。

3　《本草綱目》，下冊，第 1206 頁。

菱花小且不起眼，但古代卻以其為銅鏡之名，這是為何？南北朝詩人庾信《鏡賦》曰：“臨水則池中月出，照日則壁上菱生。”北宋陸佃《埤雅‧釋草》解釋道：“舊說，鏡謂之菱花，以其面平，光影所成如此。”據此，則菱花鏡之得名，乃是因為其光影似菱花。另一種說法是：“菱花隨月，故鏡背多作菱花，鏡者月之類也，月為金之水所生。鏡，金也，其光如水，菱花依之，如在池塘之中也。”[4] 這種解釋不僅唯美且較為合理。古代菱花鏡多為六瓣或八瓣式樣，而菱花的花瓣為四瓣，明顯不合；而以鏡為月、為水，以菱花向月而開、於水而生，更能說得通。當然，菱花鏡也多在背面飾以菱花圖案。菱花鏡又稱菱鏡，在隋唐之際已流行，後來成為女子妝鏡的代名詞。六瓣、八瓣的式樣，也因此被稱為“菱花式”，廣泛用於花盆、方壺、方爐、餐盤、火鍋、高足杯等各類器皿之中。

　　據《中國植物誌》，菱花的花期在 5 月至 10 月，果期在 7 月至11 月。野生和家養的菱角形態各不相同。[5] 如今有一道菜，拿菱角、蓮子與藕片同炒，名曰“荷塘三寶”，水中鮮食集於一盤，味道極為鮮美。菱角味美，兩千多前的史書已有記載。相傳春秋時期楚國卿大夫屈到嗜好菱角，一年大病，囑咐掌管祭祀的家臣說：“祭我必以芰。”屈到死後一年，家臣以芰祭之，其子屈建不許，認為這違反了楚國的祭典。[6]

4　〔清〕屈大均著：《廣東新語》，中華書局，1985 年，第 705 頁。

5　“野菱自生湖中，葉、實俱小。其角硬直刺人，其色嫩青老黑。嫩時剝食甘美，老則蒸煮食之。……家菱種於陂塘，葉、實俱大，角軟而脆，亦有兩角彎捲如弓形者，其色有青、有紅、有紫，嫩時剝食，皮脆肉美，蓋佳果也。老則殼黑而硬，墜入泥中，謂之烏菱。”見《本草綱目》，下冊，第 1206 頁。

6　《國語‧楚語》：“國君有牛享，大夫有羊饋，……不羞珍異，不陳庶侈。”見鄔國義、胡果文、李曉路撰：《國語譯註》，上海古籍出版社，1994 年，第 505 頁。

所以，菱角在春秋時算是珍異，及至南朝，也能賣個好價錢。
《南史·孝義傳上》載：

> 會稽寒人陳氏，有三女，無男，祖父母年八九十，老無
> 所知，父篤癃病，母不安其室。遇歲饑，三女相率於西湖
> 採菱蒓，更日至市貨賣，未嘗虧怠，鄉里稱為義門，多欲娶
> 為婦。[7]

後來讀到唐代詩人崔國輔《小長干曲》，心中一驚：

> 月暗送湖風，相尋路不通。菱歌唱不徹，知在此塘中。

"菱歌唱不徹"，說的是我小時候吃過的菱角嗎？遙遠的回憶，
瞬間被一首詩喚醒。

我還未上學時，家裏種過菱角。那時幾家幾戶合夥承包一片
野湖，種菱養魚。到了採收的季節尤其熱鬧，幾隻小木船浮在湖面
上，男人撐船，女人採菱，裝滿一船划上岸。挑回來清洗裝袋，等
凌晨隨農用車去城裏的集市上賣。每日太陽快到頭頂時，母親先回
家燒火做飯。拿湖裏捕來的鮮魚同沁甜的蘿蔔同煮，起鍋前撒上新
鮮的蒜葉。帶上還沒喝完的白酒，用竹簍裝好飯菜，走二里地挑到
湖邊。鋪幾張荷葉在地上，眾人圍坐，喝酒解乏，下酒菜裏當然少
不了煮熟的菱角。但由於菱角產量不高，次年便改種經濟價值更高
的湘蓮，那以後吃菱角的次數就不多了。

7　〔唐〕李延壽撰：《南史》，中華書局，1975 年，第 6 冊，第 1817 頁。

科羅曼德爾海岸又名烏木海岸，位於印度半島東南部；威廉·羅
克斯堡被譽為印度植物學之父。

〔英〕威廉·羅克斯堡（William Roxburgh）《科羅曼德爾海岸植物圖譜》
（*Plants of the coast of Coromandel*），菱角，1819 年

《楚辭·離騷》曰："製芰荷以為衣兮，集芙蓉以為裳。"菱生湖澤，常與荷生於一處，故詩文中"芰"常與"荷"連用。但菱卻不可與荷同養於一池，否則田田蓮葉會完全遮住陽光，影響菱角生長。

菱歌不厭長

種菱食菱，古已有之，採菱時唱菱歌，至少在屈原的時代就有。《楚辭·招魂》曰："陳鐘按鼓，造新歌些。《涉江》《採菱》，發《揚荷》些。"《涉江》《採菱》《揚荷》都是楚國的歌曲名[8]，其曲調應該是歡快的，如南朝詩人謝靈運《道路憶山中》云："採菱調易急，江南歌不緩。"南朝天監十一年 (512)，梁武帝蕭衍改《西曲》，製《江南弄》七曲[9]。第五曲即《採菱曲》：

> 江南稚女珠腕繩，金翠搖首紅顏興。桂棹容與歌採菱。
> 歌採菱，心未怡，翳羅袖，望所思。

這首《採菱曲》是一首優美的情歌。後兩句點題：採菱女唱採菱歌，但心情並不愉快，歌聲中似有淡淡的憂愁。她揚起羅袖舉目遠眺，似在遙望心中的情郎。

古人將《採菱曲》歸為情歌，自有其依據。南宋羅願《爾雅翼》載："吳楚之風俗，當菱熟時，士女相與採之，故有採菱之歌以相

8　〔宋〕洪興祖撰，白化文等點校：《楚辭補註》，中華書局，1983 年，第 209 頁。
9　七曲為《江南曲》《龍笛曲》《採蓮曲》《鳳笙曲》《採菱曲》《遊女曲》《朝雲曲》。

和，為繁華流蕩之極。"[10] 所以崔國輔寫採菱，自然也要寫到男女相悅，只不過他寫得那樣含蓄。"菱歌唱不徹，知在此塘中"，與其《採蓮曲》"相逢畏相失，並着採蓮舟"同出一轍。

從南朝到隋唐，《採菱曲》盛行於江南，與《採蓮曲》一起成為當時流行的曲調，寫的人很多，許多採菱的詩都寫得很美。南朝梁簡文帝蕭綱《採菱曲》"菱花落復含，桑女罷新蠶"，指出菱角開花的時間，正好是桑蠶結繭的暮春。鮑照《採菱歌七首・其一》"簫弄澄湘北，菱歌清漢南"，王融《採菱曲》"荊姬採菱曲，越女江南謳"，點明採菱地點在荊楚和吳越一帶。江淹《採菱曲》曰："秋日心容與，涉水望碧蓮。紫菱亦可採，試以緩愁年。"說採菱可解愁，大概是《採菱曲》優美，令人忘憂。唐人張九齡《東湖臨泛餞王司馬》也說："蘭棹無勞速，菱歌不厭長。"由此看來，江南一帶的《採菱曲》，從先秦一直唱到隋唐，歌之不盡，想來應該是極為動聽的。

劉禹錫謫居朗州（今湖南常德）時，寫過一首長詩《採菱行》。其開篇曰："白馬湖平秋日光，紫菱如錦彩鸞翔。"最後兩聯點題：

> 屈平祠下沅江水，月照寒波白煙起。
> 一曲南音此地聞，長安北望三千里。

這裏，菱歌不再是青年男女戀愛傳情的樂曲。在遠離廟堂的水鄉澤國，一首《採菱曲》聊以慰藉謫居江湖的零落之人。

唐朝採菱詩突然多了起來，這大概與唐代江南經濟發展，荊楚

---

10 〔宋〕羅願著，石雲孫點校：《爾雅翼》，黃山書社，2013 年，第 73 頁。

畫中題詩：「菱葉菱花覆水平，滿溪都唱採菱聲。紅顏女兒搖小艇，卻似菱花鏡裏行。」採菱與採蓮、採桑一樣，成為一種文化符號和審美對象。

〔清〕潘振鏞《採菱圖》

吳越一代遍植菱角有關。晚唐詩人陸龜蒙《南塘曲》關於採菱的詩句寫得很動人：

> 妾住東湖下，郎居南浦邊。
> 閒臨煙水望，認得採菱船。

又《潤州送人往長洲》後兩聯云：

> 汀洲月下菱船疾，楊柳風高酒旆輕。
> 君住松江多少日，為嘗鱸鱠與蒓羹。

至此，採菱與採蓮、採桑一樣，成為一種文化符號和審美對象，構建了人們對於江南的想像。唐以後，採菱也成為畫家筆下的題材，採菱圖與採菱歌一樣都很美。

救荒之糧與《紅樓夢》

北朝農書《齊民要術》已有關於菱角栽培的記錄，那時起，菱角已被先民當作糧食。南朝陶弘景曰："廬江間最多，皆取火燔以為米充糧。今多蒸曝，蜜和餌之，斷穀長生。"唐代孟詵《食療本草》曰："仙家亦蒸熟曝乾作末，和蜜食之休糧。"[11] 北宋蘇頌《本草圖經》曰："江淮及山東人曝其實仁以為米，可以當糧。道家蒸作

11　〔唐〕孟詵著，〔唐〕張鼎增補，鄭金生、張同君譯註：《食療本草譯註》，上海古籍出版社，2007年，第57頁。

粉，蜜漬食之，以斷穀。"[12]

　　唐以後，江南廣泛種植菱角，到宋朝時，西湖水面曾因種菱過多，導致水源污染，以至於官府多次頒佈禁令[13]。那時種菱和種糧一樣，也成為徵稅的對象。南宋范成大有詩《夏日田園雜興》，其中寫到：

> ……
>
> 採菱辛苦廢犁鋤，血指流丹鬼質枯。
>
> 無力買田聊種水，近來湖面亦收租。
>
> ……

　　明清兩代，荒歉年間，不僅菱角，其嫩莖也是救災之糧。《本草綱目·果部》載："嫩時剝食甘美，老則蒸煮食之，野人暴乾，剁米為飯為粥、為糕為果，皆可代糧。其莖亦可暴收，和米作飯，以度荒歉，蓋澤農有利之物也。"[14] 菱的嫩莖葉，時人稱之為"菱科"。王磐《野菜譜》中錄有採菱科救饑荒的樂府短詩：

---

12 轉引自〔宋〕唐慎微著，郭君雙等校註：《證類本草》，中國醫藥科技出版社，2011年，第639頁。

13 咸淳《臨安志》卷32："西湖所種茭菱，往往於湖中取泥封，夾和糞穢，包根墜種，及不時澆灌穢污，紹興十七年六月，申明今後永不許請佃栽種。""乾道五年，周安撫淙奏：臣竊惟西湖所貴深闊，而引水入城中諸井，尤在涓潔。累降指揮，禁止拋棄糞土，栽植茭菱，及浣衣洗馬，穢污湖水，罪賞固已嚴備。……而有力之家，又復請佃湖面，轉令人戶租賃，栽種茭菱……，深慮歲久，西湖愈狹，水源不通。……委錢塘縣尉並本府壕寨官一員，於銜位內帶主管開湖事，專一管轄軍兵開撩，不許人戶請佃，種植茭菱……或有違戾，許人告捉，以違制論。旨從之。自後時有申明。"浙江省地方誌編纂委員會編著：《宋元浙江方誌集成》，杭州出版社，2009年，第2冊，第692頁。

14 《本草綱目》，下冊，第1206頁。

南朝伍安貧《武陵記》：「四角、三角曰芰，兩角曰菱。」古人採菱角做糧食，饑饉之年可度荒。

〔日〕岩崎灌園《本草圖譜》，各種菱角

採菱科，採菱科，小舟日日臨清波，菱科採得餘幾何？竟無人唱採菱歌。風流無復越溪女，但採菱科救飢餒。

清代泗川人許凌雲《泗水患》也提及菱角救荒：

夾岸蘆丁花是壁，依河舫小水為田。
勸君莫把清貧厭，菱角雞首也度年。

清代不獨百姓種菱，貴族家的園子裏也有。《紅樓夢》第 37 回"秋爽齋偶結海棠社　蘅蕪苑夜擬菊花題"，襲人命人給湘雲送"紅菱和雞頭兩樣鮮果"，囑咐道："這都是今年咱們這裏園子裏新結的果子，寶二爺叫送來與姑娘嚐嚐。"

曹雪芹對"菱"似乎有着很深的感情。金陵十二釵副冊，前 80 回只點明一人，此人就是香菱。香菱本名甄英蓮，4 歲那年元宵節被拐走，養大後被賣給金陵公子馮淵，又被薛蟠搶去做小妾，由寶釵賜名"香菱"。後進了大觀園，她跟隨黛玉學詩，度過了一段美妙的青春時光。薛蟠娶妻夏金桂後，香菱受盡虐待，雖然被扶為正室，但不久即難產而死。對於這樣一個命運多舛的女子，曹公賦予了不少讚美和憐惜。第 80 回"美香菱屈受貪夫棒　王道士胡謅妒婦方"，夏金桂挑釁説香菱的名字沒道理："菱角花開，誰見香來？"香菱如何答覆？曹公這樣寫：

不獨菱花香，就連荷葉蓮蓬，都是有一股清香的。但他原不是花香可比，若靜日靜夜或清早半夜細領略了去，那一股清香比是花都好聞呢。就連菱角、雞頭、葦葉、蘆根得了風露，那一股清香也是令人心神爽快的。

此外，大觀園裏迎春居住的地方叫紫菱洲。第 79 回 "薛文起悔娶河東獅　賈迎春誤嫁中山狼"，迎春出嫁後，寶玉萬分惆悵，作《紫菱洲歌》以詠懷，前兩聯云：

池塘一夜秋風冷，吹散芰荷紅玉影。
蓼花菱葉不勝愁，重露繁霜壓纖梗。

作為水生植物，菱花浮於水面，花小且在夜間開放，其顏值和名氣自然比不上映日蓮花。但它也並非一無是處，古代銅鏡的背面多飾以菱花，古建築中的藻井也多畫有菱花圖案，以其生於水中取防火之意。曹雪芹將 "菱" 與香菱、迎春聯繫起來，她們雖然沒有釵、黛等人耀眼奪目，但同樣值得憐愛。

文章寫到這裏，可以看到古人賦予 "菱" 多麼豐富的內涵。在所有關於 "菱" 的詩中，陸游晚年的這首《夜歸》給我印象最深：

今年寒到江鄉早，未及中秋見雁飛。
八十老翁頑似鐵，三更風雨採菱歸。

舊時越溪女歌採菱的浪漫傳統，到了陸游的筆下，竟成為錚錚鐵骨的寫照。這首詩同時也點明採菱的時節是在中秋。

中秋佳節，遙望故鄉月，陂塘中菱花開着微小的白花，光滑的葉片泛着月光。遙遠的歷史深處傳來《採菱曲》，悠揚的歌聲裏，歌者想念的人是誰？

芡實

雞頭米賽蚌珠圓

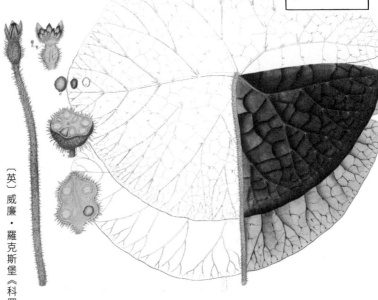

〔英〕威廉‧羅克斯堡《科羅曼德爾海岸植物圖譜》，芡實，一八一九年

芡實的浮水葉、花苞和花梗上均佈滿硬刺，其花、果實伸出水面，類似雞頭，故又名雞頭、雁喙、雁頭、鴻頭、烏頭等。

《紅樓夢》第 37 回"秋爽齋偶結海棠社　蘅蕪苑夜擬菊花題"，詩社結束後，襲人託宋嬤嬤給史湘雲送吃的。只見襲人端來兩個小攝絲盒子：

> 先揭開一個，裏面裝的是紅菱和雞頭兩樣鮮果；又揭那一個，是一碟子桂花糖蒸新栗粉糕。又說道："這都是今年咱們這裏園子裏新結的果子，寶二爺叫送來與姑娘嚐嚐……"

兩樣鮮果、一碟糕點，包含了 4 種植物 —— 紅菱、雞頭、桂花和板栗，都是秋天的時令風物。4 種植物中，紅菱、桂花、板栗我們熟知，雞頭是甚麼呢？

芡實其名

雞頭，中文正式名芡實（*Euryale ferox* Salisb. ex DC），睡蓮科芡屬一年生大型水生草本。說它大，是因為其浮水葉的直徑可達 1.3 米，大大超過荷葉。又因其果實部分膨大如拳，花謝後花萼退化的部分形似鳥嘴，故名雞頭、雁喙、雁頭、鴻頭、烏頭等。對於這種水生植物，五代《蜀本草》的描述可謂簡明扼要："苗生水中，葉大如荷，皺而有刺。花子若拳大，形似雞頭。實若石榴，其皮青黑，肉白如菱米也。"[1]

1　轉引自〔明〕李時珍著，錢超塵等校：《本草綱目》，上海科學技術出版社，2008 年，下冊，第 1207 頁。

據《中國植物誌》，芡屬下僅芡實一種，分佈於中國、俄羅斯、朝鮮、日本、印度，在我國南北皆有。年幼時，家裏種湘蓮，芡實在荷塘與野湖裏常見。印象很深的是，其浮水葉、花苞和花梗上均佈滿硬刺，我們稱之為"蜇裏范"。

雖然芡實的浮水葉鋒芒畢露，但沉水葉及其葉梗卻無刺。浮水葉與沉水葉在形態上的這種差異，在許多水生植物中都存在，例如慈姑的沉水葉呈條形，浮水葉為劍形，這是對水環境的適應。[2]

相比於睡蓮，芡實與同為睡蓮科的"異域美人"——王蓮（*Victoria regia* Lindl.）更加類似。它們有許多共同特徵，例如巨大且褶皺的浮水葉、鋒利駭人的刺。不過王蓮的葉緣上翹，形似一個簸箕，而芡實的葉片則完全貼合於水面。

芡實的食用歷史

芡實的果實、莖、根均可食用。古籍中記載芡根的味道似芋頭，如今我們已經很少吃它。芡莖食用的歷史可追溯至南北朝，《齊民要術》中載有芡實的種植方法。[3] 唐代蘇敬等人《唐本草》記載時人採其嫩莖作為蔬菜。由於它渾身是刺，我們會用鐮刀從其根部整株割下，去掉葉，留下紫紅色的嫩莖和狀如雞頭的果實。其莖與藕

2　汪勁武編著：《植物的識別》，人民教育出版社，2010 年，第 189 頁。

3　"八月中收取，擘破，取子，散着池中，自生也。"見〔北朝〕賈思勰著，繆啟愉、繆桂龍譯註：《齊民要術譯註》，上海古籍出版社，2009 年，第 403 頁。

帶類似，有絲有孔。與尖椒同炒，起鍋前淋一勺醋，酸滑可口，在鄉下蔬菜匱乏的三伏天也是一道下飯菜。只是芡實外皮上的刺多且容易扎手，處理起來要費一番功夫。

芡莖我們拿來做菜，而芡實的果實，古書稱"雞頭實"，我們卻不太吃。與石榴籽不同，雞頭實外面包裹着一層"斑駁軟肉"。除去這層外皮，咬開硬殼，裏面潔白的米粒才是食用的部分。但外殼澀口，米粒又極小，吃起來太麻煩。在江浙一帶，雞頭實如今依然是夏秋之際受人追捧的一道美食。在南京等地，雞頭實與蓮藕、菱角、慈姑等一起被稱作"水八仙"，去殼後的潔白米粒被稱為雞頭米。

雞頭實的食用歷史其實很早，地位也很高。在周代的飲食禮制中，如果用芡實同菱角、板栗、乾肉一起來招待賓客，那可是很高的禮遇。[4] 在漢代《神農本草經》中，雞頭實與蓮藕、大棗、葡萄、覆盆子等位列"果之上品"，具有"久服輕身，不飢，耐老神仙"等功效。唐代孟詵《食療本草》載，雞頭與蓮蓬同食，可延年益壽。[5]

到了宋代，雞頭實又多了一個名稱——"水硫黃"。在《本草綱目·果部》中，硫黃被稱為"救危妙藥"，芡實被稱為"水硫黃"，足見古人對芡實的推崇。在寫給蘇轍的食芡之法中，蘇軾解釋了其

4　《周禮·天官塚宰第一·籩人》："加籩之實，菱、芡、栗（棗）、脯。"加籩，謂禮遇厚於常時。《左傳·昭公六年》："夏，季孫宿如晉，拜莒田也。晉侯享之，有加籩。"杜預註："籩豆之數，加於常禮。"

5　"（雞頭）與蓮實同食，令小兒不能長大，故知長服當亦駐年。"見〔唐〕孟詵著，〔唐〕張鼎增補，鄭金生、張同君譯註：《食療本草譯註》，上海古籍出版社，2007年，第58頁。

〔日〕岩崎灌園《本草圖譜》，芡實

在周代的飲食禮制中，如果用芡實同菱角、板栗和乾肉一起來招待賓客，是很高的禮遇。

中的原因：芡實必須一粒一粒細嚼慢嚥，以至於口中津液聚集，體液得以流轉暢通，其養生之功效堪比礦物藥材。[6]

也正是在宋代，芡實從尋常百姓的盤中之物，一躍而成為宗廟中祭祀祖先的供品。中國古代素有以時令鮮物祭祖的禮俗，只有祖先享用過，人們才可以食用，古稱"薦新"之禮。[7]北宋景祐二年（1035），朝廷頒佈禮制，規定"（夏）季月薦果，以芡以菱"。[8]夏季月即夏天的第二個月，正是菱角和芡實新熟之時，這大概也是《紅樓夢》裏襲人以紅菱、芡實並贈湘雲的源頭。明代文震亨《長物志》中列舉了28種"山珍海錯"，芡實就是其中之一，並以小龍眼那麼大的味道最佳。[9]

世家大族和文人雅士都視作珍饈的雞頭實，在平民百姓那裏，卻是糧食的替代品，災歉年間可以救荒。《本草衍義》記錄了具體的做法："春去皮，搗仁為粉，蒸炸作餅，可以代糧。"[10]如何去殼

6　《寄子由三法》："吳子野云：'芡實蓋溫平爾，本不能大益人。'然俗謂之水硫黃，何也？人之食芡也，必枚嚙而細嚼之，未有多嚥而亟嚥者也。舌頰唇齒，終日嗫嚅，而芡無五味，腴而不膩，足以致上池之水。故食芡者，能使人華液通流，轉相挹注，積其力，雖過乳石可也。"見〔宋〕蘇軾著，孔凡禮點校：《蘇軾文集》，中華書局，1986年，第2337頁。

7　《中庸》："春秋，修其祖廟，陳其宗器，設其裳衣，薦其時食。"〔唐〕杜佑《通典》："按舊典，天子諸侯月有祭事，其孟，則四時之祭也，三牲、黍稷，時物咸備。其仲月、季月，皆薦新之祭也。"

8　"景祐二年……禮官、宗正條定：'夏孟月嘗麥，配以彘；仲月薦果，以瓜以來禽；季月薦果，以芡以菱。'"見〔元〕脫脫等撰：《宋史》，中華書局，1977年，第2602頁。

9　"芡花晝展宵合，至秋作房如雞頭，實藏其中，故俗名'雞豆'。有粳、糯二種，有大如小龍眼者，味最佳，食之益人。若剝肉和糖，搗為糕糜，真味盡失。"見〔明〕文震亨著：《長物志》，江蘇鳳凰文藝出版社，2015年，第366頁。

10　〔宋〕寇宗奭著，張麗君、丁侃校註：《本草衍義》，中國醫藥科技出版社，2012年，第87頁。

呢？《救荒本草》載："蒸過，烈日曬之，其皮即開，舂去皮。"[11] 這種"舂"的方法，大概與舂米類似，將雞頭實放入石臼中搗碎。

詩文中的芡實

既然芡實有這麼多益處，歷史上吟詠它的詩文自然不少。自唐代開始，芡實就出現於韓愈、孟郊、溫庭筠等人的詩篇中。到了宋代，梅堯臣、歐陽修、文同、蘇軾、蘇轍、黃庭堅、陸游、楊萬里等多位詩人都寫過它，這從另一個側面反映出芡實在宋代有多受歡迎。

歐陽修《初食雞頭有感》"爭先園客採新苞，剖蚌得珠從海底"，文同《採芡》"漢南父老舊不識，日日岸上多少人"，都寫到時人採摘芡實的盛況。可見在當時，芡實與菱角一樣廣泛種植於江南江北的水澤湖泊之中，是人們在夏末秋初都會吃到的水中鮮果。正如蘇轍《西湖二詠·其二·食雞頭》結尾所言：

> 東都每憶會靈沼，南國陂塘種尤足。
> 東遊塵土未應嫌，此物秋來日嘗食。

宋朝亡後，錢塘人吳自牧著有《夢粱錄》，記錄南宋都城臨安的歲時風俗。書的篇幅不大，卷 4 對中元節芡實買賣的情景描述較為細致：

11　〔明〕朱橚著，王錦秀、湯彥承譯註：《救荒本草譯註》，上海古籍出版社，2015 年，第384 頁。

是月，瓜桃梨棗盛有，雞頭亦有數品，若揀銀皮子嫩者
為佳，市中叫賣之聲不絕。中貴戚里，多以金盒絡繹買入禁
中，如宅舍市井欲市者，以小新荷葉包裹，摻以麝香，用紅
小索繫之。[12]

藉由這段文字，我們可以想見千百年前的臨安城，聽到市井裏
喧鬧的叫賣聲。宋室南渡之後，世家大族依舊維持着較高的生活水
準，茨實這樣的時令鮮果，要用“金盒”裝好送入府中。而街頭商
販的包裝也稱得上清新別致：用新出的小荷葉包起來，摻入名貴的
香料麝香，最後系之以紅線。

江浙地區，湖泊眾多，適合菱角和茨實這樣的水生作物生長，
明代已有很成熟的種植方法。[13] 在清代，蘇州東南葑門的南塘（今
黃天蕩）因盛產雞頭米而聞名。沈朝初《憶江南》就寫到蘇州葑門
的雞頭：“蘇州好，葑水種雞頭。瑩潤每疑珠十斛，柔香偏愛乳盈
甌。細剝小庭幽。”鄭板橋當年遊歷江南，作《由興化迂曲至高郵
七絕句》記錄沿途風物，對雞頭米最為喜愛：

一塘蒲過一塘蓮，荇葉菱絲滿稻田。
最是江南秋八月，雞頭米賽蚌珠圓。

清代人是如何吃雞頭米的呢？據袁枚《隨園食單·點心單》，

---

12 〔宋〕吳自牧著：《夢粱錄》，浙江人民出版社，1980 年，第 26 頁。
13 《羣芳譜》：“種植：雞頭名茨實，秋間熟時取老子以蒲包包之，浸水中。三月間撒淺水
   內，待葉浮水面，移栽淺水，每科離二尺許。先以麻餅或豆餅拌勻河泥，種時以蘆插記
   根。十餘日後，每科用河泥三四碗壅之。”見〔明〕王象晉纂輯，伊欽恆詮釋：《羣芳譜
   詮釋》（增補訂正），農業出版社，1985 年，第 203 頁。

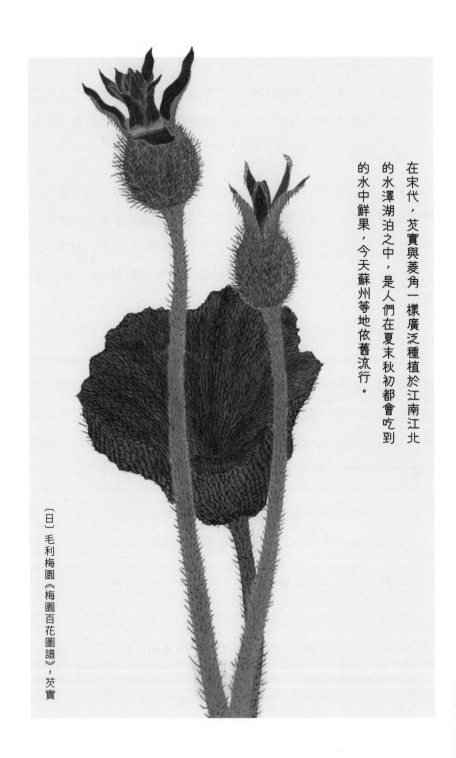

在宋代，芡實與菱角一樣廣泛種植於江南江北的水澤湖泊之中，是人們在夏末秋初都會吃到的水中鮮果，今天蘇州等地依舊流行。

〔日〕毛利梅園《梅園百花圖譜》，芡實

雞頭米可以磨碎做糕點或熬粥。[14] 今天浙江杭州還有手工製作的芡實糕。它以芡實和米粉為主料，輔以紅豆或桂花，軟糯耐嚼，甜度適中，口感出乎意料地好。

芡實在蘇州

如今，雞頭米依然是蘇州人難以割捨的時鮮。當地農人在水塘種植雞頭，湖面圓葉相接、一碧萬頃，一眼望過去十分壯觀。每逢芡實成熟的季節，葑門橫街、山塘街、東大街上就能找到剝雞頭米的小攤販。

雞頭米的外殼較厚，如今依然沒有很好的機器去殼，多半還是靠人工。剝時需戴上特製的銅指刀，先褪去外面的一層果皮，再剝掉外殼。這實在是個辛苦活兒，一般 3 個小時才能剝上一斤。一斤手剝的新鮮雞頭米價格在 150 元左右。所以，如果你發現一小盅雞頭粥的價格可抵一盤菜，不要驚訝，那都是農人起早貪黑、一粒一粒純手工剝出來的，稱得上"粒粒皆辛苦"。

當代作家王稼句寫姑蘇的芡實："舊時江南水鄉的蓬門貧女，乃至中人之家的婦女，都將'剪雞頭'作為一項副業，以貼補家用。"[15] 文中還引用了民國年間的一首詩：

---

14 "雞豆糕，研碎雞豆，用微粉為糕，放盤中蒸之。臨食用小刀片開。雞豆粥，磨碎雞豆為粥，鮮者最佳，陳者亦可。加山藥、茯苓尤妙。"見〔清〕袁枚撰：《隨園食單》，中國商業出版社，1984 年，第 132 頁。
15 王稼句著：《三生花草夢蘇州》，南京師範大學出版社，2014 年，第 200 頁。

蓬門低簷甕作牖，姑婦姊妹次第就。

負暄依牆剪雞頭，光滑圓潤似珍珠。

珠落盤中滴溜溜，謔嬉嬌嗔笑語稠。

更有白髮瞽目嫗，全憑摸索利剪剖。

黃口小女也學剪，居然粒粒是全珠。

全珠不易剪，克期交貨心更憂。

嚴寒深宵呵凍剪，燈昏手顫碎片多。

豈敢謾誇十指巧，巧手難免有疏漏。

十斤剪了有幾文，更將碎片按成扣。

苦恨年年壓鐵剪，玉碎珠殘淚暗流。

　　這首詩詳細地描繪了貧苦人家為補貼家用，全家女眷齊上陣"剪雞頭"的場景。詩中說芡實"全珠不易剪"，但是為了按期交貨，只能熬到深夜，以至於夜裏降溫，剪刀凍手，燈昏手顫，碎片就多了。這碎片也捨不得扔，要按成圓扣再拿去賣。"苦恨年年壓鐵剪，玉碎珠殘淚暗流。"由此，我們也看到了舊時貧苦農家生活的艱辛。

冬景圖 宋 佚名

天門冬

江蓮搖白羽，天棘蔓青絲

天門冬又名天棘，百合科攀緣植物，其龐大的紡錘狀根部可入藥。

〔日〕岩崎灌園《本草圖譜》，天門冬

唐開元二十九年（741），已近而立之年的杜甫出遊齊趙，尋訪名山勝跡。有感於巳公居所之靜穆清幽，他寫下這首《巳上人茅齋》：

> 巳公茅屋下，可以賦新詩。枕簟入林僻，茶瓜留客遲。
> 江蓮搖白羽，天棘蔓青絲。空忝許詢輩，難酬支遁詞。

巳公謂誰，今已不可知，至少是一位精於佛學的僧侶。杜甫在尾聯以東晉玄言詩人許詢自比，以東晉高僧支遁比巳公。頸聯"江蓮搖白羽，天棘蔓青絲"是對巳公所居茅屋周圍環境的描寫，其中提到兩種植物，"江蓮"指荷花，"搖白羽"狀江蓮之搖動。"天棘"是天門冬，天門冬是甚麼植物呢？

天門冬之得名

天門冬[*Asparagus cochinchinensis* (Lour.) Merr.]，百合科天門冬屬攀緣植物，膨大的根塊可入藥。百合科在我國有 60 個屬、560 種，既有名花，又有良藥，天門冬就是良藥之一。

天門冬何以得名？據《植物名釋札記》，"天"字在植物名稱中往往取自然之意，"門"是赤紅色，對應天門冬根部膨大部分的外皮暗赤褐色，"冬"乃簹冰之象形，正如天門冬根部的紡錘狀，故天門冬一名，來自其外形，即"天然產生而帶紅色之冰冬"。[1]

1　夏緯瑛著：《植物名釋札記》，農業出版社，1990 年，第 304-305 頁。

天門冬這個名字，聽上去比較霸悍。清嘉慶年間有本小說《草木春秋演義》，將草木與歷史演義結合。該小說以中草藥為人物命名，人物外貌特徵與中草藥形態基本相符，敵我陣營的劃分也與該種植物是否有毒相關。在 100 餘種有情節的中草藥中，天門冬出現於小說第 24 回“蜀椒山草寇造反　石龍芮斧劈強徒”，其人物設定是大漢國宣州蜀椒山的強盜頭目，“在山上打家劫舍，擄掠民財，殺人放火，聚眾上千嘍囉”，欲推翻朝廷自成霸業。到了第 25 回“寮郎戰死二凶僧　黃石力除兩天王”，天門冬迎戰朝廷軍隊，兵敗自刎而死。如果將《草木春秋演義》拍成電視劇，天門冬至多活不過兩集。將天門冬設定為無足輕重的反面人物，與中草藥藥性是否相符呢？至少，天門冬無毒，這不同於小說中天門冬手下的強盜和尚——茄科的曼陀羅，它是蒙汗藥的原料之一。

天門冬與古詩中的藤蔓植物

　　“江蓮搖白羽，天棘蔓青絲。”天門冬為何名為天棘？對於詩中“天棘”的解釋，在歷史上曾有過爭論。南宋鄭樵《通志》認為天棘乃楊柳之名，庾信詩“岸柳被青絲”可證。明代楊慎《升庵詩話》反駁了這一觀點：

　　　柳可言絲，只在初春。若茶瓜留客之日，江蓮白羽之辰，必是深夏，柳已老葉濃陰，不可言絲矣。若夫“蔓”云者，可言兔絲王瓜，不可言柳，此俗所易知。天棘非柳明矣。按《本草索隱》云："天門冬，在東嶽名淫羊藿，在南嶽名百部，在西嶽名管松，在北嶽名顛棘。顛與天聲相近而互名也。"此解近之。[2]

楊慎認為本詩所反映的季節應該在深夏，"天棘"若為楊柳，則斷不可言"青絲"。"天"與"顛"音近，在《本草索隱》《博物志》等文獻中，天門冬又名"顛棘"。"棘"的本義是莖上多刺的酸棗樹，據《中國植物誌》，天門冬鱗片狀葉的基部有長 2.5-3.5 毫米的硬刺，名之為"棘"有其道理。天門冬是一種帶刺的攀緣藤本。

俞士玲分析了古詩中柳與藤作為意象的區別，以佐證"天棘"為藤本植物天門冬："楊柳成了家居、市井、人煙的象徵，……與此相反，'藤'的意象常用來表現和烘托環境的清幽和居住者的蕭散疏放。"[3]天門冬這種藤本植物，多生於清幽的環境中，如同一位隱士。

俞士玲還提到，杜甫同時代的許多詩人在描寫佛寺景觀時，也多言藤蘿。如：

> 竹外峰偏曙，藤陰水更涼。（王維《過福禪師蘭若》）
> 山館人已空，青蘿換風雨。（王昌齡《諸官遊招隱寺》）
> 竹徑厚蒼苔，松門盤紫藤。（岑參《出關經華嶽寺，訪法華雲公》）

2　〔明〕楊慎著，楊文生校箋：《楊慎詩話校箋》，四川人民出版社，1990 年，第 418 頁。在《本草索隱》提及的天門冬的其他名稱中，百部、淫羊藿其實是他種植物。古人之所以出現混淆，可能是由於它們的藥用部位形態比較相近。

3　俞士玲：《杜詩"江蓮搖白羽，天棘蔓青絲"辨》，《杜甫研究學刊》，1995 年第 3 期，第 28 頁。

延蘿結幽居，剪竹繞芳叢。（李白《將遊衡嶽，過漢陽雙松亭，留別族弟浮屠談皓》）

竹林深筍概，藤架引梢長。（孟浩然《夏日辨玉法師茅齋》）

苔澗春泉滿，蘿軒夜月閒。（孟浩然《宿立公房》）

在以上諸多"藤蘿"意象中，確指的只有"紫藤""青蘿"，其他皆言蘿或藤，其中是否有天門冬，我們無法判斷。詩歌很少以"天棘"為意象，杜甫將天門冬寫入詩中，大概是因為天門冬乃已公茅齋中的實有之景。而後世詩歌出現"天棘"，也多與寺廟相關，如明代張和《訪曉庵禪師，師以洞庭柑為供》"簷前暮雨沾天棘，席外春風動石楠"。

明代文人馮夢龍《夾竹桃頂針千家詩山歌》中有一首《絲絲天棘》：

> 回頭看見子介個有情郎，我弗杠今朝燒個炷香。他衣衫齊整，年貌正芳，眉來眼去，兩下掛腸。姐道：郎呀！你若肯訪奴時，奴家弗是無記認，絲絲天棘出門牆。

《夾竹桃頂針千家詩山歌》是用"夾竹桃"曲調所作的吳地山歌，藉用頂真的修辭手法（每首山歌的最後一字為下一首的第一個字），每首詩以《千家詩》中的一句作為結尾，大部分歌詠男女情愛，在明代後期較為流行。《絲絲天棘》這首小曲所描繪的，頗似元代王實甫雜劇《西廂記》中崔鶯鶯與張生於普救寺中初次見面的場景："怎當她臨去秋波那一轉？"小曲最後一句，出自宋代詩人王淇的七言絕句《春暮遊小園》：

麥門冬藥用部分亦為根部，較天門冬的根塊
小，葉形如麥，故此得名。

〔日〕岩崎灌園《本草圖譜》，三種麥門冬

一叢梅粉褪殘妝，塗抹新紅上海棠。

開到荼蘼花事了，絲絲天棘出莓牆。

原本感時傷懷的詩句，用到山歌中，那爬過牆頭的"絲絲天棘"，便成為小女子大膽追求愛情的自我寫照。而正是由於此場景發生在寺廟中，所以出牆的植物是"天棘"，而不是"紅杏"。

草藥與麥門冬

天門冬作為藥材，在《名醫別錄》中位列上品，具有"去寒熱，養肌膚，益氣力"等功效。[4]

不過在神仙傳記中，天門冬被賦予神話色彩，可使人返老還童、延年益壽。約成書於西漢的《列仙傳‧赤鬚子》載："赤鬚子，豐人也。……好食松實、天門冬、石脂。齒落更生，髮墮再出。"東晉葛洪所著道教典籍《抱朴子‧內篇‧仙藥》曰："杜子微服天門冬，御八十妾，有子百三十人，日行三百里。"其《神仙傳》卷10亦曰："甘始者，太原人也。善行氣，不飲食，又服天門冬。……在人間三百餘歲，乃入王屋山仙去也。"

這些神仙方術自不可信，但放入杜甫的詩中來看，卻別有一番味道：高僧茅齋中的天棘，原來是一味傳說中有着各種神奇功能的草藥。

4　〔梁〕陶弘景撰，尚志鈞輯校：《名醫別錄》，中國中醫藥出版社，2013 年，第 17-18 頁。

天門冬之外，尚有一名稱相近的植物——麥門冬，中文正式名為麥冬（*Ophiopogon japonicus*）。麥門冬也是一味中藥，藥用部分亦為根部，呈橢圓形或紡錘形，較天門冬的根塊小，葉基生（緊貼地面）成叢，禾葉狀。據《植物名釋札記》，麥門冬之得名，是因為其葉形如麥。[5]

麥門冬與天門冬同為百合科，但不同屬，麥門冬為沿階草屬。沿階草，顧名思義，是種在台階旁的小草，又名“繡墩”，終年常綠，是一種良好的地被植物。《長物志》中就有在石階旁種植沿階草以裝飾的記載。[6] 其屬下的麥門冬，亦具有常綠、耐陰、耐寒、耐旱、抗病蟲害等特點，多用於園林綠化。

5　《植物名釋札記》，第 305 頁。
6　“自三級以至十級，愈高愈古，須以文石剝成；種繡墩或草花數莖於內，枝葉紛披，映階傍砌。”見〔明〕文震亨著：《長物志》，江蘇鳳凰文藝出版社，2015 年，第 6 頁。

鴨跖草

此方獨許染家知

〔日〕岩崎灌園《本草圖譜》，鴨跖草

鴨跖草又名翠蝴蝶，兩片藍色的花瓣展開如翼，花藥、花柱如飛蛾之足、觸鬚。

野竹草與碧蟬花

鴨跖草（*Commelina communis* L.），鴨跖草科鴨跖草屬，一年生披散草本。童年在鄉間常見，多生於水邊濕地，夏秋開花。那時沒人知道它叫甚麼，後來看圖鑒才得知其名。但這個名字也着實令人費解，"跖"是腳掌的意思，可鴨跖草無論花還是葉都不似鴨掌。有一種解釋是說，鴨子們喜歡吃這種野草的嫩葉，它們在泥地上踩過的腳印，與鴨跖草有幾分相似，都似竹葉。

"鴨跖草"一名始見於唐代陳藏器《本草拾遺》，又名雞舌草、耳環草、鼻斫草；因其葉似竹，故又名碧竹子、淡竹葉、竹葉菜、竹青、竹節菜、笪竹等。夏緯瑛推斷："鴨"與"野"、"跖"與"竹"音近，所以"鴨跖草"實乃"野竹草"之訛變，其本義是"生於田野如竹之草"。[1]

除以上名稱外，鴨跖草又名碧蟬花。明嘉靖年間《陝西通志》載其名為翠娥花、翠蛾兒、翠蝴蝶，以花朵之外形而得名：兩片藍色的花瓣展開如翼，花藥與花柱伸長，正如飛蛾之足與觸鬚。宋人楊巽齋寫有 27 首吟詠花卉的七言絕句，第一首《碧蟬兒花》即道出其外形似飛蛾：

> 揚葩蔌蔌傍疏籬，薄翅舒青勢欲飛。
> 幾誤佳人將扇撲，始知錯認枉心機。

碧蟬花、翠蝴蝶這類名稱要比鴨跖草更美、更形象、更符合

1　夏緯瑛著：《植物名釋札記》，農業出版社，1990 年，第 102 頁。

鴨跖草花朵小巧精緻的形態。但歷代醫書都以"鴨跖草"為詞條標目，現代植物分類學亦以其為本科與本屬之名。

畫燈與胭脂

鴨跖草的花朵雖小，但兩片藍色花瓣清新明亮。古人很早就用它來染色，如南宋董嗣杲《碧蟬兒花》："分外一般天水色，此方獨許染家知。"

《本草綱目·草部》："巧匠採其花，取汁作畫色及彩羊皮燈，青碧如黛也。"[2] 羊皮燈源自草原民族，以薄羊皮做燈罩。羊皮可遮風擋雨，透光性又好。鴨跖草的藍色花瓣，化身羊皮燈上的圖案。在清涼如水的夜晚，點亮火燭，橙黃的螢光透過輕薄的羊皮，燈罩上的青綠色變成青黑色，恰似古代女子纖細的眉黛。

這種顏料如何製作呢？據明人高濂《遵生八箋》："淡竹花，花開二瓣，色最青翠，鄉人用綿收之，貨作畫燈，青色並破綠等用。"[3] 可見時人用絲綿來收取花汁，以保存顏料。

這種方法也用於製作胭脂，鴨跖草是以又名藍胭脂草。晚明學者方以智《通雅》卷 42 載："一種曰鴨跖草，即藍胭脂草也。杭州以綿染其花，作胭脂，為夜色。"杭州人用絲綿薄片浸染花汁，待其充分吸收染料後晾乾，日後用時，剪下適量綿胭脂泡水，得到

2　〔明〕李時珍著，錢超塵等校：《本草綱目》，上海科學技術出版社，2008 年，上冊，第680 頁。

3　〔明〕高濂編撰，王大淳校點：《遵生八箋》，巴蜀書社，1992 年，第 655-656 頁。

的胭脂水即可用來化妝。《通雅》中的"夜色"，乃是胭脂中的一個品種——綿胭脂。關於"夜色"，我們知道得比較少。它是怎樣的一種顏色？

方以智《物理小識》卷 6 提到："杭州夜色：紅，用重受胭脂；碧，用碧蟬藍胭脂。以硃砂、大青皆重，不可作夜色。""重受胭脂"用紅花汁染成，"碧蟬藍胭脂"則用碧蟬花即鴨跖草染成。產於杭州的"夜色"胭脂，即以這兩種胭脂調和而成。

據孟輝介紹，其具體的做法是："先將重受胭脂泡在水中，獲得紅液，白絲綿浸而成赤，再以同樣的方式浸取碧蟬藍胭脂的彩液，給紅綿添上青色。"[4] 紅與藍相調和是紫色，《物理小識》說硃砂和大青顏色太重，不可用來製作"夜色"，可知"夜色"這種胭脂是稍微淡一些的紫色。

《花鏡》也說："土人用綿，收其青汁，貨作畫燈，夜色更青。"[5] 這裏的"夜色更青"，應當是說"夜色"這種胭脂偏藍、偏亮。我們或能推測，這種名為"夜色"的胭脂當是一種偏藍的淡紫色，這不禁使人想到日薄西山、暮色升起時深秋時節的夜空。古人用"夜色"來命名這種胭脂，真是含蓄浪漫、引人遐思。

上述不少文獻都提到鴨跖草色宜畫燈，這是為甚麼呢？近現代工筆畫大師于非闇對"燈畫用色"有過詳細的介紹，他說燈分宮燈、花燈、春燈數種，宮燈和花燈按季節日常懸掛，春燈用於元宵節，上面畫着連環畫，都為人們所喜聞樂見。

4　孟輝著：《貴妃的紅汗》，南京大學出版社，2011 年，第 387 頁。
5　〔清〕陳淏子輯，伊欽恆校註：《花鏡》，農業出版社，1962 年，第 270 頁。

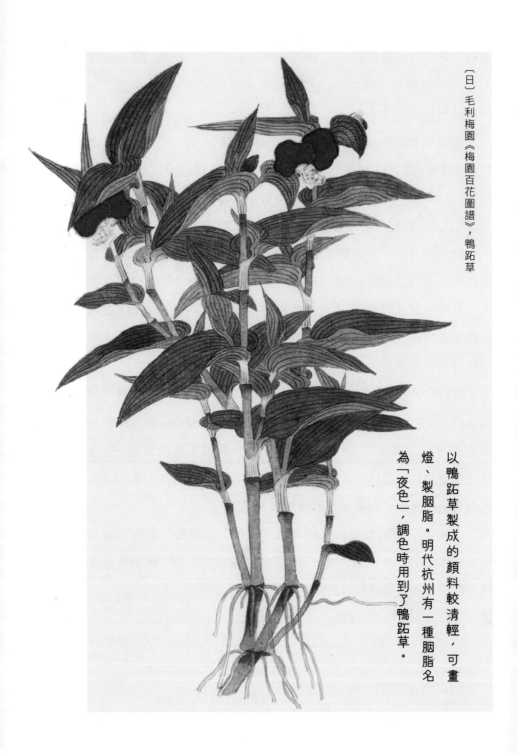

〔日〕毛利梅園《梅園百花圖譜》，鴨跖草

以鴨跖草製成的顏料較清輕，可畫燈、製胭脂。明代杭州有一種胭脂名為「夜色」，調色時用到了鴨跖草。

畫燈偏重於使用植物質的顏料。畫燈所用的顏料，最細也最精，差不多都是使用顏色的"標（膘）"，也就是顏色最清輕的部分。……為了使人民大眾欣賞，他們企圖使所畫的燈，熱烈漂亮，立在遠處，也可以看得見。

鴨跖草色是植物顏料，顏色最清輕的部分青翠、明亮，符合這一要求。

燈畫是白晝和夜間都要看的。白晝只看一面，夜間要點起蜡燭或電燈，連背面也被燈光映射出來。這樣一來，畫燈用色就有顏料塗抹厚薄的問題、塗抹均勻與否的問題。畫燈都用繪絹（上過膠礬的絹）來畫。由於燈光在繪畫的後面，人是在繪畫的前面看，如果使用很厚重的顏料，在前面看，那只是一片黑影，看不出甚麼顏色。如果使用或厚或薄的顏料，在前面看，也只是黑一塊、花一塊的使人起不快之感。因此，燈畫家用色，只取清輕。要知顏料裏的清輕部分（指調膠兌水後說）正是顏色的精華，畫出來更加鮮麗。白晝看是如此，夜晚透過燈光看也是如此。

這樣還不夠，在塗抹顏色上，也有講究：

第一能薄，使燈光易於透過；第二能勻，使觀者連筆毫水暈都看不出，一片停勻，燈光映射下絕不產生或深或淺的黑影。[6]

6　于非闇著，劉樂園修訂：《中國畫顏色的研究》，北京聯合出版公司，2013 年，第75-77 頁。

秋輯 ｜ 鴨跖草　273

沒想到畫燈這麼小小的工藝，竟有如此多的講究！其匠心之處，也能增加我們對於古人以鴨跖草染色畫燈的想像。

青花紙與和服

鴨跖草的染色技術在唐以前即傳入日本。在日本，鴨跖草名為露草和月草，染出來的顏色叫露草色。大概是因其花在清晨開放，過午即收，而人們習慣於清晨採摘，露水沾衣，乃得此名。

在日本，鴨跖草染色頗受歡迎，而且非常重要。不少文獻有時人採收鴨跖草以製作"青花紙"的記載。江戶時代近江國僧人橫井金谷上人在《金谷上人行狀記》中寫到當地人採花染色的盛況：

> 這一帶村中，七八月皆摘露草花染紙，相與兜售諸國。此云青花。七月初以來，連小貓兒也要幫忙採花，何況雀躍忙碌的人們呢。

江戶時代本草學家岩崎灌園《本草圖譜》卷 17 亦載：

> 大和及近江栗太郡山田村有種植。苗葉大，高二三尺，直立。花倍於尋常品。清晨摘此花絞汁染紙。染家用於草稿，或燈籠等畫具。[7]

7　此處 "花倍於尋常品" 乃鴨跖草的變種——大花鴨跖草。蘇枕書：《西風吹綻碧蟬花》："而日本滋賀草津，如今還有變種鴨跖草做的 '青花紙'。牧野富太郎（1862-1957）編《日本植物圖鑒》與岩崎灌園（1786-1842）《本草圖譜》一樣，鴨跖草屬收有 '露草'（鴨跖草）與 '大帽子花'（大花鴨跖草）兩種，草津自古栽培、用於染色的，便是後者。而《中國植物誌》鴨跖草屬所列九條並無此種，或為日本本土栽培。"本文日本文獻的譯文，均源於蘇枕書：《西風吹綻碧蟬花》，《南方都市報》，2014 年 9 月 28 日。

日本用鴨跖草染青花紙，與我們用綿收取其青汁一樣，都是為了儲存顏料。等到用的時候，以青花紙泡水，即可獲得染汁。對此，岩崎灌園的老師小野蘭山在《本草綱目啓蒙》[8]中有詳細的記載：

> （青花紙）用時剪開入水，出青汁，用於畫衣服花樣，覆以糊，入染料皆消去。亦用於扇面，色雖鮮美，沾水頃刻消去。用於舶來羊皮燈，映火鮮明。

此處"舶來羊皮燈"當是《本草綱目·草部》所載之羊皮燈，在明清時由中國傳入日本，"映火鮮明"應該就是上文"畫燈用色"這一手藝所達到的絕佳效果。

上述文獻也告訴我們，染家將此種顏料用於草稿，主要原因是露草的顏色易於消退。正是因為這一點，在日本和服的傳統染色法——友禪染中，鴨跖草扮演了重要的角色：畫工用鴨跖草染成的青花紙泡水，得來的染汁用以繪製初稿，在正式染色時，布面上的草稿容易消失，不會留下絲毫的痕跡。

在日本，鴨跖草的這一特點很早就被人發現並加以運用。在成書於 8 世紀的日本第一部和歌總集《萬葉集》中，有幾首詩寫到

8　小野蘭山是江戶中期本草學界的代表人物，被西方學者譽為"日本的林奈"。他出生於京都，13 歲師從松岡恕庵攻讀《本草》，26 歲創設私塾眾芳軒，開啟長達 46 年的本草教學生涯。其門人達千人之多，並形成蘭山學派，成為江戶中期本草學的主流學派。著有植物圖譜《花匯》《本草綱目啓蒙》，並致力於中國本草典籍的整理，如《昆蟲草木略》《校正救荒本草》等。《本草綱目啓蒙》乃是根據小野蘭山的本草講義整理而成，是其《本草綱目》研究的結晶，初版刻於 1802 年。見劉克申：《論日本江戶時代的本草學》，《醫古文知識》，1998 年第 2 期，第 17 頁。

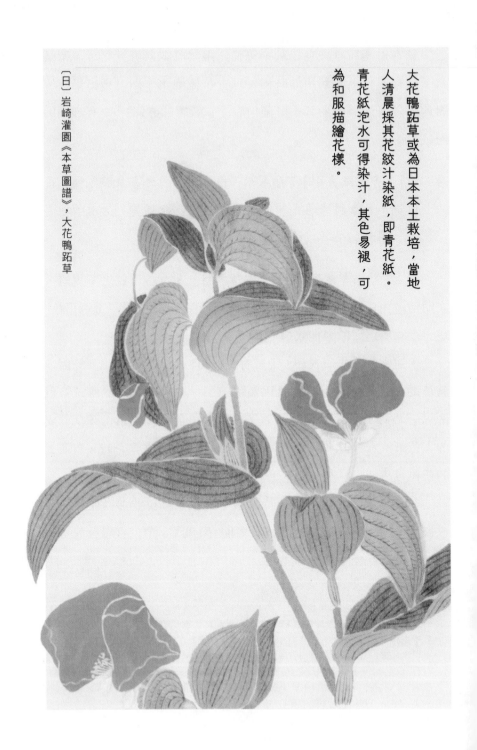

大花鴨跖草或為日本本土栽培，當地人清晨採其花絞汁染紙，即青花紙。青花紙泡水可得染汁，其色易褪，可為和服描繪花樣。

〔日〕岩崎灌園《本草圖譜》，大花鴨跖草

鴨跖草，均以其色易褪的特點比喻情人易變心。其中有一首反其意而用之，以表明自己堅貞無二：

深宮或如是，我心非月草。
月草褪色易，相思無轉移。

鴨跖草染成的顏色偏淡、易消退，其花朵亦嬌弱、開放時間短，所以其英文名為 Common Dayflower Herb，即尋常的一日之花，只開一天即凋謝。不過鴨跖草的花期很長，可以從春天一直開到秋天。

宮崎駿似乎很喜歡這種小野花，在電影《龍貓》《借東西的小人阿莉埃蒂》中，鴨跖草都有出鏡。宮崎駿的動畫片大都倡導人類與自然和諧相處，在他的鏡頭下，這些平凡的野花野草變得清新脫俗、極有靈性。

鴨跖草的近親紫竹梅

回到開頭提到的鴨跖草插花，使我想起自己曾在水瓶中養過的紫竹梅。紫竹梅與鴨跖草同科同屬，它的莖葉與鴨跖草相似，但葉片更厚，富含肉質，因其全身都是紫色，又名"紫鴨跖草"。紫竹梅原產墨西哥，後來傳入我國，較為常見。我在南方的中學和北方的大學校園裏，都見過紫竹梅。

初三時，班主任家陽台上就有一大盆紫竹梅，極茂盛，開紫紅色的小花。每次從那裏路過，我都要停下來看幾眼。班主任的女兒與我是同學，她告訴我紫竹梅泡在水裏也能生根開花。我很驚訝，請她幫我摘幾枝。那天傍晚下過雨，西天有美麗的雲霞。上晚自習之前，她走到座位旁邊悄悄遞給我一束，用紮頭髮的橡皮筋捆着，還帶着花骨朵。別提當時我有多開心，立即跑回宿舍找來一個空瓶養起來。後來果真開了花，還長出不少根鬚。花是紫紅色，花瓣三片，小巧可愛。紫竹梅喜陽，日照越多，莖、葉、花的紫色越濃，葉片就越厚。難怪班主任把它們養在朝南的陽台上。

後來，鄰居家門口也種有一盆紫竹梅。我折了兩枝插在玻璃瓶裏，放在窗台上。午後明媚的秋陽從窗戶照進來，灑在紫色的花朵上，仔細觀察紫竹梅的花和葉，會覺得整個世界都安靜了下來。

之後來到北方上大學，圖書館附近的家屬樓是 20 世紀七八十年代的老式住宅，一樓外的空地上被人用柵欄圍成一個小花園。在圖書館寫論文的那些寒暑，晚飯後我常去那裏散步，有一回就看到了好幾叢紫竹梅，被主人搬出來曬太陽。多年過去，在異鄉又見到這熟悉的植物，莫名地驚喜，就像遇見老朋友一樣。於是下自習後，趁夜黑風高，我偷偷折了幾枝帶回宿舍，像中學時一樣把它們插在玻璃瓶裏，等它們生根，開出紫紅色的小花。

紅蓼

江南江北蓼花紅

在眾多的蓼屬植物中，紅蓼的花序最大，其顏值和辨識度無疑最高。古代詩文中單名「蓼」或泛稱「蓼花」的，也多指紅蓼。

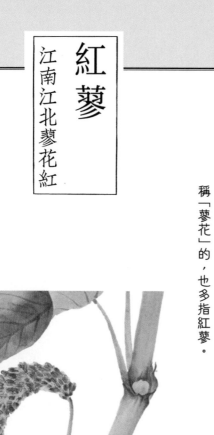

〔日〕細井徇《詩經名物圖解》，龍

紅蓼在鄉間的村邊和路旁常見，對鄉民來説，這是一種極為普通的野草，但若作為觀賞植物，也是十分驚豔的。

隰有遊龍

紅蓼（*Polygonum orientale* L.），蓼科蓼屬一年生草本植物，夏秋開花，除西藏外，全國各地廣泛分佈，多生於溝邊濕地。因其引人注目的穗狀花序，俗名狗尾巴花。比起浪漫的英文名 Kiss me over the garden gate，狗尾巴花的確俗了點，但是很形象。它還有個令人意想不到的名字──遊龍，見於《詩經·鄭風·山有扶蘇》：

> 山有扶蘇，隰有荷華。不見子都，乃見狂且。
> 山有喬松，隰有遊龍。不見子充，乃見狡童。

"隰"指地勢卑濕之處，"遊龍"讓人浮想聯翩，甚麼植物竟被稱作上天入地、吞雲吐霧的神龍？原來，"龍"是"蘢"的假借，"蘢"在古籍中又名紅草、水葒、鴻等，即紅蓼。"遊"的本義是"旌旗之流"，即旗幟飄動貌，正如蓼花在秋風中舞動的樣子。《詩經名物圖解》中"遊龍"的配圖，就特意描繪了紅蓼的穗狀花序在風中搖曳的姿態，十分生動。

這首詩"以山上之樹木與隰中之荷蓼起興，言高、下各有可喜，然吾今日所見之人則狂狡悖謬，不類子都、子充之姣好，何其惱人也！此詩妙處，在其'口是心非'、以憎見愛"。[1]《毛詩》及後

1　袁行霈、徐建委、程蘇東撰：《詩經國風新註》，中華書局，2018 年，第 299 頁。

世註《詩經》者都將此詩解為諷刺鄭昭公不用賢者反用小人，但它實則是一首"女子戲謔情郎之辭"[2]。

以紅蓼入詩，將其與荷花並舉，一方面是紅蓼生於水邊，生境與荷花相同，一方面也是因為紅蓼花開明豔，令人印象深刻。

離人眼中血

蓼科蓼屬是個不小的家族，據《中國植物誌》，在蓼科 13 個屬中，蓼屬植物有 113 種，佔據蓼科植物種類的"半壁江山"。在眾多的蓼屬植物中，紅蓼的花序最大，其顏值和辨識度無疑最高。古代詩文中單名"蓼"或泛稱"蓼花"的，也多指紅蓼。紅蓼在先秦時即出現於《詩經》中，到唐代已成為秋日狀景抒懷時常用的意象。

"自古逢秋悲寂寥"，紅蓼因多生於渡頭、堤岸，所以常用於抒發悲秋與離愁。唐人已將紅蓼與離別聯繫起來，如司空圖《寓居有感三首》"河堤往往人相送，一曲晴川隔蓼花"；薛昭蘊《浣溪沙·紅蓼渡頭秋正雨》"紅蓼渡頭秋正雨，印沙鷗跡自成行"。電視劇《還珠格格》中，紫薇曾作一首送別詩：

> 你也作詩送老鐵，我也作詩送老鐵。
> 江南江北蓼花紅，都似離人眼中血。

---

2 "'狡童''狂童'顯係鄭國女子稱呼情郎之昵稱，嬉笑怒罵中見兩情相悅之蜜意也。"見《詩經國風新註》，第 301 頁。

這首詩來源於明代余永麟文言軼事小説集《北窗瑣語》中羅一峰夫人所作之詩：“今日作詩送老薛，明日作詩送老薛。秋江兩岸紅蓼深，都是離人眼中血。”但此詩真正的源頭可能是唐人的詩句：“時人有酒送張八，惟我無酒送張八。君看陌上梅花紅，盡是離人眼中血。”同樣以送別為主題，陌上的“梅花”到了明人的筆記中，就變成了江邊的“紅蓼”。

在古詩詞中，水邊盛開的紅蓼常與金黃的蘆蒲、潔白的沙鷗、棕色的鴻雁等，共同構成一幅極具畫面感的秋日圖景，也常常寄託着詩人的悲秋和寂寥。比如下面這幾首：

> 暮天新雁起汀州，紅蓼花開水國愁。（唐·羅鄴《雁二首》）
>
> 猶念悲秋更分賜，夾溪紅蓼映風蒲。（唐·杜牧《歙州盧中丞見惠名醞》）
>
> 梧桐落，蓼花秋。煙初冷，雨才收，蕭條風物正堪愁。（南唐·馮延巳《芳草渡》）
>
> 樓船簫鼓今何在？紅蓼年年下白鷗。（明·張頤《汾河晚渡》）

正是由於紅蓼已被賦予以上含義，《紅樓夢》第 18 回“皇恩重元妃省父母　天倫樂寶玉呈才藻”，元妃遊覽大觀園，看到匾額“蓼汀花漵”時才會說：“‘花漵’二字便妥，何必‘蓼汀’？”待到第 79 回“薛文起悔娶河東吼　賈迎春誤嫁中山狼”，當大觀園被抄、晴雯病死、迎春誤嫁之後，寶玉看到岸上搖落的蓼花葦葉，頗覺寥落悽慘。省親別墅花費之奢靡無度，為賈府的分崩離析埋下伏筆，一前一後，紅蓼串聯起賈府由盛而衰的命運。

霜後獨爛然

不過，並非所有言及蓼花的詩都是消極的，陸游《蓼花》就一改悲秋的格調，寫出了一種瀟灑與曠達：

> 十年詩酒客刀洲，每為名花秉燭遊。
> 老作漁翁猶喜事，數枝紅蓼醉清秋。

放翁詩中的紅蓼和漁翁，是一組常見的搭配。漁樵江渚，是廟堂之上的文人歸隱田園、寄居山林的美好願望。詩中言及漁人、釣船，多以紅蓼作為背景。比如下面這幾首：

> 紅蓼白蘋消息斷，舊溪煙月負漁舟。（唐·李中《感秋書事》）
> 何處邀將歸畫府，數莖紅蓼一漁船。（唐·譚用之《貽釣魚李處士》）
> 曉露滿紅蓼，輕波颺白鷗。漁翁似有約，相伴釣中流。（唐·王貞白《江上吟曉》）
> 花開只熨漁翁眼，可奈漁翁醉不知。（南宋·董嗣杲《蓼花》）

在眾多描寫紅蓼的文學作品中，我比較喜歡的是五代花間派詞人孫光憲《浣溪沙·蓼岸風多橘柚香》：

> 蓼岸風多橘柚香，江邊一望楚天長。片帆煙際閃孤光。
> 目送征鴻飛杳杳，思隨流水去茫茫。蘭紅波碧憶瀟湘。

再看南宋詞人張孝祥《浣溪沙‧洞庭》：

> 行盡瀟湘到洞庭，楚天闊處數峰青。旗梢不動晚波平。
> 紅蓼一灣紋纈亂，白魚雙尾玉刀明。夜涼船影浸疏星。

兩者都寫出一種開闊遼遠的氣勢，而紅蓼作為江邊重要的風景，給整個瀟湘秋景圖添上一抹明亮的朱紅。

落木無邊、萬物凋零之時，紅蓼卻開出了明豔的花朵。因此紅蓼與秋菊一樣，還被賦予了堅忍不拔的品格。民國《寧化縣志》卷6《土產志》載："蓼花，即水紅花。以霜後獨爛然於冷風寒水間，故又名為'大節'。亦草中之矯矯者矣。"[3]

《水滸傳》中，梁山好漢的聚集之地，正是蓼花盛開的水中陸地——蓼兒窪。第11回"朱貴水亭施號箭　林沖雪夜上梁山"，林沖問柴進何處可投奔，柴進道："是山東濟州管下一個水鄉，地名梁山泊，方圓八百餘里，中間是宛子城、蓼兒窪。"蓼兒窪是英雄好漢落草為寇後的容身之所，亦是宋江等人死後的葬身之處。第120回"宋公明神聚蓼兒窪　徽宗帝夢遊梁山泊"，宋江被賜毒酒後，擔心李逵復仇造反，壞了他梁山泊替天行道的忠義之名，於是請李逵也喝了毒酒，並囑咐他："你死之後，可來此處楚州南門外，有個蓼兒窪，風景盡與梁山泊無異，和你陰魂相聚。我死之後，屍首定葬於此處，我已看定了也！"宋江死後，託夢吳用、花榮，兩人趕至墳前，自縊而死，兄弟四人，魂魄同聚一處。《水滸傳》前面大部分英勇豪邁，結尾卻萬分悲涼。水泊梁山的那片蓼花看過江

3　黎景曾、黃宗憲修纂：《寧化縣志》，廈門大學出版社，2009年，第229頁。

湖好漢替天行道時的義薄雲天和奮不顧身，也目睹了忠君招安後被朝廷陷害卻無可奈何的悲劇下場。

蓼花也許是水泊梁山實有的自然環境，小說前後蓼兒窪的呼應也許是施耐庵的刻意安排。但根據前文對於“蓼花”所含意蘊的分析——生於郊野，霜後燦然，但很快凋謝寥落，不正是梁山好漢命運的寫照嗎？

作為秋季的風物之一，又是文人筆下吟詠的對象，紅蓼也常出現於中國畫中。宋代幾幅工筆畫就用蓼花作為主要配景，現代畫家齊白石、唐雲、婁師白等都畫過紅蓼。白石老人還在一幅畫的題詩中為紅蓼鳴不平：

> 楓葉經霜耀赤霞，籬邊黃菊正堪誇。
> 瀟湘秋色三千里，不見諸君說蓼花。

似乎在當時，生於荒野澤畔的紅蓼，已沒有楓葉和黃菊那樣受到世人關注。但白石老人是偏愛這種野花的，在他所作的紅蓼畫作中，大塊丹朱塗抹，常常配以螻蛄、螽斯、螃蟹等應季風物，具有鮮明的季節特色，充滿生活氣息。在這樣的畫裏，看不到古人的悲秋和離愁，那樣鮮亮的顏色，一塗一抹，都是畫家對於生活的熱愛。

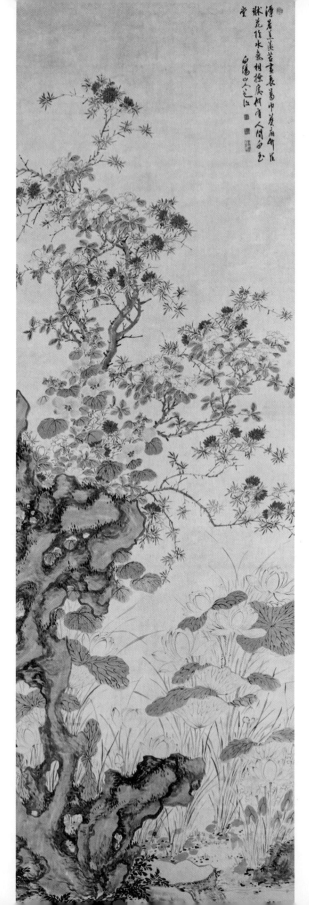

暑園圖軸　明　陳淳

水蓼

人間有味是清歡

蓼在古代是蔬菜之一，亦可作為調料烹飪肉食，後用於製作酒麴。

〔日〕細井徇《詩經名物圖解》，蓼

北京故宮文華殿裏有一副對聯："予又集於蓼，無忝爾所生。"上聯出自《詩經·周頌·小毖》"未堪家多難，予又集於蓼"，下聯出自《小雅·小宛》"夙興夜寐，毋忝爾所生"。前一首是周成王繼位後請求羣臣輔佐治國，後一首是亂世之秋，兄弟相勸要各自努力、謹小慎微以免禍。這副對聯的大意是：國家多災多難，如今又遇辛苦；你要勵精圖治，不要辱沒了父母對你的期待。

這副對聯中的"蓼"是甚麼植物呢？上篇文章我們介紹了紅蓼，這篇文章我們來認識紅蓼的近親——水蓼。

五辛盤與酒麴

在《周頌·小毖》中，"予又集於蓼"中的"蓼"指"辛苦之菜"[1]，與農事詩《周頌·良耜》"荼蓼朽止，黍稷茂止"中意為野草的"蓼"一樣，並無明確所指。既然是"辛苦之菜"，可知"蓼"在古代是蔬菜之一，亦可作為調料烹飪肉食，後來還用於製作酒麴。《本草綱目·草部》載：

> 古人種蓼為蔬，收子入藥。故《禮記》烹雞、豚、魚、鱉，皆實蓼於其腹中，而和羹膾亦須切蓼也。後世飲食不用，人亦不復栽，惟造酒麴者用其汁耳。今但以平澤所生香蓼、青蓼、紫蓼為良。[2]

1　〔唐〕孔穎達撰：《毛詩正義》，北京大學出版社，1999 年，第 1353 頁。
2　〔明〕李時珍著，錢超塵等校：《本草綱目》，上海科學技術出版社，2008 年，上冊，第 712 頁。

《本草綱目·草部》說香蓼、青蓼、紫蓼都是很好的原料，說明這種可食、可藥用的"蓼"並非一種。雖然不知道究竟有多少，但現代植物學分類中的"水蓼"是其中之一。

水蓼（*Polygonum hydropiper* L.）與紅蓼同科同屬，葉具辛辣味，又稱"辣蓼"，花期與紅蓼相同，個頭比紅蓼矮，花和葉都不及紅蓼大。

魏晉以降，元旦、立春之日有吃春盤以驅邪和迎新的習俗。春盤又名五辛盤，一般由 5 種辛辣之菜組成。具體是哪 5 種菜的說法不一，[3] 但至少在宋代，水蓼的嫩苗已成為五辛盤的成員之一。《本草衍義》載有用水蓼的種子催芽以備五辛盤的做法：

> 蓼實即《神農本經》第十一卷中"水蓼"之子也。彼言蓼，則用莖；此言實，即用子。故此復論子之功，故分為二條。春初，以葫蘆盛水浸濕，高掛於火上，晝夜使暖，遂生紅芽，取以為蔬，以備五辛盤。[4]

原來紅蓼的種子發出的芽也是紅色。綠豆芽、黃豆芽、香椿芽也是用類似的方法製作而成。蘇軾《浣溪沙·細雨斜風作曉寒》一詞載有以"蓼茸"做春盤的吃法：

3　關於"五辛"，〔宋〕蘇頌《本草圖經》："昔人正月節食五辛以辟癘氣，謂韭、薤、蔥、蒜、薑也。"《本草綱目·菜部》："練形家以小蒜、大蒜、韭、蕓薹、胡荽為五葷，道家以韭、薤、蒜、蕓薹、胡荽為五葷，佛家以大蒜、小蒜、興渠、慈蔥、茖蔥為五葷。""五辛菜，乃元旦立春，以蔥、蒜、韭、蓼、蒿、芥辛嫩之菜，雜和食之，取迎新之義，謂之五辛盤，杜甫詩所謂'春日春盤細生菜'是矣。"

4　〔宋〕寇宗奭著，張麗君、丁侃校註：《本草衍義》，中國醫藥科技出版社，2012 年，第94 頁。

細雨斜風作曉寒，淡煙疏柳媚晴灘。入淮清洛漸漫漫。
雪沫乳花浮午盞，蓼茸蒿筍試春盤。人間有味是清歡。

北宋元豐七年（1084）早春，蘇軾離開黃州（今湖北省黃岡市）
赴汝州（今河南省汝州市）任團練使（執掌地方軍事的助理官）途
中，路經泗州（今安徽省宿州市泗縣）時與劉倩叔同遊南山。這是
烏台詩案後的第 5 年，蘇軾在經歷人生的挫折後迎來仕途的轉機。
此時蘇軾的心情應該是輕鬆愉悅的：河灘上如煙的綠柳如此明媚，
遠處清澈的洛澗緩緩匯入淮河，午後點一盞茶，茶湯上的氣泡好似
雪沫和乳花，"蓼茸蒿筍"這類普通的野菜，也可為時令之佳餚。
心境不一樣，粗茶淡飯也是人間至味。詞中的"蓼茸"，可能就是
水蓼種子催生出來的嫩苗。

蘇軾春盤中的蒿和筍，我們現在仍在食用。水蓼是甚麼味道
呢？如今市場上似乎很少有賣。上文《本草綱目・草部》已提及"後
世飲食不用，人亦不復栽"，不過蓼葉仍用於製作酒麴。明代宋應
星《天工開物・麴糵》記載了具體過程：

造麵麴，用白麵五斤、黃豆五升，以蓼汁煮爛，再用
辣蓼末五兩、杏仁泥十兩，和踏成餅，楮葉包懸，與稻秸
掩黃，法亦同前。

造麴先要用蓼汁與白麵、黃豆同煮，再加入辣蓼末與杏仁泥踩
踏成餅。根據科學技術史專家潘吉星的解釋，這裏的蓼汁就是水蓼
熬出來的汁液。而文中的辣蓼，一般也是指現代植物學上的水蓼。
但實際上，各地用於製作酒麴的蓼屬植物並不相同。這些花序穗

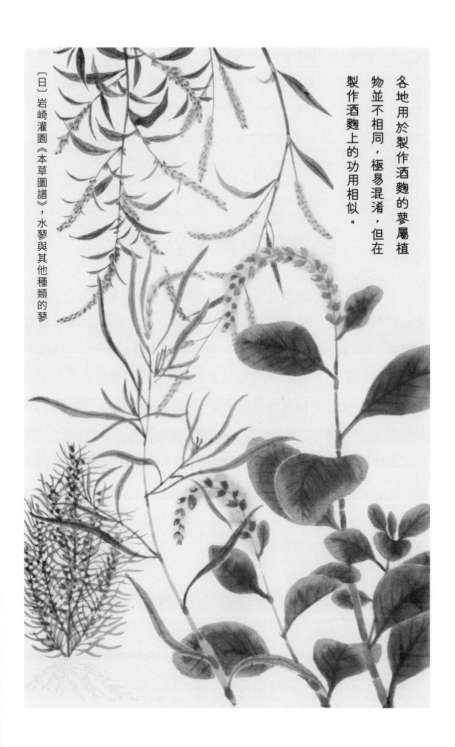

各地用於製作酒麴的蓼屬植物並不相同，極易混淆，但在製作酒麴上的功用相似。

〔日〕岩崎灌園《本草圖譜》，水蓼與其他種類的蓼

狀、葉片狹長的蓼屬植物極容易混淆，但在製作酒麴上的功用似。

餅做好後，再用構樹葉包着，用稻草掩蓋，使其發酵後產生一種黃色的霉菌。這種霉菌能促使穀物中的澱粉分解出乙醇，這樣，酒就釀出來了。而釀酒時加蓼的目的，即是在於"抑制雜菌生長"，"使麴餅疏鬆，增加通氣性能，便於酵母菌生長"。[5]

臥蓼嘗膽與蓼蟲忘辛

古代燉肉用於去腥的調料之中，可能就有水蓼。《禮記・內則》載，古人烹飪豚、雞、魚、鱉，需"實蓼"，按照南朝經學家皇侃的解釋，即"破開其腹，實蓼於其腹中，又更縫而合之"。加蓼的目的與蔥、薑、蒜一樣，乃是取其辛味以去腥。蓼屬植物之辛辣，很可能正是"蓼"之得名的原因。據《植物名釋札記》，《說文解字》對"蓼"的解釋是"辛菜"，"蓼"與"膠"音近且形似。[6]

我們都知道越王勾踐臥薪嘗膽的故事，典出蘇軾《擬孫權答曹操書》。但《史記》中的相關記載只言"嘗膽"而不言"臥薪"[7]，事實上"臥薪"與勾踐沒甚麼關係[8]。倒是有個"臥蓼嘗膽"，典出東漢趙曄《吳越春秋・勾踐歸國外傳》：

5　〔明〕宋應星著，潘吉星譯註：《天工開物譯註》，上海古籍出版社，2013年，第218-219頁。

6　夏緯瑛著：《植物名釋札記》，農業出版社，1990年，第53頁。

7　《史記・越王勾踐世家》："吳既赦越，越王勾踐反國，乃苦身焦思，置膽於坐，坐臥即仰膽，飲食亦嘗膽也。"

8　陸精康：《"臥薪嚐膽"語源考》，《語文建設》，2002年第2期，第21-22頁。"臥薪"語出《梁書》卷1《武帝本紀上》："豈可臥薪引火，坐觀傾覆？"

越王念復吳仇非一旦也。苦身勞心，夜以接日。目臥，則攻之以蓼；足寒，則漬之以水。冬常抱冰，夏還握火。愁心苦志，懸膽於戶，出入嘗之不絕於口。[9]

"目臥，則攻之以蓼"，意思是說，晚上犯困了，就用"蓼"來刺激眼睛，也就是辣眼睛，這樣可以保持清醒。越王勾踐這般勵志，大概是後世讀書人"頭懸樑、錐刺股"的榜樣。

關於蓼屬植物的辛辣，還有一個與蓼蟲有關的典故。西漢辭賦家東方朔《七諫·怨世》："桂蠹不知所淹留兮，蓼蟲不知徙乎葵菜。"葵菜指錦葵科冬葵（*Malva crispa* Linn.），是明代以前主要的蔬菜，元代王禎《農書》稱之為"百菜之主"。東漢王逸《楚辭章句》註曰："言蓼蟲處辛烈，食苦惡，不能知徙於葵菜，食甘美，終以困苦而癯瘦也。以喻己修潔白，不能變志易行，以求祿位，亦將終身貧賤而困窮也。"所以東方朔寫《七諫》，是以蓼蟲自居，標榜自己的品行高潔，不願改志易行以求祿位。這便是成語"蓼蟲忘辛"的出處。

東漢末年王粲《七哀詩三首·其三》描寫邊城戰亂，最後兩聯化用了"蓼蟲忘辛"的典故：

行者不顧反，出門與家辭。
子弟多俘虜，哭泣無已時。
天下盡樂土，何為久留茲。
蓼蟲不知辛，去來勿與諮。

9　〔東漢〕趙曄著，張覺校註：《吳越春秋校註》，嶽麓書社，2006 年，第 214 頁。

劉表病死、曹操平定荊州後，王粲歸附曹操。他隨曹操征戰南北，目睹了邊地“百里不見人，草木誰當遲”的悲涼。而身處戰亂之中的百姓，竟也習慣了這樣的生活，像蓼蟲忘記了辛辣一樣，連逃離戰亂的想法都沒有了。曹操《蒿裏行》描寫的“白骨露於野，千里無雞鳴”的社會現實固然令人心痛，但生於亂世的百姓對於戰爭已到了一種麻木的地步，更使人感到悲涼和無奈。

菰米又名雕蓬、雕苽、茭米，口感細膩香滑，可用於招待賓客，許多詩人都讚美過這一美食。

〔日〕岩崎灌園《本草圖譜》，菰米

每當秋風起，總會想起 1000 多年前的張翰[1]，想起他那份"人生貴得適意爾"的灑脫。《世說新語·識鑒》記載：

> 張季鷹辟齊王東曹掾，在洛見秋風起，因思吳中菰菜羹、鱸魚膾，曰："人生貴得適意爾，何能羈宦數千里以要名爵！"遂命駕便歸。俄而齊王敗，時人皆謂其見機。

因想念故鄉吳中的兩道美食，連官都可以不做。這兩道菜中，鱸魚我們很熟悉，菰菜卻很少聽說。不禁要問：菰菜羹究竟是甚麼菜做的羹？

菰米與茭白

對於《世說新語》中的"菰菜"，後世多解釋為茭白。據《中國植物志》，菰[*Zizania latifolia* (Griseb.) Stapf]是禾本科植物，水生或沼生，鬚根粗壯，秆高大直立，葉似蘆葦，在亞洲溫帶、歐洲都有分佈。

禾本科有許多糧食作物，如水稻、小麥、玉米、高粱等。菰也是其中之一，其籽實就是詩詞中常見的"菰米""雕胡"[2]，又名雕

1　張翰，字季鷹，吳郡吳縣（今江蘇省蘇州市）人，吳國大鴻臚張儼之子。西晉文學家、書法家。有清才，善屬文，性情放任不羈。齊王司馬冏執政，辟為大司馬東曹掾。見禍亂方興，以秋風起思吳中菰菜羹、鱸魚膾為由，辭官而歸。

2　"雕胡"一名的來源有兩種說法，都很有趣。據李輝《"雕胡"探源》一文，菰米從南方的少數民族地區傳入，雕有雕鑿之意，"雕胡"一詞暗含漢族統治階級對少數民族的規訓。（《尋根》，1995 年第 2 期，第 27 頁。）游修齡《也說"雕胡"》一文則認為："雕"的本義是猛禽，這裏泛指喜食菰米的鳥，"胡"與"芯"疊韻，同音通假，所以"雕胡"同"雕芯"，其命名方式同燕麥、雀麥，"是對自然界生態現象的一種很巧妙的寫實"。（《尋根》，1995 年第 6 期，第 28 頁。）

蓬、雕苽、茭米等。當菰的秆基嫩莖被黑粉菌寄生後，黑粉菌分泌一種異生長素，刺激花莖，使其無法開花結實。同時，莖節細胞分裂加速，逐漸膨大形成白色的肉質莖，即我們今天所吃的茭白。

菰米的食用歷史可追溯至先秦，比茭白要早得多。在《周禮》中，菰米是御用六穀之一。[3] 由於其蛋白質的含量高達 15%，是稻米的兩倍，所以蒸出來的米飯，口感細膩香滑，可以招待上客。從戰國末期的辭賦家宋玉到東漢張衡、三國曹植、南朝沈約，再到唐代王維、李白、杜甫等，千百年間許多詩人都讚美過這一美食。在這些詩篇中，最為動人的是李白這首《宿五松山下荀媼家》：

> 我宿五松下，寂寥無所歡。
> 田家秋作苦，鄰女夜舂寒。
> 跪進雕胡飯，月光明素盤。
> 令人慚漂母，三謝不能餐。

唐天寶末年 (754-755)，李白遊歷安徽銅陵五松山，夜宿一位老農婦家中。當時正值秋天，農人白日收割，夜間舂米。由於賦稅繁重，生活貧苦自不必說。儘管如此，老婦人還是給李白做了一盤雕胡飯。潔白的月光灑在素淨的盤子上，李白想到了當年窘困之時受到漂母接濟的韓信，一時感動不已，但同時又慚愧不堪，連聲推辭。眼前這盤美味的雕胡飯，他實在不忍心吃下去。

3　《周禮・天官塚宰第一・膳夫》：“掌王之食飲、膳羞，以養王及后、世子。凡王之饋，食用六穀，膳用六牲，飲用六清，羞用百有二十品，珍用八物，醬用百有二十甕。”鄭玄註：“六穀，稌、黍、稷、粱、麥、苽。苽，雕胡也。”

待詔翰林，侍奉玄宗，那已經是十多年前的事了。自從天寶三載（744）被賜金放還以來，李白欲尋求人生轉機，但終究報國無門，內心無疑是苦悶的。曾經"安能摧眉折腰事權貴"的李太白，在老婦人面前，流露出悲憫、謙恭、柔軟的另一面。

宋代以後，菰米漸漸被人淡忘，而茭白逐漸受到追捧。在北宋本草學家蘇頌和寇宗奭的記載中，菰米已淪為荒年間的救飢之糧。[4] 究其原因，一方面是宋代以來農業技術發展，糧食增產，而菰米自古都是野生採集，成熟時間不一致，又容易掉落，產量也不高，不適合人工栽培，遂逐漸被其他糧食取代。[5] 另一方面，人們發現茭白的味道甘美，作為蔬菜其產量比菰米要高得多，於是漸漸傾向於栽培這一能夠被黑粉菌感染的品種。[6]

說完了菰米和茭白的歷史，再回到張翰的那則典故。"菰菜"當是一種蔬菜，所以使他惦念的菰菜羹，就是茭白做的羹？在我的印象中，茭白一般都拿來與肉同炒，不知道在別的地方，尤其是江浙地區，是否還有用茭白做羹的吃法。

不過，已有學者否定了菰菜等同於茭白的說法。據程傑先生考證：六朝至唐，茭白的採食極為罕見；而茭白真正的興起在宋，特別是南宋以後，所以在張翰的時代，不太可能有茭白羹。[7]

---

4 《本草綱目·穀部》引〔宋〕蘇頌《本草圖經》："菰生水中，葉如蒲葦。其苗有莖梗者，謂之菰蔣草。至秋結實，乃雕胡米也。古人以為美饌。今饑歲，人猶採以當糧。"引〔宋〕寇宗奭《本草衍義》："野人收之，合粟為粥，食之甚濟飢。"

5 《也說"雕胡"》，第 30 頁。

6 林麗珍等：《菰的考證及應用》，《中國現代中藥》，2014 年第 9 期，第 777 頁。

7 程傑：《三道吳中風物，千年歷史誤會 —— 西晉張翰秋風所思菰菜、蒓羹、鱸魚考》，《中國農史》，2016 年第 5 期，第 113-118 頁。

菰的秆基嫩莖被黑粉菌寄生後，莖節細胞分裂加速，逐漸膨大形成白色的肉質莖，即我們今天所吃的茭白。

〔日〕佚名《本草圖匯》，菰

何謂菰菜羹？

張翰的時代茭白尚未普及，那麼菰菜當另有所指。程傑先生認為，這裏的菰菜，當是地皮菜，有以下兩則文獻為證。

《太平御覽》卷 862《飲食部二〇》引《春秋佐助期》曰：

> 八月雨後，苽菜生於洿下地中，作羹臛甚美。吳中以鱸魚作膾，苽菜為羹。魚白如玉，菜黃若金，稱為金羹玉鱸，一時珍食。[8]

南宋羅願《爾雅翼》引南朝宗懍《荊楚歲時記》九月九日事載：

> 菰菜、地菌之流，作羹甚美。鱸魚作膾白如玉，一時之珍。[9]

以上兩則文獻都將“苽菜羹”或“菰菜羹”與鱸魚膾並列為吳中珍食，說明“苽菜”與“菰菜”同為一物，“苽”是“菰”的通假字。《春秋佐助期》為漢人的作品，三國魏人宋均作註，宋以後失傳，是一部讖緯之書，但成書在《世說新語》之前，文中對於“金羹玉鱸”的描寫，應當源自現實生活。《荊楚歲時記》的成書比《世說新

8　〔宋〕李昉等撰：《太平御覽》，中華書局，1960 年，第 3829 頁。原文為“吳中以鱸魚作鱸”，後一“鱸”當作“膾”，余嘉錫《世說新語箋疏》已指出。

9　〔宋〕羅願撰，石雲孫校點：《爾雅翼》，黃山書社，2013 年，第 75 頁。此則文獻不見於《荊楚歲時記》諸版本，不知何據，其內容與《春秋佐助期》相近，幾乎是其改寫。

語》晚，但也算同一個時代。這説明在漢魏六朝，菰菜羹和鱸魚膾正是吳中秋季兩道著名風味。[10]

而根據"八月雨後，苽菜生於湾下地中""地菌之流"等描述，可以推斷以上兩則文獻中的菰菜，接近於《本草綱目·草部》的"地耳"[11]，即我們今天所説的地皮菜。

地皮菜是一種菌類，又名地軟、地木耳、地踏菰等。其形似木耳，質地更為柔軟，常在春夏兩季的雨後生於地表，太陽一曬就乾，《植物名實圖考》稱其為地衣和仰天皮。現在人們吃地皮菜，是追求它的天然、野生、無污染。但老一輩的人説，他們當年吃地皮菜，是在饑荒年間為了填飽肚子。

明人王磐《野菜譜》中就有地皮菜，書中名為"地踏菜"。"地踏菜"寫雨後天晴，阿翁阿婆攜兒女採拾地皮菜的場景：

地踏菜，生雨中，晴日一照郊原空。莊前阿婆呼阿翁，相攜兒女去匆匆。須史採得青滿籠，還家飽食忘歲凶。東家懶婦睡正濃。

古人採回地皮菜之後怎麼吃呢？明人宋詡《宋氏養生部》載："天菜：即地踏菜，宜油炒，宜日曬。"[12] 明人高濂《遵生八箋》説：

---

10 《三道吳中風物，千年歷史誤會——西晉張翰秋風所思菰菜、蓴羹、鱸魚考》，第 108 頁。
11 "地耳亦石耳之屬，生於地者也。狀如木耳。春夏生雨中，雨後即早採之，見日即不堪。俗名地踏菰是也。"見〔明〕李時珍著，錢超塵等校：《本草綱目》，上海科學技術出版社，2008 年，下冊，第 1090 頁。
12 〔明〕宋詡著，陶文台註釋：《宋氏養生部（飲食部分）》，中國商業出版社，1989 年，第 193 頁。

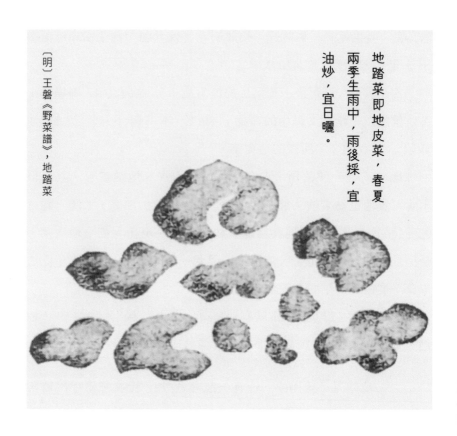

地踏菜即地皮菜，春夏
兩季生雨中，雨後採，宜
油炒，宜日曬。

〔明〕王磐《野菜譜》，地踏菜

"地踏葉，一名地耳，春夏中生雨中，雨後採。用薑醋熟食。"[13] 或
油炒，或薑醋熟食，與今日之木耳的吃法相似。但張翰所説的菰菜
羹，在以上兩則明代江浙地區的文獻中均未提及，這與漢魏六朝時
菰菜羹乃吳中珍食的地位可不相匹配，不知原因何在。

---

13 〔明〕高濂編撰，王大淳校點：《遵生八箋》，巴蜀書社，1992 年，第 789 頁。

蒓菜

千里蒓羹，未下鹽豉

蒓菜，睡蓮科水生植物，又名鳧葵、水葵、絲蒓。先秦時，人們已食用蒓菜並用於宗廟祭祀。

〔日〕細井徇《詩經名物圖解》，蒓菜

上文我們說到菰菜，《世說新語》中張翰想念的菰菜羹，其原料是地皮菜，而不是茭白。唐以後的詩文在引用張翰的典故時，多言鱸魚、蓴菜或蓴羹，以至於"蓴鱸之思"成為一個典故。"菰菜"怎麼變成"蓴菜"？我們先來認識一下蓴菜。

蓴菜的歷史

蓴菜（*Brasenia schreberi* J. F. Gmel.），又名鳧葵、水葵、絲蓴，睡蓮科多年生水生草本，葉橢圓狀矩圓形，是江浙地區著名的水產時蔬。

蓴菜的歷史與菰米一樣悠久。先秦時，人們已食用蓴菜並用於祭祀。[1]《詩經·魯頌·泮水》即以採蓴起興，詩三百中，蓴菜僅此一篇：

> 思樂泮水，薄採其茆。魯侯戾止，在泮飲酒。
> 既飲旨酒，永錫難老。順彼長道，屈此群醜。

《魯頌》共 4 篇，都是歌頌魯僖公政績之作，《泮水》就是歌頌魯僖公平定淮夷之功績的長篇敘事詩。全詩共 8 章，前 3 章描寫魯侯前往泮水之畔舉行獻俘儀式的盛況。第 3 章"薄採其茆"中的

---

1 《周禮·天官塚宰第一·醢人》："掌四豆之實。朝事之豆，其實韭菹、醓醢、昌本、麋臡、菁菹、鹿臡、茆菹、麋臡。"鄭玄註："茆，鳧葵也。"見〔漢〕鄭玄註，〔唐〕賈公彥疏：《周禮註疏》，上海古籍出版社，2010 年，第 189 頁。"菹"一般指用醋腌製過的蔬菜，"茆菹"即用醋醃製過的蓴菜。

"茆"就是蓴菜，與前兩章的"薄採其芹""薄採其藻"一樣，都做宗廟祭祀之用。

三國時陸璣《毛詩草木鳥獸蟲魚疏》已提到蓴菜可做粥，並重點描述了蓴菜"滑"的特點：

> 茆與荇菜相似，葉大如手，赤圓。有肥者，着手中滑，不得停。莖大如匕柄，葉可以生食，又可鬻，滑美。江南人謂之蓴菜，或謂之水葵，諸陂澤水中皆有。[2]

200多年後，北朝賈思勰《齊民要術》詳細記載了蓴菜的種植、食用方法。[3]不同季節，蓴菜形態各異，食用部位不同，名稱亦有所區別。[4]這說明時人對於"蓴菜"的種植、食用，已經積累了相當豐富的經驗。

另外，《齊民要術》還載有"膾魚蓴羹"的製作方法。書中描述，魚和蓴菜都需冷水下鍋，不宜鹹，也不能頻繁攪動：

> 蓴尤不宜鹹。羹熟即下清冷水，大率羹一斗，用水一

2　轉引自〔唐〕孔穎達撰：《毛詩正義》，北京大學出版社，1999年，第1399頁。

3　"種蓴法：近陂湖者，可於湖中種之；近流水者，可決水為池種之。以深淺為候，水深則莖肥而葉少，水淺則葉多而莖瘦。蓴性易生，一種永得。宜淨潔，不耐污，糞穢入池即死矣。種一斗餘許，足以供用也。"見〔北朝〕賈思勰著，繆啟愉、繆桂龍譯註：《齊民要術譯註》，上海古籍出版社，2009年，第402頁。

4　"茆羹之菜，蓴為第一。四月蓴生，莖而未葉，名作'雉尾蓴'，第一肥美。葉舒長足，名曰'絲蓴'。五月、六月用絲蓴。入七月，盡九月十月內，不中食，蓴有蝸蟲着故也。蟲甚微細，與蓴一體，不可識別，食之損人。十月，水凍蟲死，蓴還可食。從十月盡至三月，皆食瑰蓴。瑰蓴者，根上頭、絲蓴下芨也。絲蓴既死，上有根芨，形似珊瑚，一寸許肥滑處任用；深取即苦澀。凡絲蓴，陂池種者，色黃肥好，直淨洗則用；野取，色青，須別鐺中熱湯暫炸之，然後用，不炸則苦澀。絲蓴、瑰蓴，悉長用不切。"見《齊民要術譯註》，第513頁。

升，多則加之，益羹清雋甜美。下菜、豉、鹽，悉不得攪，攪則魚蓴碎，令羹濁而不能好。[5]

《齊民要術》所載主要是黃河中下游地區的農業生產技術與經驗，那裏的蓴羹，雖不宜鹹，但還是放了豆豉和鹽，要在吳中地區，連豆豉和鹽都不必放。《世說新語》就記載了這樣一則故事：陸機去拜訪王武子（王濟，晉文帝司馬昭女婿），王武子以羊酪來炫耀："卿江東何以敵此？"陸機答："有千里蓴羹，但未下鹽豉耳！"[6]

陸機以蓴羹作為江東地區的美食代表，與北方的羊酪分庭抗禮，可見"蓴羹"在時人心中的地位。"千里蓴羹"也成為後世常用的典故，例如杜甫《贈別賀蘭銛》曰："我戀岷下芋，君思千里蓴。生離與死別，自古鼻酸辛。"蘇軾《憶江南寄純如五首·其二》曰："湖目也堪供眼，木奴自足為生。若話三吳勝事，不惟千里蓴羹。"

《世說新語》中的"蓴羹"

通過上面的介紹，我們知道蓴菜和菰菜是截然不同的兩種植物。今本《世說新語》中，張翰只言"菰菜羹、鱸魚膾"，並無"蓴羹"。對此，程傑先生指出問題出在初唐的官方史書《晉書·張翰傳》：

5　《齊民要術譯註》，第 513 頁。
6　《世說新語·言語》："陸機詣王武子，武子前置數斛羊酪，指以示陸曰：'卿江東何以敵此？'陸云：'有千里蓴羹，但未下鹽豉耳！'"

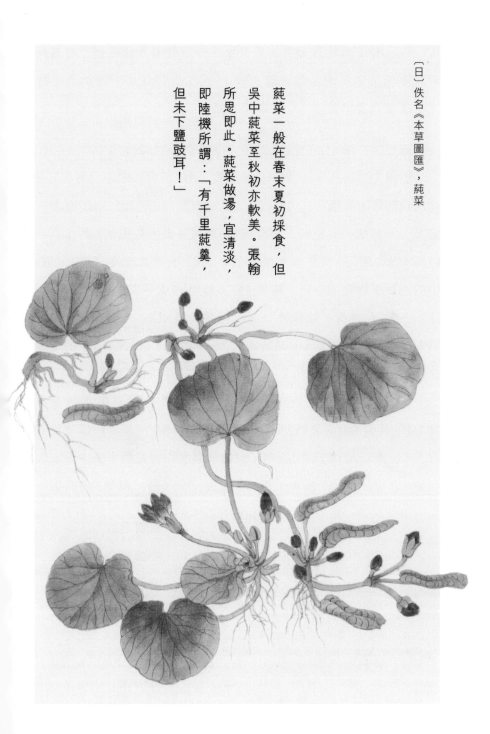

〔日〕佚名《本草圖匯》，蓴菜

蓴菜一般在春末夏初採食，但
吳中蓴菜至秋初亦軟美。張翰
所思即此。蓴菜做湯，宜清淡，
即陸機所謂：「有千里蓴羹，
但未下鹽豉耳！」

齊王冏辟為大司馬東曹掾。⋯⋯翰因見秋風起，乃思吳中菰菜、蓴羹、鱸魚膾，曰："人生貴得適志，何能羈宦數千里以要名爵乎！"遂命駕而歸。

兩相對照，可知《晉書》此段文字比《世說新語》多了一個"蓴"字。程傑先生認為，《世說新語》無誤，而《晉書》有誤：《晉書》為初唐貞觀年間編修，其內容多採《世說新語》；《晉書》成於 20 多人之手，未經統一的把關、整合與修訂，《晉書·張翰傳》的作者在抄錄《世說新語》時想當然地添上一"蓴"字，從此將《世說新語》中的兩種風物變成 3 種；雖然《藝文類聚》《太平御覽》引《世說新語》時作"蓴菜羹、鱸魚膾"，但《世說新語》諸本均無異文，考慮到宋刻本、明復刻本《世說新語》的版本價值，《世說新語》的文本比較可信，《藝文類聚》《太平御覽》的異文是將"菰"誤作了"蓴"。[7]

以上觀點值得商榷。《藝文類聚》成書於唐高祖武德七年（624），其引《世說新語》作"蓴菜羹、鱸魚膾"，說明在當時可能存在《世說新語》的不同版本，但這種版本沒有流傳下來。從宋代刊刻的《世說新語》版本，無法推斷是唐初《藝文類聚》誤改了原文。也就是說，歷史上可能存在兩種版本的《世說新語》，一作"菰菜羹"、一作"蓴菜羹"。

《晉書》的編撰從唐太宗貞觀二十年（646）開始，至貞觀

7　程傑：《三道吳中風物，千年歷史誤會 —— 西晉張翰秋風所思菰菜、蓴羹、鱸魚考》，《中國農史》，2016 年 5 月，第 108 頁。據程傑此文統計，類書中所引《世說新語》張翰事，歐陽詢《藝文類聚》一見："因思吳蓴菜羹、鱸魚膾。"《太平御覽》共三見，《時序部十》作："因思吳中蓴菜羹、鱸魚膾。"《飲食部二〇》作："因思吳中蓴羹、鱸魚膾。"《鱗介部九》作："因思吳中菰菜羹、鱸魚膾。"

二十二年（648）成書，在《藝文類聚》之後。因此《晉書》將兩種風物變成 3 種，有可能是綜合了當時不同的《世說新語》版本。

蒓菜是否為秋季風物？

程傑先生認為《世說新語》作"菰菜羹"而非"蒓菜羹"，還有一個重要的原因："蒓菜應是春末、初夏風物，絕非秋季當令"，因此《晉書》平添一道蒓菜"完全是一個錯誤"。

其實，前人已懷疑過張翰秋日思蒓羹的合理性，例如宋代張邦基、明代袁宏道，都說蒓菜到秋天已不可食。張邦基《墨莊漫錄》卷 4 曰："杜子美祭房相國，九月用'茶藕蒓鯽之奠'。蒓生於春，至秋則不可食，不知何謂。而晉張翰亦以秋風動而思菰菜、蒓羹、鱸膾。鱸固秋物，而蒓不可曉也。"[8] 袁宏道《湘湖》曰："然蒓以春暮生，入夏數日而盡，秋風鱸魚，將無非是。抑千里湖中，別有一種蒓耶？"[9]《植物名實圖考》則明確反駁了這一點，理由很簡單，張翰所謂的吳中蒓菜，與別處的蒓菜不同：吳中的蒓菜，春秋兩季皆可食。

> 今吳中自春及秋，皆可食。湖南春、夏間有之，夏末已不中啖。昔人有謂張季鷹秋風蒓鱸，及杜子美《祭房太尉

---

8 〔宋〕張邦基撰，孔凡禮點校：《墨莊漫錄》，中華書局，2002 年版，第 130 頁。
9 〔明〕袁宏道著，熊禮匯選註：《袁中郎小品》，文化藝術出版社，1996 年，第 172 頁。

詩》，為非蓴菜時者，蓋因湘中之蓴而致疑也。[10]

此外，南宋年間官方誌書嘉泰《吳興志》卷 20 也提到，吳中蓴菜在秋初亦"軟美"：

> 長興縣西湖出佳蓴，……今水鄉亦種，夏初採賣。軟滑宜羹。夏中輒粗澀不可食，不如吳中者，至秋初亦軟美。此張翰所以思也。[11]

以上兩則材料充分説明，《晉書》多添一"蓴"字並非平白無故。前人之疑慮，是忽略了地域之間的差異。所謂"橘生淮南則為橘，生於淮北則為枳"（《晏子春秋》），《齊民要術》所言的蓴菜"盡九月十月内，不中食"，是因為《齊民要術》中的蓴菜是黃河流域的蓴菜，而非江東吳中的蓴菜。因此，《世説新語》"蓴菜羹"的版本也是符合實際的。

---

10 〔清〕吳其濬著：《植物名實圖考》，中華書局，2018 年，第 451 頁。
11 浙江省地方誌編纂委員會編著：《宋元浙江方誌集成》，杭州出版社，2009 年，第 6 冊，第 2833 頁。

地錦

回看《爬山虎的脚》

〔日〕岩崎灌園《本草圖譜》，地錦

大戟科的地錦，作為中藥可清熱解毒、涼血止血，又名血竭、血見愁。

爬山虎是我國本土的垂直綠化植物，內地小學課文《爬山虎的腳》使它成為藤本植物中人盡皆知的"明星"。"爬山虎"這麼形象的名字怎麼來的？背後又有哪些故事？

爬山虎與地錦

在現代植物學分類上，爬山虎的中文正式名為地錦[*Parthenocissus tricuspidata* (S. et Z.) Planch.]，拉丁名中的加種詞"tricuspidata"意為"三凸頭的"，蓋因其生於短枝上的葉片通常三淺裂。這也是爬山虎區別於葡萄科其他植物的重要標誌。按道理，爬山虎是攀緣藤本，是爬樹、爬牆的高手，屬於"向高處"走的植物，為何名為"地錦"？

據《中國植物誌》，本屬植物在我國記載較早並能從形態上識別者可見於《本草綱目》，稱之為地錦。《本草綱目》中名為"地錦"的植物有兩種。其一單列於草部，乃大戟科大戟屬下地錦（*Euphorbia humifusa* Willd. ex Schlecht.），為一年生草本，匍匐莖貼於地面，基部多呈紅色或淡紅色，長可達 20-30 厘米，作為中藥可清熱解毒、涼血止血，又名血竭、血見愁。

另一種名為"地錦"的植物，作為"附錄"列於"木蓮"之下：

［附錄］地錦（《拾遺》）

藏器曰：味甘，溫，無毒。……生淮南林下，葉如鴨掌，藤蔓着地，節處有根，亦緣樹石，冬月不死。山人產後用之。一名地噤。[1]

這就是《中國植物誌》所説的"能從形態上識別"的地錦屬植物。上述引文出自唐代陳藏器《本草拾遺》，説明早在唐代，"地錦"已被用於命名爬山虎，並同時指向了大戟科與葡萄科中兩種完全不同的植物。

葡萄科的"地錦"一名一直延續到清代，《清稗類鈔‧植物類》載：

> 地錦為多年生蔓草，田野階砌間皆有之，葉為掌狀分裂，經霜則成紅色。春夏之交，開淡黃花，甚細。結實成球，色黑，味辛。又一種大戟科植物，莖有白汁，葉小而對生，花小，黃褐色，生於葉腋，亦名地錦。[2]

葉為掌狀分裂，經霜成紅色，結實成球且色黑，這應該就是爬山虎了。我曾嚐過它的果子，極澀，使人想起葡萄酒中的單寧，大概就是《清稗類鈔‧植物類》中所説的"味辛"，不愧是葡萄科植物。另外，上文也補充提到另一種大戟科的地錦。

其實一開始在分類的時候，以"地錦"還是"爬山虎"來命名本屬，植物學家之間有過分歧。據《中國植物誌》："劉慎諤等人編著的《東北木本植物圖誌》(1955) 中把本屬稱為地錦屬；胡先驌編著的《經濟植物手冊》(1955) 則把本屬稱為爬山虎屬，此後我國大

1　〔明〕李時珍著，錢超塵等校：《本草綱目》，上海科學技術出版社，2008 年，上冊，第 855 頁。
2　〔清〕徐珂編撰：《清稗類鈔》，中華書局，1981 年，第 12 冊，第 5805 頁。

多數誌書或文獻中記載本屬植物時均照此稱謂。"不過後來由於本屬植物多用於城市綠化，於是"作者與園林學者們討論認為，恢復本屬植物原稱地錦，較能表達該類植物園林上雅緻的特性。"

相較於鋪在地上的"地錦"，向上攀緣的"爬山虎"其實更符合葡萄科地錦屬攀緣藤本的氣質。而且以"爬山虎"來命名本屬，也可以與大戟科的地錦區別開來。不過，"地錦"一名始自唐代，可謂源遠流長，以其命名本屬也無可厚非。那麼，"爬山虎"一名又是何時出現的呢？

爬山虎之得名

如果在《中國植物誌》中檢索"爬山虎"，會出現 8 種不同的植物。看來，"爬山虎"是多種植物的俗名，並非單一地指向葡萄科的地錦。但在《本草綱目》《植物名實圖考》中，均未見"爬山虎"之名。在《本草綱目·草部》中，葡萄科的地錦乃是作為附錄出現於"木蓮"之後，並未單列，其原因我們不得而知。那麼在《植物名實圖考》中，爬山虎又叫甚麼名字呢？

在《植物名實圖考》的蔓草類植物中，有一種配圖極似爬山虎的植物名為"常春藤"。描述如下：

> 常春藤即土鼓藤，《本草拾遺》始著錄。《日華子》以為龍鱗薜荔，《談薈》以為即巴山虎，……惟常春藤，被繚垣，帶怪石，緣葉匼匝，為庭榭之飾焉。細花惹蜂，青實啗雀，

「爬山虎」是多種植物的俗名，晚清民國時才指向我們
今天熟知的葡萄科藤本植物。

（清）吳其濬《植物名實圖考》，常春藤，即爬山虎

於藥果皆無取。然枝蔓下有細足，黏瓵黐極牢，疾風甚雨，不能震撼。[3]

從形態特徵來看，"枝蔓下有細足"，正是爬山虎的觸鬚與前端的吸盤。綜合配圖與以上描述，此處的"常春藤"並非現代植物學中五加科的常春藤[*Hedera nepalensis* var. *sinensis* (Tobl.) Rehd.]，該書中名為"百腳蜈蚣"的植物才是。[4]

《植物名實圖考》中配圖為爬山虎的植物，卻有"常春藤""土鼓藤""龍鱗薜荔""巴山虎"4個不同的名稱，至少是3種不同的植物。[5]這說明在那時，葡萄科的爬山虎應該還沒有確定的名稱。那麼，"爬山虎"一名究竟是何時出現的呢？

近代張錫純《醫學衷中參西錄》卷4"醫話"中的"絡石"一條有"爬山虎"：

> 絡石：蔓粗而長，葉若紅薯，其節間出鬚，鬚端作爪形，經雨露濡濕，其爪遂黏於磚石壁上，俗呼為爬山虎，即藥房中之絡石藤也。[6]

3　〔清〕吳其濬著：《植物名實圖考》，中華書局，2018年，第484頁。
4　"百腳蜈蚣生江西廬山。緣石蔓衍，就莖生根，與絡石、木蓮同。葉似山藥，有細白紋，面綠背淡，新莖亦綠。"見《植物名實圖考》，第472頁。
5　"常春藤""土鼓藤"見於唐代陳藏器《本草拾遺》。"龍鱗薜荔"見於唐代本草學家日華子《諸家本草》，有可能是五加科的常春藤。"巴山虎"見於明代楊慎《丹鉛總錄》卷4"薜荔"："《楚辭》：'披薜荔兮帶女蘿。'註：'薜荔，無根，緣物而生，不明言為何物也。'據《本草》，絡石也。在石曰石鯪，在地曰地錦，繞叢木曰常春藤，又曰龍鱗薜荔，又曰扶芳藤，今京師人家假山上種巴山虎是也。又云凡木蔓生，皆曰薜荔。"見〔明〕楊慎撰，王大淳箋證：《丹鉛總錄箋證》，浙江古籍出版社，2013年，第143頁。
6　〔清〕張錫純著，于華芸等校註：《醫學衷中參西錄》，中國醫藥科技出版社，2011年，第692頁。

絡石〔*Trachelospermum jasminoides* (Lindl.) Lem.〕是夾竹桃科的藤本植物，上述"葉若紅薯，其節間出鬚，鬚端作爪形"這些特點，絕非絡石所有，反而更接近葡萄科的爬山虎。絡石俗名巴山虎，在四川、湖北等地的方言中，"爬"讀若"巴"，所以民間可能將巴山虎與爬山虎混用。

此則文獻也告訴我們，葡萄科地錦"爬山虎"之得名，大致始於晚清民國。

《爬山虎的腳》

前面我們在鑒定爬山虎的時候，重點參考了"枝蔓下有細足""鬚端作爪形"等特徵，這就是葉聖陶先生所描述的"爬山虎的腳"。想必很多人第一次知道爬山虎，就是因為這篇小學課文《爬山虎的腳》。讓我們一起重溫其中的片段：

> 今年，我注意了，原來爬山虎是有腳的。爬山虎的腳長在莖上。莖上長葉柄的地方，反面伸出枝狀的六七根細絲，每根細絲像蝸牛的觸角。細絲跟新葉子一樣，也是嫩紅的。這就是爬山虎的腳。
>
> 爬山虎的腳觸着牆的時候，六七根細絲的頭上就變成小圓片，巴住牆。細絲原先是直的，現在彎曲了，把爬山虎的嫩莖拉一把，使它緊貼在牆上。爬山虎就是這樣一腳一腳地往上爬。如果你仔細看那些細小的腳，你會想起圖畫上蛟龍的爪子。

爬山虎的腳要是沒觸着牆，不幾天就萎了，後來連痕跡也沒有了。觸着牆的，細絲和小圓片逐漸變成灰色。不要瞧不起那些灰色的腳，那些腳巴在牆上相當牢固，要是你的手指不費一點兒勁，休想拉下爬山虎的一根莖。

文中所描述的"小圓片"就是吸盤，葉聖陶先生將其比喻為"蛟龍的爪子"，很是形象。其實它更像是壁虎的腳趾，仔細看，壁虎的腳趾也呈吸盤狀，所以"爬山虎"的"虎"，是壁虎，而不是老虎；"山"是指庭院中的假山。另外，生於蘇州的葉先生也用到了"巴住牆"這一方言。

葉先生提到，爬山虎的腳"巴在牆上相當牢固"，要費點兒勁才能拉下來。它為甚麼能有這麼強的吸附能力呢？成熟枯乾的爬山虎的單個吸盤，能夠承載的最大拉力是其自身重量的 280 萬倍，當吸盤受到接觸刺激後，會分泌出大量的黏性流體，使吸盤能夠黏附在各種基底上。藉助掃描電子顯微鏡對其吸盤進行觀察，則可以看到許多微管和微孔，而微管之間的連接，就像是大城市裏複雜交錯的高速公路網。[7]

自從學了這篇課文，我對爬山虎就充滿了敬意。小時候常去外婆家，路上好幾戶人家的樓房外牆上都有爬山虎，綠色的瀑布一樣從房頂傾瀉而下。我問母親能不能下去跟人家要一棵帶回家種在牆邊。母親說："爬山虎招蛇，你還要種嗎？"一想到蛇，我就

7　何天賢：《爬山虎吸盤的黏附作用研究》，華南理工大學 2012 年博士學位論文，摘要，第 35 頁。

葡萄科的地錦，即今人熟知的爬山虎。「爬山虎」的「虎」，是壁虎而不是老虎，因其根部吸盤與壁虎腳趾類似。

〔日〕岩崎灌園《本草圖譜》，地錦

不寒而慄。後來看到其中一戶人家牆壁上的爬山虎被齊根斬斷，只留下滿牆密密麻麻乾枯的"爬山虎的腳"，不禁有些難過，難道是因為真的引來了蛇？

據說爬山虎如果足夠濃密，的確能夠吸引不少微生物、昆蟲前來避暑與繁衍，昆蟲吸引壁虎，壁虎吸引老鼠，老鼠就能引來蛇，從而形成了一個微型的生態系統。看來母親的話有道理，她並非是為了嚇唬我。

臨摹明宣宗庭院春景圖 清 佚名

五葉地錦

莫高窟的紅葉

敦煌莫高窟常書鴻故居中的五葉地錦，爬滿旁邊的一棵梨樹，秋天葉子變紅，是院中一景。

常書鴻故居的五葉地錦

上篇文章我們說到，爬山虎和五葉地錦〔*Parthenocissus quinquefolia* (L.) Planch.〕都是城市裏常見的綠化植物。兩者都是葡萄科地錦屬的木質藤本，從外觀上看也很像，如何區分呢？看葉子即可：五葉地錦為掌狀五小葉，拉丁名中的加種詞 "quinquefolia" 意為 "掌狀五小葉"；而爬山虎則以單葉為主，生於短枝上的通常三淺裂，加種詞 "tricuspidata" 意為 "三凸頭的"。

像爬山虎一樣，五葉地錦的分佈也很廣，大江南北乃至大西北都有它的身影。

五葉地錦在敦煌

一年十月中旬去敦煌，看完莫高窟後，特意去了九層塔斜對面的常書鴻故居。那是一座四合院，院子裏有兩棵梨樹，靠近客廳的那棵披了一身紅葉。走近細看，是五葉地錦！從來沒有見過如此茂盛、如此粗壯的五葉地錦，藤本植物能長成這樣，一定有些年頭了，說不定是當年常先生手植。

常書鴻先生是國立敦煌藝術研究所（現敦煌研究院）第一任所長，青年時留學法國學習油畫，在塞納河畔偶然看到敦煌石窟的圖錄後被深深吸引，立志回國後研究這門古老的藝術。從 1943 年舉家遷至敦煌，到 1982 年離開，常先生在這裏生活了近 40 年。自常先生開始，敦煌的莫高窟才正式得到官方的研究、保護與弘揚。

據院子裏的展板介紹："東邊的一棵叫酥木梨，西邊的一棵叫長把梨。梨的品質很好，常先生勤於管理，年年果實纍纍，每當梨熟的季節，常先生把梨摘下來分給大家，享受豐收的喜悦。樹下放一張小桌和幾張小凳，常先生一家常在這裏吃飯或招待客人。"當時，莫高窟的條件極為惡劣，常書鴻先生落腳後的第一件事便是植樹造林、抵禦風沙。第一代石窟工作者從天南海北趕往這個貧瘠之所，他們自己種地、自己發電，生活艱苦自不必説。但從老照片上看，他們樂觀自信、從容自得的精神面貌，讓人振奮和感動。那是令人敬仰的一代人。

遙想當年，這兩棵梨樹、這一樹的五葉地錦，曾在漫長的夏日給他們帶來一片綠蔭，也曾見證過他們獻身於這片石窟的決心。這裏的草木似乎也感染了那一代人的堅韌與奮發，歷經數十年的風霜，如今依舊茂盛、依舊挺拔。

據《中國植物誌》，五葉地錦見於我國的東北、華北、長江流域。殊不知，在敦煌這樣乾旱的地方也有，而且長勢蓬勃。除常書鴻故居外，莫高窟紀念品商店門口有一條迴廊，以五葉地錦搭成綠蔭，吸引不少遊客前往拍照。

走近那一樹藤蔓，仔細觀察會發現，五葉地錦雖然也有吸盤，但其附着能力遠遜於爬山虎，它的攀爬，主要依靠捲鬚。城市綠化中偶爾會將五葉地錦種於高處，令其向下鋪展。也許正是因為這個特點，近代的舊式園林中多用五葉地錦來點綴，便於調整它攀爬的位置和方向；而不必擔心它會像爬山虎一樣浩浩蕩蕩將整面牆壁都佔滿，不易清理。記得山西的王家大院，某個角落裏，五葉地錦的一條綠藤從牆頭優雅地垂下來，在灰白古樸的雕花屋簷的映襯下，顯得清新別緻。

五葉地錦的傳入時間

葡萄科地錦屬約有 13 種藤本植物，分佈於北亞和北美。我國就有 10 種，其中唯一的外來種就是本文所說的五葉地錦。五葉地錦是何時從北美引入我國的？一說大約在 20 世紀 80 年代 [1]，一說 20 世紀 50 年代即引入中國東北 [2]，還有一種說法往前推到了 19 世紀 [3]。以上哪種說法更為接近事實？

《本草綱目》《植物名實圖考》均不見 "五葉地錦" 之名，但《植物名實圖考》蔓草類中有 "無名一種"，其配圖極似五葉地錦。其文字描述如下：

> 江西湖南多有之。長蔓緣壁，圓節如竹。對節發小枝，五葉同生，似烏蘞莓而長，葉頭亦禿，深齒粗紋，厚澀如皴。節間有小鬚黏壁如蠅足，與巴山虎相類。[4]

逐字逐句對照，會發現以上描述與五葉地錦完全相符。五葉地錦的掌葉對節而生，掌葉上的五枚小葉伸展如烏蘞莓（葡萄科烏蘞莓屬攀緣藤本，葉片與五葉地錦一樣同為五小葉，中間的小葉最長），邊緣有粗鋸齒，葉脈明顯。據《中國植物誌》，捲鬚總狀 5-9 分枝，相隔 2 節間斷與葉對生，捲鬚頂端嫩時尖細捲曲，後遇附着

1　徐海根、強勝主編：《中國外來入侵物種編目》，中國環境科學出版社，2004 年，第 225 頁。

2　何家慶著：《中國外來植物》，上海科學技術出版社，2011 年，第 209 頁。

3　張振盧：《美國地錦在高速公路綠化中的應用》，《中國公路》，2002 年第 17 期，第 18 頁。

4　〔清〕吳其濬著：《植物名實圖考》，中華書局，2018 年，第 466 頁。

山西晉中王家大院中的一棵五葉地錦，從牆頭優雅地垂下來。近代的舊式園林中多用五葉地錦來點綴，便於調整其攀爬的位置和方向。

王家大院的五葉地錦

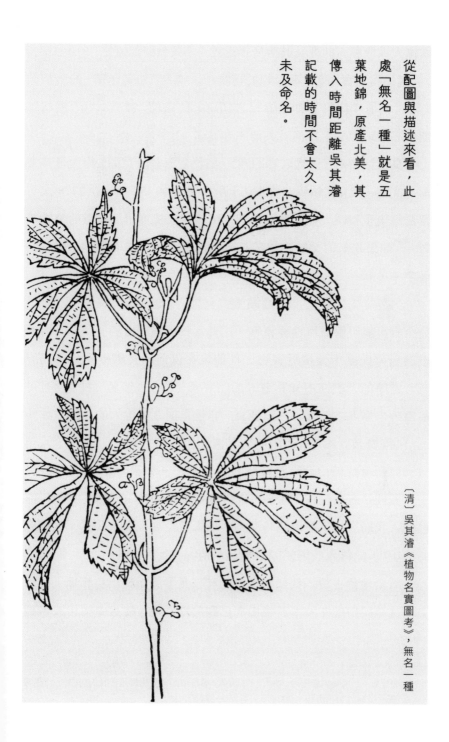

從配圖與描述來看，此
處「無名一種」就是五
葉地錦，原產北美，其
傳入時間距離吳其濬
記載的時間不會太久，
未及命名。

（清）吳其濬《植物名實圖考》，無名一種

物擴大成吸盤，此即吳其濬所描述的"小鬚黏壁如蠅足"。

《植物名實圖考》蔓草類的植物中，標為"無名一種"的植物共5種，其他4種與五葉地錦相去甚遠。此處的"無名一種"最有可能是五葉地錦。但為何吳其濬不知其名？

吳其濬撰寫《植物名實圖考》《植物名實圖考長編》均大量參考前人文獻。比如《植物名實圖考》所引書目達450種，計2778次，覆蓋經史子集四大類，涉獵廣泛，可謂古代植物相關文獻的集大成者。[5] 如果此前的文獻中記載有五葉地錦，吳其濬不會不知道它的名字。

另外，吳其濬說："江西湖南多有之。"吳其濬曾在兩地為官，完全有可能親眼見過這種植物。因此，我們有理由認為，吳其濬所畫的這幅配圖十分接近實物，且他未在以前的文獻中見到相關記載，當時的人們亦不知其名。如此看來，這一"無名一種"極有可能為外來傳入之新種。可以認為，它正是從北美傳入的五葉地錦。

《植物名實圖考》初刻於吳其濬逝世的第二年、道光二十八年（1848），由時任山西巡撫陸應穀作序刊印。如果《植物名實圖考》中所載確是五葉地錦，那麼可以推測這種植物在19世紀40年代前已傳入我國，且距離這個時間不久，未及命名。綜上所述，五葉地錦於19世紀傳入我國的說法更為可信。

五葉地錦在傳入我國後，由於其枝葉形態與爬山虎相類，被命名為五葉爬山虎；又由於爬山虎已歸於地錦屬，故其中文正式名被

5　張瑞賢等：《〈植物名實圖考〉研究》，見〔清〕吳其濬著，張瑞賢等校註：《植物名實圖考校釋》，中醫古籍出版社，2008年，第670-671頁。

定為五葉地錦，與三葉地錦（小枝三葉）、異葉地錦（長枝上為單葉、短枝上為三小葉的異型葉種）的命名方法一致。儘管後來五葉地錦廣泛用於城市綠化和園林佈景，但由於歷史不長，它還沒有爬山虎、常春藤、扶芳藤、五爪龍這類形象的名稱。

每年秋天，天橋下、馬路邊、胡同口、庭院旁，這種傳入歷史不算久遠的藤本綠化植物會準時換上鮮豔的紅裝，成為我們城市裏明媚的一角，也為遙遠的莫高窟添上一抹亮色。

烏蘞莓

葛生蒙楚，蘞蔓於野

〔日〕細井徇《詩經名物圖解》，烏蘞莓

烏蘞莓與五葉地錦同為葡萄科藤本，外形近似，從葉柄可以看出兩者區別。

在藤本植物中，爬山虎和五葉地錦是常見的垂直綠化植物，它們的葉子到了秋天都會變成紅色，易於辨識。其他的藤本植物，例如烏蘞莓、葎草等，則多為野生，少見栽培。這些野生的藤本在殘垣廢墟和荒郊野嶺兀自蔓延，無人問津。殊不知，它們背後也有着歷史悠遠的故事。比如接下來要說的烏蘞莓，在 2000 多年前的《詩經》裏就出現了。

《唐風》裏的蔓草

烏蘞莓［ *Cayratia japonica* (Thunb.) Gagnep. ］是葡萄科烏蘞莓屬的草質藤本，這一名稱與葡萄科蛇葡萄屬下白蘞［ *Ampelopsis japonica* (Thunb.) Makino ］相近，白蘞果實成熟後為白色或帶白色，而烏蘞莓果實成熟後為烏黑色。看來，古人是以果實的顏色來命名、區分兩者。

從外形上看，烏蘞莓很像葡萄科地錦屬的五葉地錦，都為五小葉。如何區別兩者？還是看葉片：五葉地錦五片小葉的葉柄生於同一點，而烏蘞莓的葉片由一點生出三支葉柄，兩側的葉柄又各生出兩枚小葉，中間葉柄上的小葉較長，兩側的四枚小葉要短。

烏蘞莓在我國大部分地區都有分佈，始見於《詩經·唐風·葛生》。

> 葛生蒙楚，蘞蔓於野。予美亡此，誰與獨處。
> 葛生蒙棘，蘞蔓於域。予美亡此，誰與獨息。

角枕粲兮，錦衾爛兮。予美亡此，誰與獨旦。

夏之日，冬之夜。百歲之後，歸於其居。

冬之夜，夏之日。百歲之後，歸於其室。

《唐風》是古之唐地的歌謠，唐地位於今天山西南部翼城、襄汾、侯馬、曲沃、聞喜一帶。[1] 詩的前兩章均以葛、蘞起興。“葛”[*Pueraria lobata* (Willd.) Ohwi] 是豆科粗壯藤本，與“蘞”一樣，都是野生蔓草。“楚”的本義是一種灌木。藤本植物多依喬木而生，《詩經》中多以此起興，例如《小雅·頍弁》“蔦與女蘿，施與松柏”，用法與本詩相同。

對於詩中“蘞”的解釋，《說文解字》認為是白蘞，陸璣《毛詩草木鳥獸蟲魚疏》對“蘞”的描述更像烏蘞莓：

> 蘞似栝樓，葉盛而細，其子正黑如燕薁，不可食也。幽州人謂之烏服。其莖葉煮以哺牛，除熱。[2]

“栝樓”是葫蘆科藤本植物，“薁”是嬰薁，即野葡萄。葉子像栝樓，子如黑色的野葡萄，這些描述都與烏蘞莓相符。烏蘞莓的果實不能食用，但烏鴉等鳥類愛吃，這或許是幽州人將其稱之為“烏服”的原因。但此時，烏蘞莓的名字還未出現。

《毛詩草木鳥獸蟲魚疏廣要》結合歷代《本草》，進一步推斷《唐風》中的“蘞”就是烏蘞莓：

1　袁行霈、徐建委、程蘇東撰：《詩經國風新註》，中華書局，2018 年，第 389 頁。

2　轉引自〔唐〕孔穎達撰：《毛詩正義》，北京大學出版社，1999 年，第 401 頁。

按《本草》薇有赤、白、黑三種，疑此是黑薇也。《圖經》云：“蔓生，莖端五葉，花青白色，俗呼為五葉莓，葉有五椏，子黑，一名烏薟草，即烏薟莓是也。”又云：“二月生苗，多在林中作蔓。”《蜀本》註云：“或生人家籬牆間，俗呼為籠草。”[3]

上文中的《圖經》為北宋蘇頌《本草圖經》，可見“烏薟莓”一名在宋代已出現於醫書中。在五代《蜀本草》中，它的名字叫籠草。從陸璣的註疏，到宋代的《本草圖經》，再到明代人綜合性的推斷，可以發現《詩經》中植物名稱的考證過程。我國古代許多植物的名字，就是在這樣漫長的歷史進程中，通過本草學家與農學家的著錄、名物訓詁學家的考證，逐漸傳承下來。

古老的誓言

說完烏薟莓，再回到蔓草背後的這首詩。關於這首詩的主旨，《毛詩序》說：“刺晉獻公也。好攻戰，則國人多喪矣。”春秋時期，晉獻公在位期間（前 677 年－前 651 年）曾多次征伐他國、攻城略地。

《葛生》中婦人的丈夫可能就參加了其中的一場戰役。雖然最後戰爭勝利了，但征人卻不見歸來。她每次出門盼望，看見原

3　〔晉〕陸璣撰，〔明〕毛晉參：《毛詩草木鳥獸蟲魚疏廣要》，中華書局，1985 年，第 39 頁。

野上葛蒙於楚、斂蔓於野。兩種野草尚且有所依托，反觀自身，則形影相弔、孤苦無依，所思之人從軍在外、生死未卜。"歲時祭祀，展現丈夫枕衾，物尚燦爛，更添幾分思念。夏日、冬夜，獨居憂思之人，尤為不堪。以為此生再難復見，惟願百年之後夫婦共眠一穴。"[4]

"夏之日，冬之夜"，看似平淡無奇，實則是動人的表達。為何不是夏之夜，冬之日？因為在北半球，夏季晝長於夜，冬季夜長於晝，"夏之日，冬之夜"皆指一日時間之漫長。只能默默等待的人，對時間最為敏感，時間之長，方顯思念之苦、之深。末章"冬之夜，夏之日"，與"夏之日，冬之夜"構成一個輪迴，將時間的維度從日復一日，推至年復一年。

我們彷彿聽見婦人數着日子，看見她一次次走出門外，翹首以盼征人的回來。這個期待不知落空了多少次，也許最後也沒有實現。

因此，這是一首思念征夫的詩，它沒有對戰爭的正面鋪陳，對於世道的控訴也是隱忍克制的。後世許多"征婦怨"主題的詩歌，都可以在此找到原型。例如中晚唐詩人陳陶《隴西行四首·其二》曰：

> 誓掃匈奴不顧身，五千貂錦喪胡塵。
> 可憐無定河邊骨，猶是春閨夢裏人！

---

4 《詩經國風新註》，第416頁。

清代以來，不少學者將《葛生》理解為悼亡詩，將“蘞蔓於域”之“域”解釋為墳地，認為“角枕”“錦衾”乃是收殮死者的用具，封此詩為“悼亡之祖”。清代《詩經》研究者已指出其中的謬誤：“域”不獨指墓地，當為界域之通稱；“角枕”也可以指日常之物。

所以，袁行霈先生認為：“‘予美亡此’一句已點出所思之人不在此地，非亡故也。‘角枕粲兮，錦衾爛兮’，睹物思人也。‘百歲之後，歸於其居’，自誓之辭也。故此篇乃思人之作，悼亡說恐難坐實。”[5]

將這首詩看成是懷人之作，而非悼亡之詩，其實更有感染力。兵荒馬亂、荒煙蔓草的年月，等待一個奔赴戰場、生死不明之人回家，要忍受多大的孤獨，付出多大的代價？

也正是如此，這背後隱藏的深情，讓今天的我們依舊感動。時間雖然過去 2000 多年，但人類對於生離死別的感知，不會有太大變化。那句“百歲之後，歸於其居”的誓言，是那樣無奈，但又是那樣堅定、那樣執着，讓人忍不住泪目。

所以，荒野裏，烏蘞莓一樣的蔓草，並不止是蔓草而已。它所連接的是古老的誓言和雋永的思念。

5　《詩經國風新註》，第 418 頁。

水村圖卷　明　文伯仁

葎草

啤酒花與藥引子

葎草又名拉拉藤，莖上細小的白刺在圖中清晰可見，中間左側那枚為雌花，右側花序為雄花，雌花可代替啤酒花釀酒。

〔日〕岩崎灌園《本草圖譜》，葎草

在《本草綱目》《植物名實圖考》中，列於烏蘞莓之後的是另一種常見的藤本──葎草[*Humulus scandens* (Lour.) Merr.]。葎草與烏蘞莓生境相同，在野外極有可能看見兩者生於一處，這或許是本草學家將它們放在一起的原因。

拉拉藤與啤酒花

葎草雖為藤本，但屬於桑科。雖然今天的學者根據基因測序結果，將其歸入大麻科，但我們還是遵從《中國植物誌》將其列為桑科。桑科植物通常具有乳液，在內皮層或韌皮部均有乳液導管。葎草也不例外，掐斷其葉柄或細莖，會冒出白色的乳汁。提到桑科，我們自然會想到桑樹，那美味的桑葚蘊藏着不少童年的回憶。據《中國植物誌》，不少桑科植物的果實可供食用，有些還是世界著名的水果，比如原產印度的菠蘿蜜、來自馬來羣島的麵包樹和地中海沿岸的無花果等。

但與這些明星植物相比，葎草實在有些遜色。沒有可供食用的果實不說，莖、枝和葉柄上還佈滿小刺，小刺上有倒鈎，一不留心被刮傷，很容易留下疤痕，疼中帶癢。由於它"善勒人膚"，因而在中醫古籍中又名勒草、葛勒蔓等。今江浙地區呼為拉拉藤，川贛等地稱之為鋸鋸藤。除新疆、青海外，在我國南北各省區均有分佈，生命力強且長勢驚人，乍一看以為是入侵物種。

葎草有刺，卻無毒，在過去饑荒的年月也是果腹的野菜。《救荒本草》中載有具體的做法，在書中它的名字叫葛勒子秧："採嫩苗葉炸熟，換水浸去苦味，淘淨，油鹽調食。"[1] 果然，它的味道是苦的。在《救荒本草》中，大部分苦味的野菜，吃之前均需反覆淘洗並用油鹽調食。不過古時候人們吃它，是因為食物不足。

關於葎草的形態，《清稗類鈔·植物類》有較為簡潔卻準確的描述：

> 葎為蔓生草，莖及葉柄有細刺下向，葉掌狀分裂，多細齒。秋開小花，雄花成簇，雌花成短穗，色綠，下垂。實似松球。[2]

據《中國植物誌》，葎草是雌雄異株，兩種花形態各異。雄花較小，黃綠色，圓錐花序，長可達 25 厘米；而雌花單體較大，外有紙質苞片層層疊疊，就像小松果，花序呈穗狀較短。而這些松果一樣的雌花，竟然可以代替啤酒花來釀酒。

桑科葎草屬植物僅 3 種，除葎草外，另外兩種之一就是啤酒花（*Humulus lupulus* L.）。因此它的外形與葎草非常相像，也是雌雄異株，其雌花具有抑菌作用，是啤酒天然的防腐劑。1079 年，德國人首先將其添加到啤酒中，當時主要是為了延長啤酒的存放期限。但出人意料的是，這一原料給啤酒帶來獨特的苦味和清爽的芳香。啤酒花的雌花與葎草的結構一致，外部都有層層疊疊的苞片。這些苞片最為關鍵，其基部的蛇麻腺能分泌酒花樹脂和酒花油，酒花樹脂是啤酒苦味的來源，酒花油受熱後能為啤酒帶來特殊的香氣。所

1　〔明〕朱橚著，王錦秀、湯彥承譯註：《救荒本草譯註》，上海古籍出版社，2015 年，第60 頁。

2　〔清〕徐珂編撰：《清稗類鈔》，中華書局，1981 年，第 12 冊，第 5820 頁。

以，在啤酒釀造的過程中，儘管啤酒花的用量只佔原材料的 1 ‰ – 5 ‰，相當於調味品，卻足以稱得上是啤酒的靈魂。由於雄花沒有苞片，所以用來釀酒的都是雌花，也正是因為這樣，啤酒花的種植園裏多為雌株。

沒想到，尋常可見的蔓草拉拉藤竟然還有這麼大的作用。除此之外，其莖皮纖維還是造紙的原料，種子油能製作肥皂。

作為藥引子的拉拉藤

我之所以認識葎草，是因為早年吃的中藥裏就有它。那時候因為扁桃體發炎，拖着不去看，最後惡化為急性腎炎。一開始在醫院住了兩週，回家後復發。由於我堅持不再住院，父親便帶着我去鎮上的醫院抓藥，吃了半個月並不見好。聽說姑媽村裏有偏方，父親就想帶着我去試試。

那家的小女兒也曾患有急性腎炎，多年前在老中醫那裏得了一服藥方，服用數個療程後即見痊癒。彼時老中醫已不在世，但藥方那家還保留着，病歷和化驗單據也都還在，雖然字跡早已模糊不清。那家的中年男人也是個老實的農人，他從存放糧食的屋子裏挪出一個蛇皮袋，拿出幾包用白色塑料袋裝着的枯草。他遞給父親說，袋中的配方與他女兒服用的一模一樣，只是還需要找一味藥來做藥引子。

多日求醫未果，父親已是憂心忡忡。但那日，父親看了病歷和化驗單據，臉上露出久違的笑容，急切地問這藥引子是甚麼，是否難找。那人把我們引到屋外,指着門口一堆青綠的藤蔓説:喏,就是這種渾身帶刺的野藤,到處都是。後來我才知道,它的名字就是葎草。

按照那人給的偏方配藥,服用一個療程後,我的病情卻絲毫不見起色。父親開始懷疑,對方給的藥方是不是有所保留。再次去的時候,父親囑咐他一定要給足藥量。於是,我們又帶着同樣的幾包草藥回家,父親又去園子裏割了一些葎草回來同煮。一週之後去醫院復查,病情依然不見好轉。這時父親就急了,説這是甚麼鬼偏方,再不信。

事後回憶,其實這偏方有很多可疑之處。例如,腎炎患者需禁吃或吃很少量的鹽,但那人卻告訴我們不必禁鹽;腎炎患者需多吃西瓜這樣水分充足的水果以利尿,結果那人卻説要禁吃西瓜這類含糖較多的瓜果。簡而言之就是,不禁鹽,反禁糖。每每想到此,父親都忍不住懊惱且憤懣:"怎麼會相信這種違背常識的荒謬之言?差點誤了我兒的病!"父親也是着急,病急亂投醫。

我也覺得不可思議,那渾身帶刺的藤子是甚麼鬼東西,竟然還用來做藥引子?誰知,葎草竟然真有利尿之功效,作為藥引子,似乎也沒甚麼毛病:

> 《唐本草》:"葎草,味甘、苦、寒,無毒。主五淋,利小便,止水痢,除瘧虛熱渴。煮汁及生汁服之。生故墟道旁。"[3]

---

3 轉引自〔清〕吳其濬著:《植物名實圖考長編》,中華書局,2018 年,第 586 頁。

藉着葎草，我終於寫到父親帶着我四處求醫問藥的日子。那段誤診的經歷，只是其中一個小小的插曲。後來父親毅然帶我去了大醫院，找到正規的醫生，帶着我輾轉家裏、醫院和學校。每週從學校接我乘公交去醫院復查、抓藥，回到家熬藥、裝瓶，傍晚又騎摩托送藥和餅乾到教室門口……。如此兩年，風雨無阻，一直到初三中考，我才痊癒，那是我們父子倆度過的第一個難關。

東籬何處帶湘魂一泓清
標浣墨痕白璧微瑕千
古恨後人須鮮洗夜根
倪岳

有竹高前菊一叢列木江外笑
秋風閒中滿頭候後興寄呈□雲
屬陳肖　斑評

感眺素梨別有春緇塵
無不工衣巾詐翻墨汁
東籬下潯為先生寫此
真
吳希賢

盈藥之筆寫東籬黃鳥
頃巧弄寫東西江南我說
見此家作多多雨三枝
呂鶯

誰把秋花著墨蓮枝頭
玄露兜橫翻懶雲云皮
無人□一種風味是此
圖　傅瀚

翻飢書人湘雲秋地況漫不揩評題一首題根

索初池水墨花嫩想見
雲湖英妙時自嘆泥前
筌抹變日人開老一題
詩　韓田蔡柵

菊花白菜圖卷 明 陶成

誰把秋花着墨蓮枝頭
玄露晚楓橫懶雲去後
無人魚一種風流見此
圖

傅瀚

冬辑

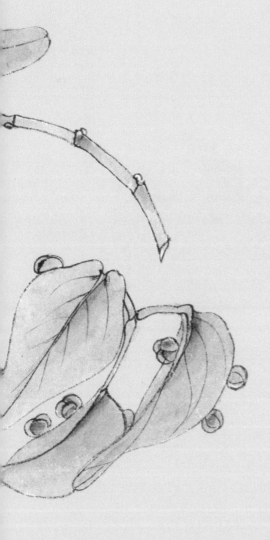

懸鈴木

欣賞一棵冬天的樹

根據果球的數量，懸鈴木可分為一球、二球和三球懸鈴木。

一球懸鈴木與一隻紅色的鶲

據 CC BY 4.0（https://creativecommons.org/licenses/by/4.0）協議許可使用，
圖片來源：https://wellcomecollection.org/works/yhfbahsh#licenseInformation

我們常說的法國梧桐，中文正式名叫三球懸鈴木（*Platanus orientalis* L.）。如果一根線上掛着一個球，就叫一球懸鈴木；掛着兩個球，就叫二球懸鈴木，以此類推。懸鈴木到了冬天也很耐看，《怎樣觀察一棵樹：探尋常見樹木的非凡秘密》這本書説："這種樹比美術館更有視覺觀賞性。"[1] 我們可以一邊觀察懸鈴木，一邊聊它的故事。

懸鈴木的引入史

在現代植物分類學中，懸鈴木科懸鈴木屬共 11 種，我國引入3 種，根據果球的數量，分為一球、二球和三球懸鈴木。一球懸鈴木原產北美洲，又稱美桐；三球懸鈴木原產歐洲東南部、亞洲西部，又稱法桐；二球懸鈴木是 17 世紀英國人將三球懸鈴木與一球懸鈴木雜交得到的品種。

19 世紀末，法國傳教士將二球懸鈴木引種於上海法租界霞飛路（今淮海中路）。《清稗類鈔·植物類》已記載這種外來植物，名為"篠懸木"：

> 篠懸木為落葉喬木，原產於歐洲，移植於上海，馬路兩
> 旁之成行者是也，俗稱洋梧桐。高三四丈，葉闊大，作三裂

---

1 〔美〕南茜·羅斯·胡格著，羅伯特·盧埃林攝影，阿黛譯：《怎樣觀察一棵樹：探尋常見樹木的非凡秘密》，商務印書館，2016 年，第 128 頁。

片，鋸齒甚粗，基腳有卵形托葉一。春開淡黃綠花，實圓而粗糙。此木最易繁茂，故多植之以為蔭。[2]

《清稗類鈔》初刊於 1917 年，當時霞飛路兩旁的懸鈴木想必已濃密成蔭，作為"最易繁茂"的樹種已廣為種植。上海引種的懸鈴木可能不是最早的，據《中國植物誌》，陝西戶縣曾存有晉代引入的古樹，在文獻中名叫祛汗樹或鳩摩羅什樹，很有可能就是三球懸鈴木。

一球、二球和三球懸鈴木在城市都有種植，"不過在城市裏，猜二球懸鈴木的勝算會很大，因為它特別能夠抵禦污染和炭疽病（一球懸鈴木會感染這種真菌），因此經常作為行道樹種植"。[3] 在美國人口密集的城區和歐洲許多城市，二球懸鈴木都有分佈。在我國，除了上海，南京、武漢、杭州、青島、西安等城市都有引種懸鈴木，其中尤以南京最多、最為出名。據統計，南京市 20 條主要街道中，16 條街道的行道樹是懸鈴木。尤其是美齡宮周圍的那些樹，在秋天由綠變黃，從空中鳥瞰，恰似一條金色的寶石項鏈。

懸鈴木盛夏綠樹成蔭，秋天則滿樹金黃。春天，其種子離開果球，無數纖細的絨毛（幫助種子飛行）與花粉一起飄浮在空氣中，過敏人羣避之不及。你一定不會想到，一顆懸鈴木的果球竟然約有 800 枚種子。[4]

2　〔清〕徐珂編撰：《清稗類鈔》，中華書局，1981 年，第 12 冊，第 5871–5872 頁。

3　《怎樣觀察一棵樹：探尋常見樹木的非凡秘密》，第 133 頁。

4　《怎樣觀察一棵樹：探尋常見樹木的非凡秘密》，第 133 頁。

大學二年級時，我在懸鈴木身後的階梯教室上古代文論課。在人間的四月天，先生讀道："漠漠水田飛白鷺，陰陰夏木囀黃鸝。"然後指着窗外滿樹新葉的懸鈴木説："用不了多久，這就是'陰陰夏木'了。"

樹蔭下的校園時光

在江城武漢，懸鈴木也不少，校園裏尤其多。從小學到初中到高中，學校裏都有這種樹。小時候寫作文，寫秋天，金色的田野、金色的校園，必然少不了要寫金色的法國梧桐。那時候，我還不知道"懸鈴木"這個正式名。

後來在鎮上念初中，校園建在小山上，拾級而上，樓道兩旁的懸鈴木極為茂盛。那是一個安靜的去處，春天的早上，我們坐在台階上讀書。懸鈴木新長出來的嫩葉就在我們頭頂，陽光將樹葉照得透亮，院牆外的田地裏開滿了油菜花，蛙聲和讀書聲此起彼伏，一切都生機勃勃。

到了秋天，一陣涼風一場雨，就是"無邊落木蕭蕭下"。坐在教室裏，聽窗外狂風吹得樹葉嘩嘩響，打掃校園衛生時，我們掃得最多的自然是懸鈴木的枯枝和落葉。我們把黃色的、紅色的被蟲子吃過留下斑駁痕跡的樹葉夾在書裏，等完全風乾之後做成書籤。到了高中，校園新建，懸鈴木沒那麼茂盛。

高考之後的暑假，為選學校填志願，在江城各大高校實地考察，發現歷史久一些的學校都有懸鈴木大道，典型的比如武漢大學、華中科技大學、華中農業大學。但我最喜歡的還是建在桂子山上的華中師範大學，從山腳下的校門，到半山腰的圖書館，大路兩旁都是高大的懸鈴木，遮天蔽日。夏天坐校車去南邊的宿舍，一路"翻山越嶺"，飄揚的髮梢、飛揚的裙襬、樹蔭底下揚起的嘴角，滿眼都是綠色，像在森林裏穿梭一般。

保衛一棵懸鈴木

關於懸鈴木，有一部很著名的美國電影《怦然心動》（*Flipped*）。寫這篇文章時，我才注意到，影片中女主人公誓死保衛的那棵樹，原來就是美國梧桐（sycamore tree）—— 一球懸鈴木。

在電影中，這棵樹是重要的佈景，也是維繫男女主人公情感的紐帶。女孩朱莉小時候對男孩布萊斯一見鍾情，那時她常常爬到樹的頂端，因為在那裏能看到遠方起伏的山巒和廣袤的田野："我爬得越高，眼前的風景愈發迷人。"這棵樹承載着女孩成長過程中的美好回憶。

後來，這棵樹遭到施工隊砍伐。朱莉爬到樹上，向心愛的男孩布萊斯求助，希望他也能爬上來，和她一起保護這棵懸鈴木。布萊斯雖然很同情朱莉，但並未伸出援手，最後樹還是被砍了。這件事成為當地的新聞，布萊斯的外公看到報道後，對朱莉刮目相看。自那以後，朱莉不再喜歡布萊斯；而布萊斯心懷愧歉，反而開始喜歡朱莉。影片的最後，布萊斯在朱莉的院子裏種下了一棵小樹苗，那正是一棵美國梧桐。朱莉說："我都不用問，從樹葉的形狀和樹幹的紋理我就知道，那是一棵梧桐樹。"這部電影改編自美國作家德拉安南的同名小說，中譯本封面的插圖正是這樣一棵樹。

一個人與一棵樹的感情原來可以如此緊密，緊密到可以不惜一切去保護它。在《怎樣觀察一棵樹：探尋常見樹木的非凡秘密》中，我們也能看到人與樹之間的感情維繫。這是一本介紹如何觀察樹木自然特徵的書，在懸鈴木這篇的末尾，作者飽含深情地寫下了懸鈴木之於她的意義：

> 在我的有生之年，我移植的懸鈴木不可能長到可供我在其中生活的程度，但精神上，我已經居住在其中，並參照我自己的成長和變化來衡量它的生長和變化。當你逐漸衰老的時候，能夠看到一棵你手植的樹正當盛年，這是一件多麼美好的事！這棵懸鈴木已經具有奇特的樹皮、雄偉的姿態，並像我希望的那樣，成為了路邊的一個威嚴的身影，我不知道大家是否還記得它出現之前的日子。除非颶風來襲，或者重型設備操作員魯莽行事，或者發生其他自然災害，我們的懸鈴木可能不僅會比我和約翰活得更長，甚至可能比這條路更長，因為像許多鄉村公路一樣，它每年都在逐漸改變它的走向。如果是這樣，可能有一天，我們的懸鈴木會像現在的穀倉一樣，成為這片土地的主導，到時沒有人會知道，它當初並不是在它生長的地方生根發芽，那時人們只會說，它是一棵美麗的老懸鈴木。它也許只是一棵隱藏着秘密的美麗樹木，為此，我更加珍視它。[5]

5　《怎樣觀察一棵樹：探尋常見樹木的非凡秘密》，第142-143頁。

這段文字可以看作一封寫給懸鈴木的情書。"當你逐漸衰老的時候，能夠看到一棵你手植的樹正當盛年，這是一件多麼美好的事！"彷彿親手種的樹，是自己養大的孩子一樣。

即便不是自己種的樹，生活在一起久了，也會產生感情。南京在城市建設的過程中，有幾次不得不砍伐或移植懸鈴木。市民看着陪伴多年的老樹突然倒下或被移走，依依不捨、憂心忡忡。他們自發走上街頭，在懸鈴木上繫上綠絲帶。在市民的呼籲下，城市建設者採用其他方案，在興建地鐵等基礎設施的同時，也使街道邊的參天大樹得以留存下來。

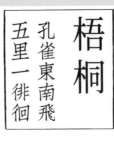

梧桐

孔雀東南飛
五里一徘徊

〔日〕佚名《本草圖匯》，梧桐花與種子

梧桐不但是我國傳統庭
院中常見的觀賞樹木，
還具有經濟價值。比如，
它的種子炒熟後還可食
用或榨油。

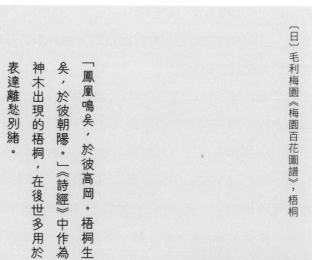

〔日〕毛利梅園《梅園百花圖譜》，梧桐

「鳳凰鳴矣，於彼高岡。梧桐生矣，於彼朝陽。」《詩經》中作為神木出現的梧桐，在後世多用於表達離愁別緒。

別名"法國梧桐"的懸鈴木，與本土的梧桐，雖然都有"梧桐"之名，但兩者其實是不同科目的植物：懸鈴木是薔薇目懸鈴木科，而梧桐是錦葵目梧桐科。

含栽培種在內，我國梧桐科植物共有 80 餘種，主要分佈於華南和西南。梧桐科許多植物都具有經濟價值，著名的可可 —— 原產美洲中部和南部，可可粉與巧克力糖的原料 —— 就是梧桐科可可屬。梧桐[*Firmiana platanifolia* (L. f.) Marsili]作為本科的科長，自然也不能例外。據《中國植物誌》，梧桐的種子炒熟後可食用或榨油，其莖、葉、花、果、種子均可入藥，樹皮纖維可用於造紙和編繩。木材的刨片浸出的刨花，是一種歷史悠久的美髮用品，類似我們今天的啫喱水。其木質輕軟，是製作木匣和樂器的良材。

梧桐、離愁與愛情

梧桐是我國傳統庭院中常見的觀賞樹木，其樹皮青綠平滑，樹幹筆直挺拔，葉片心形掌狀，是一種優美的落葉喬木。夏天枝繁葉茂、亭亭如蓋、綠蔭匝地；到了秋天，疏雨滴梧桐，這大自然的聲響最易撩人情思。所以在古典文學中，梧桐與雨是經典搭配，如溫庭筠《更漏子·玉爐香》"梧桐樹，三更雨，不道離情正苦。一葉葉，一聲聲，空階滴到明"；李清照《聲聲慢·尋尋覓覓》"梧桐更兼細雨，到黃昏，點點滴滴"。

"春風桃李花開日，秋雨梧桐葉落時"，自從白居易長篇敘事詩《長恨歌》以"秋雨梧桐"作為唐明皇與楊貴妃愛情故事的佈景，後世的戲劇小説多沿襲之：元曲家白樸以"梧桐雨"命名雜劇《唐明皇秋夜梧桐雨》；清初劇作家洪昇《長生殿》第 45 齣"雨夢"則兩次寫到梧桐雨，串起現實與夢境，渲染人物情緒，推動情節發展[1]。白居易寫李、楊的愛情悲劇，秋雨梧桐雖是想像，在故事中卻能烘托離別的氣氛。梧桐作為文學中的傳統意象，也多用於表達離愁別緒，最典型的如南唐後主李煜《相見歡·無言獨上西樓》"寂寞梧桐深院鎖清秋"。

在我國最早的長篇敍事詩《孔雀東南飛》中，也出現了梧桐的意象，但其作用與《長恨歌》並不相同。這首詩講的是焦仲卿和劉蘭芝夫妻兩人因家庭阻撓而雙雙殉情的故事，詩的結尾寫到了梧桐：

> 兩家求合葬，合葬華山傍。東西植松柏，左右種梧桐。枝枝相覆蓋，葉葉相交通。中有雙飛鳥，自名為鴛鴦。仰頭相向鳴，夜夜達五更。行人駐足聽，寡婦起彷徨。多謝後世人，戒之慎勿忘。

在墓的兩旁種上梧桐，彷彿梧桐是夫妻兩人的化身。梧桐的樹葉要比松柏大得多，更能夠表現枝葉的"覆蓋"與"交通"。這裏自然聯想到舒婷的那首《致橡樹》：

1　其一，唐明皇夜雨中思念貴妃："冷風掠雨戰長宵，聽點點都向那梧桐哨也。蕭蕭颯颯，一齊暗把亂愁敲，才住了又還飄。"其二，唐明皇夢見貴妃，卻被梧桐雨驚醒："我只道誰驚殘夢飄，原來是亂雨蕭蕭，恨殺他枕邊不肯相饒，聲聲點點到寒梢，只待把潑梧桐鋸倒。"

我必須是你近旁的一株木棉，

作為樹的形象和你站在一起。

根，緊握在地下；

葉，相觸在雲裏。

每一陣風吹過，

我們都互相致意。

　　"葉，相觸在雲裏"，不正是"葉葉相交通"？不知舒婷寫這首《致橡樹》是否受到《孔雀東南飛》的啓發。"中有雙飛鳥，自名為鴛鴦。仰頭相向鳴，夜夜達五更。"此處又將夫妻兩人比作鴛鴦[2]，生前不得同室，死後化身梧桐、化為鴛鴦，以續夫妻之情，這是後人對於焦劉夫妻的同情和祝願。後世梁祝化蝶的故事，大概也從這裏而來。

　　那麼為甚麼梧桐樹上會有雙飛鳥？是作者故意為之，還是自有文學上的傳統？

鳳凰、烏鵲與孤鴻

　　其實在"秋雨梧桐"作為文學的經典意象之前，梧桐就已經非常有名了。它最早見於《詩經・大雅・卷阿》，甫一出場，它就是

2　西漢時的文學作品已將鴛鴦喻為夫妻，如司馬相如《琴歌・其一》"何緣交頸為鴛鴦，胡頡頏兮共翱翔"。西晉崔豹《古今註・鳥獸第四》（上海古籍出版社，2012 年，第 126 頁）："鴛鴦，水鳥，鳧類也。雌雄未嘗相離，人得其一，則一思而死，故曰匹鳥。"但自然界中的鴛鴦並非如此專情。

生於高岡、身披朝霞、吸引神鳥鳳凰的非凡樹種：

> 鳳凰於飛，翽翽其羽，亦傅於天。藹藹王多吉人，維君
> 子命，媚於庶人。
>
> 鳳凰鳴矣，於彼高岡。梧桐生矣，於彼朝陽。菶菶萋萋，
> 雍雍喈喈。

這是一首召康公勸誡周成王廣納賢才的詩。詩中以梧桐比明君，以鳳凰喻賢者；將鳳凰棲於梧桐，比作天下賢士歸附於朝。“菶菶萋萋”言梧桐之茂盛，喻明君有盛德；“雍雍喈喈”指鳳凰和鳴，謂羣臣一心、竭盡其力。鳳凰本是神鳥，是傳說中的百鳥之王，鳳凰棲於梧桐，於是梧桐也被賦予神話色彩，在旭日東昇的山林中熠熠發光。

《詩經》中梧桐能引來鳳凰，而《莊子》則反過來說鳳凰只棲於梧桐，“鳳栖梧”的典故即源自於此。《秋水篇》中記載了這樣一個故事，說宋人惠子為梁惠王之相，莊子前去拜見惠子，有人告訴惠子說：“莊子此行的目的，是想代替你成為梁國的國相。”惠子聽後惝惝不安，於是三日三夜搜莊子於國中。莊子知道後，對惠子說了下面一番話：

> 南方有鳥，其名鵷鶵，子知之乎？夫鵷鶵，發於南海而
> 飛於北海，非梧桐不止，非練實不食，非醴泉不飲。於是鴟
> 得腐鼠，鵷鶵過之，仰而視之曰“嚇！”今子欲以子之梁國
> 而嚇我耶？

莊子是善用比喻的高手。在這段話中，他將自己比作鵷鶵，鵷

雛是鸞鳳的一種，只棲於梧桐，只吃竹子開花結的果實，只飲甘美的泉水；而將惠子比作老鷹，將惠子擔任的梁國國相，比作已經腐臭的老鼠，高傲地申明自己根本不屑於爭奪相位。

至此，我們可以知道，《孔雀東南飛》中梧桐樹上有雙飛鳥，其實由來已久。而且，或許是因為梧桐被《詩經》《莊子》賦予非凡的神性，在《孔雀東南飛》中成為劉蘭芝、焦仲卿兩人的化身，的確較其他喬木更為合適。儘管，樹上的雙飛鳥不是鳳凰，而是鴛鴦。

事實上，"鳳栖梧"的典故在被後世文人化用時，"鳳"這一意象也在不斷變化。例如曹操《短歌行》："月明星稀，烏鵲南飛，繞樹三匝，何枝可依？"曹操此詩的用意與《卷阿》同出一轍，只不過把鳳凰換成了烏鵲。蘇軾被貶黃州所作《卜算子·黃州定慧院寓居作》，用的也是這個典故。只不過這次不是鳳凰，不是烏鵲，而是孤鴻：

　　缺月掛疏桐，漏斷人初靜。
　　誰見幽人獨往來，縹緲孤鴻影。
　　驚起卻回頭，有恨無人省。
　　揀盡寒枝不肯栖，寂寞沙洲冷。

蘇軾經歷烏台詩案後走向人生低谷，一肚子的不合時宜，不為世人所理解。《詩經》中以鳳栖梧比喻天下賢士盡歸於君，蘇軾則反其道而行之："揀盡寒枝不肯栖"，如今的朝野，哪裏是我蘇軾願意待的地方？他以"孤鴻"自居，對當朝的失望、內心的孤傲溢於言表。

重溫《孔雀東南飛》

　　説完梧桐，還是回到《孔雀東南飛》。一般認為，這部長篇敍事詩是漢末建安時的作品。在流傳的過程中有文人參與創作，也有學者認為其作者為曹植。前不久翻看黃節《漢魏樂府風箋》，重讀此詩，一時觸動，才提筆寫下這篇文章，藉由梧桐，説一説詩中打動我的細節。

　　首先是劉蘭芝回娘家那天早晨的妝容描寫：

　　　　雞鳴外欲曙，新婦起嚴妝。著我繡裌裙，事事四五通。足下躡絲履，頭上玳瑁光。腰若流紈素，耳著明月璫。指如削蔥根，口如含朱丹。纖纖作細步，精妙世無雙。

　　天還沒亮，蘭芝就起牀梳妝，"事事四五通"，是説"每加一衣一飾，皆著後復脫、脫而復著，必四五更之"。[3] 不是出席甚麼重要場合，而是被婆婆趕回娘家，這在封建社會是極不體面之事。饒是如此，也要"起嚴妝"，從這個細節可見劉蘭芝是何其自尊的女性。這一細節實際上為後文劉蘭芝的殉情埋下伏筆。

　　劉蘭芝回家後被阿兄逼迫改嫁，焦仲卿聞此變故，告假暫歸，兩人相遇時是這樣寫的：

　　　　未至二三里，摧藏馬悲哀。新婦識馬聲，躡履相逢迎。悵然遙相望，知是故人來。

3　黃節箋註：《漢魏樂府風箋》，中華書局，2008 年，第 272 頁。

正是這樣的默契，讓人尤為感動。兩人相見，焦仲卿賭氣説"卿當日勝貴，吾獨向黃泉"時，沒想到劉蘭芝竟信以為真，決絕地回答説："何意出此言！同是被逼迫，君爾妾亦然。黃泉下相見，勿違今日言！"

焦仲卿回家後，向母親表達了他意欲殉情的想法。焦母聲泪俱下，勸他説："慎勿為婦死，貴賤情何薄！"一面是高堂，一面是許下誓言的妻子，該如何選擇？"府吏再拜還，長歎空房中，作計乃爾立。轉頭向戶裏，漸見愁煎迫。"他在空房中長歎，剛剛做出決定，又掉頭回到屋內，始終無法邁出那一步，內心的焦灼一陣比一陣緊。當聽到劉蘭芝"舉身赴清池"的消息時，才終於下定決心，但在"自掛東南枝"之前，還是免不了"徘徊庭樹下"。人物在面臨兩難選擇時的煎熬，在詩中表現得極為真實。所以焦仲卿並不是軟弱，他的猶豫是人之常情。

"多謝後世人，戒之慎勿忘！"在愛人與家人之間的衝突上，這來自兩千年前的忠告，依然能夠在今天給我們以力量。

我們用來入藥、燉肉的肉桂稱"中
國肉桂"，而西餐中做甜點使用的
肉桂，是錫蘭肉桂（*Cinnamomum*
zeylanicum Bl.），原產斯里蘭卡，
與中國肉桂同科同屬。

〔德〕赫爾曼・阿道夫・科勒《科勒藥用植物》，錫蘭肉桂，一八八七年

冬天的一個夜晚加班，同事從西餐廳點了一份甜點做夜宵，拆開，好熟悉的肉桂味道！上大學時，曾休學一年去美國賓夕法尼亞州的一所文理學院擔任中文助教，接待我的一家寄宿家庭是一對老夫婦。女主人瑪麗經常給我們做的一道甜點，就是肉桂蘋果派。

桂皮與肉桂

在那之前，我所知道的肉桂，是用來燉肉的中國傳統調味料——桂皮。桂皮是八大料、五香粉、十三香的主體成分，燉牛羊肉的時候加入桂皮，大火燒開轉小火慢燉，肉桂等鹵料的香氣就會從廚房溢出來，充滿整個屋子。

桂皮十分常見，在大大小小菜市場的佐料鋪裏都能買到。一開始我以為桂皮是桂花樹的樹皮，其實兩者相差甚遠。桂皮是肉桂（*Cinnamomum cassia* Presl）的樹皮，肉桂是樟科樟屬；而桂花是木犀科木犀屬。肉桂多分佈於廣東、廣西等熱帶地區，而桂花樹多分佈於江南。

關於肉桂與木樨，清人吳其濬《植物名實圖考》"蒙自桂樹"中有如下辨析：

> 余求得一本，高六七尺，枝干與木樨全不相類。皮肌潤澤，對發枝條，綠葉光勁，僅三直勒道，面凹背凸，無細紋，尖方如圭。始知古人桂以圭名之說，的實有據；而後來辨別者，皆就論其皮肉之脂，而並未目睹桂為何樹也。其未成肉

桂時，微有辛氣。沉檀之香，歲久而結；桂老逾辣，亦俟其時，故桂林數千里，而肉桂之成如麟角焉。江南山中如此樹者，殆未必乏，惜無識其為桂者。爨下榾柮，馨氣滿坳，安知非留人餘業，同泣其豆間耶？[1]

吳其濬提到幾個重要的細節：其一，肉桂的樹皮較木犀潤澤；其二，肉桂葉有三條明顯的縱脈，與桂花樹的樹葉脈絡絕不相同，"尖方如圭"，也解釋了"桂"名之由來；其三，肉桂的香氣隨着樹木年歲越久而越濃，如果將榾柮（樹根）當柴燒，則整個山坳都可聞到肉桂的馨香。而木犀科的桂花，只有花香。對於木犀，吳其濬在"蒙自桂樹"後單列一條，稱之為岩桂：

> 岩桂即木犀。《墨莊漫錄》謂古人殊無題詠，不知舊何名。李時珍謂即菌桂之類而稍異，皮薄不辣，不堪入藥。[2]

北宋張邦基《墨莊漫錄》卷8云："木犀花，江浙多有之，清芬漚鬱，餘花所不及也。……湖南呼九里香，江東曰岩桂，浙人曰木犀，以木紋理如犀也。然古人殊無題詠，不知舊何名。"[3]

古代典籍中關於"桂"的記載有很多，《山海經·南山經》開篇就提到招搖山之桂："其首曰招搖之山，臨於西海之上，多桂。"[4]《楚辭》中多處提及"桂"，有用來釀酒的，如"蕙肴蒸兮蘭藉，奠

1　〔清〕吳其濬著：《植物名實圖考》，中華書局，2018年，第769頁。"木樨"即木犀。
2　《植物名實圖考》，第769-770頁。
3　〔宋〕張邦基撰，孔凡禮點校：《墨莊漫錄》，中華書局，2002年，第221頁。
4　〔晉〕郭璞註，〔清〕郝懿行箋疏：《山海經箋疏》，中國致公出版社，2016年，第1頁。

桂酒兮椒漿"（《九歌‧東皇太一》）；有用來做船槳的，如"桂棹兮蘭枻，斫冰兮積雪"（《九歌‧湘君》）。這些"桂"究竟是哪一種桂？按照張邦基的觀點，木犀古人吟詠得少，那麼《楚辭》中的桂為肉桂的可能性比較大。

肉桂是一味古老的中藥，在我國第一部本草著作《神農本草經》中，肉桂被稱為"牡桂"，位列上品。[5] 據《中國植物誌》，因入藥部位不同，藥材名稱也不同：樹皮稱肉桂，枝條橫切後稱桂枝，嫩枝稱桂尖，葉柄稱桂芋，果托稱桂盅，果實稱桂子，初結的果稱桂花或桂芽。

香葉與月桂

調料鋪裏經常與桂皮擺在一起的，還有一種名為"香葉"的樹葉。一直以為香葉和桂皮一樣，皆源自桂花樹，但香葉其實是月桂的樹葉。據《中國植物誌》，月桂（*Laurusnobilis* L.）是樟科月桂屬的常綠小喬木，原產地中海，其葉含芳香油，含油量可高達 1%-3%，常作為調味香料或罐頭矯味劑。

月桂樹在西方可謂大名鼎鼎。羅馬詩人奧維德的神話詩集《變形記》中有河神的女兒達芙妮變成月桂樹的故事。宙斯的兒子日神

5　"味辛溫，生山谷。主上氣，咳逆，結氣，喉痺吐吸，利關節，補中益氣。久服通神，輕身不老。"見〔日〕森立之輯，羅瓊等點校：《神農本草經》，北京科學技術出版社，2016 年，第 8 頁。

月桂是西方文學藝術中的經典意象。

一枝開花的月桂與飛蛾,約 1831 年
根據 CC BY 4.0(https://creativecommons.org/licenses/by/4.0)協議許可使用,
圖片來源:https://wellcomecollection.org/works/uc4w8ash

阿波羅觸犯了小愛神丘比特，丘比特為了報復，射出了兩支箭，一支箭令人深陷愛河無法自拔，一支箭叫人無論如何也不會動心。丘比特用前一支箭射中阿波羅，用後一支箭射中河神的女兒達芙妮。阿波羅中箭後，對達芙妮展開瘋狂的追求。達芙妮逃之不及，到河邊時無路可走，只好向父親求救。接着，她變成了一棵月桂樹。達芙妮變成月桂樹的過程十分生動：

> 她的心願還沒說完，忽然她感覺兩腿麻木而沉重，柔軟的胸部箍上了一層薄薄的樹皮。她的頭髮變成了樹葉，兩臂變成了樹幹。她的腳不久以前還在飛跑，如今變成了不動彈的樹根，牢牢釘在地裏，她的頭變成了茂密的樹梢。剩下的只有她的動人的風姿了。
>
> 即便如此，日神依舊愛她，他用右手撫摩着樹幹，覺到她的心還在新生的樹皮下跳動。他抱住樹枝，像抱着人體那樣，用嘴吻着木頭。[6]

從此，阿波羅將月桂樹尊為他的聖樹：

> 月桂樹啊，我的頭髮上，豎琴上，箭囊上永遠要纏着你的枝葉。我要讓羅馬大將，在凱旋的歡呼聲中，在慶祝的隊伍走上朱庇特神廟之時，頭上戴着你的環冠。……願你的枝葉也永遠享受光榮吧！[7]

---

6 〔古羅馬〕奧維德著，楊周翰譯：《變形記》，人民文學出版社，1984 年，第 11-12 頁。
7 《變形記》，第 12 頁。

這就是"桂冠"的由來。到了中世紀，當大學生掌握了語法、修辭、詩歌，學校就為他戴上桂冠，以示學位和榮譽。

阿波羅和達芙妮的故事，與愛情、大自然都有關係，因而具有一種獨特的美感。西方美術史上有不少作品以此為主題，一般都會表現阿波羅追上達芙妮時，達芙妮的雙手變成樹枝的瞬間。讀了原著，再去看那些雕塑或者繪畫，我們更能感受到男女主人公在"追逐"和"變形"時的驚心動魄。

肉桂蘋果派

回到一開始的甜點，那時瑪麗給我們做肉桂蘋果派，肉桂是從超市裏買來的，放在乾淨的小瓶子裏，而蘋果則是自家院子裏種的。瑪麗一家住在鄉下，他們有一棟兩層的小樓房，帶一個小花園，花園中央的空地上是兩棵粗壯的蘋果樹。到了秋天，樹上掛滿了果實，來不及摘，就會掉在草地上，雖然賣相不是很好，但是很甜。瑪麗會把蘋果儲藏起來，等到冬天，再拿出來做甜點。

這對美國夫婦沒有孩子，他們很早以前就開始接待去那裏上學的中國留學生。從美國回來之後的幾年，每到感恩節，我都會給他們寫郵件。他們會說正在給孩子們準備豐盛的感恩節大餐，而那其中，一定也有肉桂蘋果派。

許多以"達芙妮與阿波羅"為主題的西方油畫和雕塑，都重在表現阿波羅追上達芙妮，而達芙妮的雙手正在變成月桂樹枝的瞬間。

P.S. van Gunst 據意大利畫家提香作品創作的版畫《達芙妮與阿波羅》
根據 CC BY 4.0（https://creativecommons.org/licenses/by/4.0）協議許可使用，
圖片來源：https://wellcomecollection.org/works/fhxjk4aa

水杉

君自故鄉來，應知故鄉事

此圖與水杉略似，如果作者畫出了果實，就更易於判斷。

〔清〕吳其濬《植物名實圖考》，杉

冬天總會讓人想起很多故鄉的往事。"君自故鄉來,應知故鄉事。來日綺窗前,寒梅著花未?"(《雜詩三首·其二》)1000 多年前的一個冬天,詩人王維居孟津(今河南洛陽),他鄉遇故知,所問唯有窗外一枝梅。當然,鏤花窗前的寒梅一定承載着王維兒時的生活記憶。

草木不言,卻可寄託情思。就像那日在室友的屋裏熄燈臥談,窗外的車水馬龍,路燈從窗簾的縫隙照進來。我又想起江邊的外婆家,想起故鄉的美食豆絲,以及與之相關的植物——水杉。

故鄉的水杉與豆絲

外婆家住在長江邊上,江堤兩岸都種有水杉。冬天寒冷的夜晚,四野寂靜,只有江上輪船的汽笛聲朦朧漸遠。江堤公路通往市區,夜裏總有大型貨車風馳而過。由遠及近,由近而遠,車燈穿過樹林,透過窗子照進來。水杉的樹影也隨之出現在牆壁上、房樑上,在屋裏遊走一圈後,與貨車的聲響一起消失不見。不知為何,我對這種體驗印象極深。貨車的動靜不小,窗外氣溫驟降,但因為睡在外婆身邊,所以溫暖又安心。牆壁上那些瞬間移動的水杉樹影,常常被我當作外婆所講那些神怪故事裏奇異的風景。

水杉(*Metasequoia glyptostroboides* Hu et Cheng),杉科,水杉屬,高大的落葉喬木,樹幹筆直。每到深秋,水杉的樹葉變紅、變黃,秋風起,落木蕭蕭,外婆會帶着我們去江堤上撿落葉,一撿就是幾口袋,等冬天用來生爐子。水杉的樹葉像鳥兒的羽毛,乾燥細密。除了用來引火之外，另一個重要的作用，就是留着"塌豆絲"的時候當柴燒。

南方主食以米飯為主，但每到冬至前，家家戶戶會製作一種麵食，方言稱之為"豆絲"。用大米、綠豆以適當的比例磨成漿，在大鍋上攤成薄餅，冷卻後捲起來切成手指寬的麵條，拿到太陽底下曬乾後儲存，要吃的時候再拿出來，這個過程叫"塌豆絲"。一整個冬天，我們拿它做早飯。割幾片臘肉，炸出油後加冷水，同時放入豆絲煮爛，起鍋前放幾片鮮嫩的菜心，別提多香。那是故鄉冬天裏特有的味道，絕非一般麵條所能比。

塌豆絲這種習俗不知從何時開始，在家鄉，它和打糍粑、炸年糕一樣，是每年冬天家家戶戶必須要做的事。

冬天的獨特美食，做起來並非簡單輕鬆。需要提前泡好大米和綠豆，要請師傅，要有人捲，有人切，切完攤到太陽底下曬，前前後後每一道工序都需要人。所以，這項活動一般都是舉全家之力。包括我們小輩，放了學回到家，也要搭把手，負責其中的一個環節：用筲箕的背面，將剛出鍋的大薄餅從廚房竈台端到堂屋的涼蓆上攤涼。所以，塌豆絲也是一種家庭集體活動。這項活動一般都在晚上進行，由於距離寒假和春節不遠，熱熱鬧鬧，頗有些過節的味道。

母親一般都會負責生火添柴。她說水杉的樹葉不比木材，火小、均勻，貼鍋的豆絲不容易煳。當她往竈裏添樹葉的時候，我聞到一種香味，那是外婆家邊上水杉林的味道。

活化石水杉

後來我才知道，兒時常見的水杉，原來是來自恐龍時代的孑遺植物。科學家在歐洲、北美和東亞從晚白堊紀至古新世的地層中，均發現過水杉的化石，而白堊紀正是恐龍統治地球的時代。到了大約258萬年前的第四紀冰期，地球上大量物種滅絕，許多地方的水杉未能倖免，植物學界曾宣稱水杉已在地球上滅絕。

誰知這種植物竟然在我國被發現，其過程可謂一波三折。1941年，國立中央大學林學家干鐸先是在湖北利川縣（今湖北利川市）磨刀溪發現倖存的巨型杉樹，但當時正值冬天，干鐸因無法採集標本抱憾而去。林學家王戰採到了標本，卻誤認為是水松。最終，植物學家胡先驌、鄭萬鈞正確地鑒定了水杉，並於1948年發表論文《水杉新科及生存之水杉新種》，推翻了"水杉早已滅絕"的定論，一時轟動世界植物學界。[1] 水杉拉丁學名中的命名者 Hu 和 Cheng，指的就是胡先驌和鄭萬鈞這兩位植物學泰斗。

湖北利川等地的水杉躲過了200多萬年前的冰期浩劫，頑強地存活了下來。據《中國植物誌》，水杉這一古老稀有的珍貴樹種為我國特產，一開始，僅分佈於四川石柱縣，湖北利川縣磨刀溪、水杉壩一帶，湖南西北部等地。自水杉被發現後，我國各地普遍引種，北至遼寧，南至兩廣，東至蘇浙，西至川陝滇，水杉都是頗受歡迎的綠化樹種。這種喬木喜光，生長速度快，對環境條件的適應

---

1 馬金雙：《水杉發現大事記 —— 六十年的回顧》，《植物雜誌》，2003年第3期，第37-40頁。

曾孝濂《杉樹》郵票

左一為水杉，前景是樹葉和種子的彩色特寫，背景是整棵樹的素描，像冬天剛下過雪，似乎也在暗示着這種子遺植物從遙遠的冰雪時代走來。

性強。在長江中下游，水杉常用來造林。人們將它種在宅旁、村旁、路旁、水旁，其樹幹筆直、樹姿優美，亦多見於庭園。在我所生活的湖北江城，水杉是極常見的綠化、防汛樹種。夏天知了的歌聲在杉樹林響徹雲霄，冬天我們拿它的樹枝做柴，用枯葉點火、塌豆絲。

活化石水杉只在我國才有倖存，因此，作為珍稀物種，水杉曾幾度作為國禮，在中華人民共和國成立以來的外交史上留下閃亮的身影。據《中國植物誌》，有將近 50 個國家和地區引種栽培水杉，在北緯 60 度的聖彼得堡、阿拉斯加，水杉也能頑強生長。

當年與杉樹一起倖免於難的孑遺植物，還有銀杏、水松、珙桐和鵝掌楸。郵政部門曾於 2006 年推出“孑遺植物”特種郵票，共 4 枚，郵票圖名分別是以上 4 種植物，為甚麼沒有水杉？其實，郵政部門早在 1992 年就曾發行“杉樹”郵票，包括水杉、銀杉、禿杉、百山祖冷杉。仔細觀察這套郵票，畫面近處是樹葉和種子，飾以真實的色彩，形態逼真；遠處以整棵樹的素描作為背景，素描有些朦朧，像冬天剛下過雪，似乎也在暗示着水杉從遙遠的冰雪時代走來。近景和遠景遙相呼應，以小見大，頗有韻味。此外，4 種杉樹的枝幹分別從不同角、不同方向伸出或下垂，既照顧了 4 種杉樹的自然屬性，也具有藝術上的多樣性。這套郵票獲得當年全國年度優秀郵票獎。

以上兩套郵票的設計者均為我國著名的科學插畫師曾孝濂[2]，郵

2　曾孝濂，現任中國科學院昆明植物研究所教授級畫家、工程師、植物科學畫家，曾任中國植物學會植物科學畫協會主席，長期從事科技圖書插圖工作。已發表的插圖 2000 餘幅，先後為 50 餘部科學著作畫插圖。1991-2008 年，9 次參與動植物類郵票設計，出版有畫集《中國雲南百鳥圖》《雲南花鳥》等。

票旨在喚起民眾對珍稀瀕危植物的保護意識，呼籲人們與自然和諧相處。

古籍中的水杉

水杉在 20 世紀 40 年代才被發現，但古籍中早有關於 "水杉" 的記載。明代王世懋《閩部疏》曰：

> 閩之南有木焉，非檜非柏，厥名水杉。非竹非棕，厥名桄榔。皆美植也。[3]

王世懋是明代嘉靖、隆慶年間文壇領袖王世貞之弟，才氣名聲雖不如王世貞，然而善詩文，著述頗豐，《閩部疏》就是他在福建任提學副使時所作。該書記錄了閩中諸郡風土、歲時、山川、鳥獸草木之屬，此處的 "水杉" 出現於閩南，與我們今日所知水杉首次發現於湖北等地不符。那麼王世懋所說的 "水杉" 是甚麼樹呢？

明代科學家方以智在《通雅》卷 43《植物·木類》中給出了答案：

> 水松，水杉也。閩廣海塘邊皆生之，如鳳尾杉，又如松。其根浸水生鬚，如赤楊。范至能[4]言有石梅、石柏生海中，乃小如鐵樹，非此種也。

3　〔明〕王世懋撰：《閩部疏》，中華書局，1985 年，第 14 頁。
4　范至能：南宋詩人范成大（1126—1193），字至能。

此處的"水杉"是"水松"的別名。據《中國植物誌》，水松〔 *Glyptostrobus pensilis* (Staunt.) Koch〕是杉科，水松屬，與水杉是近鄰，也是我國特有的孑遺植物，主要分佈於珠江三角洲和福建中部、閩江下游地區，其樹葉有鱗形葉、條形葉、條狀鑽形葉3種類型，其中鱗形葉冬季不脫落，條形葉、條狀鑽形葉均於冬季連同側生短枝一同脫落。而水杉的樹葉只有條形，葉在側生小枝上列成兩列，羽狀，冬季與小枝一同脫落。僅從葉片上，即可區分水杉與水松。

明末清初詩人屈大均寫過一本兼有方誌和博物性質的筆記《廣東新語》，所記廣東之天文地理、人物風俗、經濟物產等，廣博龐雜。其卷25"木語"中也載有水松和水杉：

> 水松者，櫻也。喜生水旁。其幹也得杉十之六，其枝葉得松十之四，故一名水杉。言其幹則曰水杉，言其枝葉則曰水松也。……廣中凡平堤曲岸，皆列植以為觀美。歲久，蒼皮玉骨，礧砢而多瘦節，高者塵騈，低者蓋偃。其根浸漬水中，輒生鬚鬣，裊娜下垂。葉清甜可食，子甚香。[5]

上文解釋了"水松"之名為"水杉"的緣故——"其幹也得杉十之六"。文中對水松的描述頗為細緻生動，正如屈大均所言，生於濕地的水松，有伸出土面或水面的吸收根，像馬和獅子脖頸上的長毛一樣，裊娜下垂；水松的樹幹基部會膨大成柱槽，高可達70餘厘米，正是"蒼皮玉骨，礧砢而多瘦節"。清代戲曲理論家、詩

---

5 〔清〕屈大均著：《廣東新語》，中華書局，1985年，第610頁。

人李調元在廣東為官時作《南越筆記》[6]，書中引用《廣東新語》此段內容。

水松還被用來製作漆器。1921 年《南平縣志·物產·器屬》載："漆木器盆桶之類，堅緻滑澤，輕巧適用。盆之小者，亦有以水杉為之。"南平縣（今福建南平市）在福建北部，所以這裏的水杉，應該也是水松。

再來看清人吳其濬《植物名實圖考》，書中沒有水杉，亦無水松，只有"杉"這個詞條。描述如下：

> 杉，《別錄》中品。《爾雅》：柀煔。《疏》：俗作杉，結實如楓松球而小，色綠有油。杉可入藥。胡杉性辛，不宜作櫬，又沙木亦其類，有赤心者。《本草拾遺》謂之丹桎木。
>
> 雩婁農曰："吾行南贛山阿中，嵋嶬蒙密，如薺如薺，而丁丁者，眾峰皆答，蓋不及合抱而縱尋斧也。按志皆曰杉，而土語則曰沙，疑俚音之轉也。閱《嶺外代答》，知杉與沙為一類而異物。《南城縣志》謂杉有數種，有自麻姑山來者，持山僧所折杉枝，似樞似松，葉細潤而披拂。余始識杉與沙果有異，然江湘率皆沙也。及莅滇，夾道巨木，森森竦擢，絲葉如翼，苔膚無鱗，蓋蔭暍而中橶傍題湊者，皆百餘年物。視彼瘦幹短蹙，亂葉攫拿，如尋人而刺者，真有雞冠佩劍未遊聖門時氣象。"[7]

6　《南越筆記》共 16 卷，輯錄廣東地區民族民俗、礦藏物產、山川名勝等內容，大部分源自清代屈大均《廣東新語》。

7　〔清〕吳其濬著：《植物名實圖考》，中華書局，2018 年，第 789 頁。

吳其濬所記錄的這種杉樹，在贛南山區的土語中被稱作“沙木”，這是當地頗受歡迎的木材，以至於砍樹的聲音時常在山谷間迴蕩。書中的插圖倒是與水杉有幾分相似，“葉細潤而披拂”“絲葉如翼”等描述也符合水杉的特徵。據插圖所繪的葉片，可排除落羽杉、水松、柳杉等其他杉科植物，與松科的油杉、冷杉的樹葉也有些差距。此外，這裏的“杉”也不可能是杉木 [*Cunninghamia lanceolata* (Lamb.) Hook.]，因為列於其後的詞條便是“沙木（杉木）”。

　　難道吳其濬早就在贛南山區發現了活化石水杉？如果他能畫出這種樹的果實，我們就有更大的把握做出判斷。

　　看來，水杉的確是有些神秘的植物，罕見於古籍。在 20 世紀 40 年代以前，它們一直深藏於湖北利川等地山區。

　　到了冬天，水杉的葉子落盡，只剩下挺拔的軀幹。光禿禿的樹枝，清清爽爽，直指蒼穹。每當暮色升起，我總會聽見江上的漁船，汽笛穿過薄薄的暮色，穿過整整齊齊的水杉林。一位老人佝僂着背，緩緩地走在林間的小路上，腳下的枯枝落葉簌簌作響。

秋林野興圖軸 元 倪瓚

附錄

古代植物圖譜簡介

古代植物圖譜在繪製之初主要講求實用性，使人易於識別。其中一些不僅準確，而且精美，具有很高的藝術性和觀賞性。我們選取本書主要引用的 7 種植物圖譜介紹如下：

〔明〕王磐《野菜譜》

王磐（約 1470-1530），字鴻漸，號西樓，江蘇高郵人，明代散曲家、畫家，著有《王西樓樂府》《野菜譜》等。

《野菜譜》成書於明嘉靖三年（1524），收入野菜 60 種，每種野菜均配有一圖一詩，簡要介紹野菜的生境、形態、採集時間、食用方法，以供災年採以救荒。其自序云：

> 正德間，江淮迭經水旱，飢民枕藉道路。有司雖有賑發，不能遍濟。率皆採摘野菜以充食，賴之活者甚眾。但其間形類相似，美惡不同，誤食之或至傷生，此《野菜譜》所不可無也。予雖不為世用，濟物之心未嘗忘，田居朝夕，曆覽詳詢，前後僅得六十餘種。取其象而圖之，俾人人易識，不致誤食而傷生。且因其名而為詠，庶幾乎因是以流傳。[1]

作者說正德年間（1506-1521）江淮水旱頻發，其實整個明朝自然災害都很多，因此編著《野菜譜》很有必要。徐光啟將其與朱

1　〔明〕徐光啟撰，石聲漢點校：《農政全書》，上海古籍出版社，2011 年，第 1429-1430 頁。

元璋第五子朱橚《救荒本草》一起收入《農政全書》。

但《野菜譜》與宗室所編《救荒本草》不同，對此，汪曾祺《王磐的〈野菜譜〉》有介紹："那都是他目驗、親嚐、自題、手繪的，而且多半是自己掏錢刻印的——誰願意刻這種無名利可圖的雜書呢？他的用心是可貴的，也是感人的。"其插圖"不是作為藝術作品來畫的，只求形肖"。畫中的小詩"近似謠曲的通俗的樂府短詩，多是以菜名起興，抒發感慨，嗟歎民生的疾苦。窮人吃野菜是為了度荒，沒有為了嚐新而挑菜的"。[2]

這些樂府短詩是《野菜譜》的一大亮點，以菜名起興，菜名皆為民間俗語，如抱娘蒿、燕子不來香、油灼灼等[3]。"因其名而為詠"，是為了便於百姓口耳相傳。其中不少詩反映了饑荒年間悲慘的社會現實：

> 芽兒拳，生樹邊；白如雪，軟似綿。煮來不食淚如雨，昨朝兒賣他州府。

這樣的短詩，其意也在"備觀風者之採擇"，即提醒當權者關注民生、體察民情。如張綖所說："斯譜備述閭閻小民艱食之情，仁人君子觀之，當憮然而感，惻然而傷。"[4] 這些小詩也引起魯迅的

2　汪曾祺：《王磐的〈野菜譜〉》，《中國文化》，1990 年第 2 期，第 177 頁。

3　《野菜譜》中的許多植物名稱今已不可考，王作賓僅鑒定出《野菜譜》60 種植物中的 28 種。見王作賓：《〈農政全書〉所收〈救荒本草〉及〈野菜譜〉植物學名》，《農政全書》，第 1512-1513 頁。

4　《農政全書》，第 1430 頁。

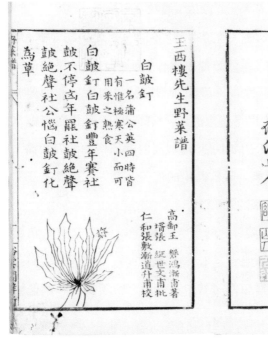
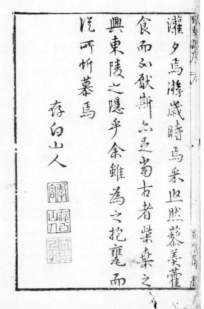

《野菜譜》收錄野菜六十種，
每種野菜均配有一幅簡易插圖、一首朗朗上口的樂府短詩。

日本國立國會圖書館藏《野菜譜》內頁

注意，據周作人回憶，魯迅影寫家中所藏《野菜譜》，喜歡這些小
詩是一部分原因。[5]

---

5 "魯迅影寫這一卷書，我想喜歡這題詞大概是一部分原因，不過原本並非借自他人，乃
   是家中所有，……自家的書可以不必再抄了，但是魯迅卻也影寫一遍，這是甚麼緣故
   呢？據我的推測，這未必有甚麼大的理由，實在只是對於《野菜譜》特別的喜歡，所以
   要描寫出來，比附載在書末的更便於賞玩罷了。"見周作人著，止庵校訂：《魯迅的青年
   時代》，北京十月文藝出版社，2013年，第22頁。

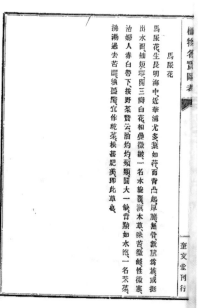

《植物名實圖考》是中國植物學史上承前啓後的巨著，
十九世紀八十年代在日本重新刊行。

日本東京奎文堂《重修植物名實圖考》內頁

〔清〕吳其濬《植物名實圖考》

吳其濬（1789-1847），字季深，一字瀹齋，號吉蘭，別號雩婁農，河南固始人。生於書香門第，父兄皆進士，嘉慶二十二年（1817）高中狀元。宦跡遍佈湖北、湖南、雲南、貴州、福建、山西等地，官至巡撫、總督。做官之餘，留心觀察植物，集畢生心血，著成《植物名實圖考》《植物名實圖考長編》。除植物學外，在農學、醫藥學、礦業、水利等方面均有突出成就。

汪曾祺在《葵・薤》一文中對吳其濬《植物名實圖考》讚不絕口:

> 吳其濬是個很值得叫人佩服的讀書人。他是嘉慶進士,
> 自翰林院修撰官至湖南等省巡撫。但他並沒有只是做官,
> 他留意各地物產豐瘠與民生的關係,依據耳聞目見,輯錄古
> 籍中有關植物的文獻,寫成了《長編》和《圖考》這樣兩部巨
> 著。他的著作是我國十九世紀植物學極重要的專著。[6]

《植物名實圖考》全書 38 卷,所收植物 1714 種,比《本草綱
目》多 519 種。該書廣泛輯錄與植物有關的文獻材料,所引書目達
450 種,計 2778 次;其內容涵蓋經、史、子、集,重點收錄植物
形態、產地、藥性、用途方面的文獻。[7]同時結合作者實地考察,
科學嚴謹地考訂古籍中植物的名與實。本書的另一個特點是插圖,
全書 1865 幅插圖中,近 1500 幅是作者據實物所寫,畫法為白描,
精確程度為近代西方植物學家高度認可。

《植物名實圖考》初刻於作者逝世的第二年(1848),時任山西
巡撫陸應穀為之作序。這是我國歷史上第一部以"植物"命名的著
作,堪稱中國植物學史上承前啟後的鉅著。植物學泰斗胡先驌先生
稱此書:"着眼已出本草學範疇,而駸駸入純粹科學之域,在吾國
植物學前期而有此偉著,不能不引以自豪也。"[8]

6　汪曾祺著:《歲朝清供》,江蘇鳳凰文藝出版社,2018 年,第 161 頁。
7　張瑞賢等:《〈植物名實圖考〉研究》,見〔清〕吳其濬著,張瑞賢等校註:《植物名實圖考
　　校釋》,中醫古籍出版社,2008 年,第 670-671 頁。
8　轉引自王錦繡、湯彥承:《吳徵鎰先生與植物考據學》,《生命世界》,2008 年第 4 期,
　　第 96 頁。

〔日〕岩崎常正《本草圖譜》《本草圖說》

日本的本草學長期深受中國影響，進入江戶時代後，隨着《本草綱目》和西方自然科學相繼傳入，日本本草學開啟新的紀元，傑出的本草學家不斷湧現，具有獨創性和實用性的本草學、博物類著作也相繼刊刻，這其中就包括不少精美的圖譜。本書引用最多的《本草圖譜》《詩經名物圖解》，就是其中的佼佼者。

岩崎常正（1786–1842），字灌園，24 歲師從著名本草學家小野蘭山，35 歲受德川幕府之邀開闢藥園，親種植物 2000 餘種。有感於當時本草書籍配圖之“甚略且拙”，而治病救人，圖不可不精，於是博覽羣書，種藥寫生，歷時 20 餘載，於文政十一年（1828）繪製完成《本草圖譜》。[9]

《本草圖譜》共 96 卷，載藥物 2239 種[10]，按《本草綱目》依次編為草部、穀部、菜部、果部、木部，可視為《本草綱目》植物圖鑒。其《凡例》云：

> 畫為雙鈎，使精工雕刻，刷畢又別命畫工施彩，庶幾撿者不失其真。但命工施彩，費用浩穰，故着色本待購者所求耳。

---

9 日本國立國會圖書館藏本《本草圖譜・自序》：“早嗜斯學，每取羣書關繫於斯者，竊敢折中眾說，各歸其當；搜採山野，移圃栽盆，凡二千餘種，苗葉花實，隨時寫生；乃至異境僻地之產，其所目擊，莫不悉圖之。如斯者二十餘年，積成若干卷，名曰《本草圖譜》。”

10 “《本草圖譜》全書 93 卷，索引 2 卷，……本書載藥物 2239 種。”見何慧玲、肖永芝、李君：《〈本草綱目〉影響下的〈本草圖譜〉》，《中醫文獻雜誌》，2013 年第 6 期，第 5 頁。就筆者所見日本國立國會圖書館藏本，全書從第 5 卷“山草類・甘草”開始，最後一卷目次為“卷之九十六”，前 4 卷未見。

此書是先印刷白描版本，當有人求購時，再命畫工上色，
書中圖譜故能如此精美細膩。

日本國立國會圖書館藏《本草圖譜》內頁

這本圖譜並非批量套色印刷，而是先印刷白描版本，當有人願意出錢購買時，再請畫工逐一上色，以達到最佳效果：

其為圖抖擻精神，盡竭筆力極之精巧，施之彩色，自以謂無復所憾者。試開視之，雖兒童走卒，亦不待費口舌而辨某為某物也。

圖畫之外，每種植物均有漢名、和名，以及"各國各鄉、形色氣味、根莖花實、生茂時節"等方面的簡要描述，意在使普通人也易於辨識。

《本草圖說》可看作《本草圖譜》的前身，
兩本書同一種植物的構圖與畫風基本一致。

東京國立博物館藏《本草圖說》內頁

　　在完成《本草圖譜》之前，岩崎灌園還繪有《本草圖說》60 卷，
大致成書於文化七年（1810），彼時他年僅 24 歲[11]。該圖譜按金石、
草、木、介部編排，所載藥物種類過千，包括紫雲英等《本草圖譜》
並未收入的植物。該圖譜亦為彩色，繪畫風格與《本草圖譜》相同，

11　東京國立博物館藏本第 19 冊有梅塢道人序（1807）、岩崎灌園凡例（1807），第 51 冊有
　　岩崎灌園自序（1810）。該藏本共 78 冊，前 72 冊為《本草圖說》，第 73-76 冊疑為手稿，
　　第 77 冊為岩崎灌園《草木藏品目錄》，第 78 冊為岩崎灌園《寫生草木譜目錄》。

精細程度亦可與之媲美。其內容以圖為主，文字部分僅有漢名、和名，少數有產地。

〔日〕毛利梅園《梅園百花畫譜》[12]

毛利梅園（1789-1851），又名毛利元壽，江戶時代幕府家臣。毛利梅園比岩崎灌園小 3 歲，很可能與岩崎灌園一樣受幕府之邀，從事物產的研究與繪畫。其所繪圖譜不僅質量精良，而且涉獵廣泛，除植物類圖譜《梅園百花畫譜》外，還包括魚譜、禽譜、菌譜、介譜（蟲譜），以上均收於日本國立國會圖書館所藏《梅園畫譜》，共 24 帖。

《梅園百花畫譜》又名《梅園草木花譜》，繪製時間為文政三年（1820）至嘉永二年（1849），跨度近 30 年。該圖譜不同於本草類圖譜以植物種類排序，而是按季節分為春夏秋冬四部，春之部 4 冊 347 種，夏之部 8 冊 620 種，秋之部 4 冊 274 種，冬之部 1 冊 34 種，共計 17 冊 1275 種植物。

雖然以季節排序，但每種植物以印章標明種類，印章含花草、花木、芳草、水草、雜草、雜木、草類、木類、果類、果木類、穀類、菜類、藥木、藥草、園木、園草、蔓草、民用類等近 20 種。文字部分記載植物名稱、出處、產地、創作日期（有的精確到日）等。所繪物種以江戶地區為主，可視作江戶地方博物誌。

---

12 本節寫作主要參考王傲：《〈梅園草木花譜〉研究》，浙江大學 2017 年碩士學位論文。

該圖譜引用中日文獻多達 80 餘種，其中，中國古籍 40 餘種，以《本草綱目》177 次為最多，其次為《救荒本草》145 次，可見日本本草學著作受中國本草學影響之深。其繪圖準確精美，體現出西方博物學寫實的特點。

〔日〕岡元鳳、橘國雄《毛詩品物圖考》

《毛詩品物圖考》由岡元鳳撰寫，橘國雄繪圖。岡元鳳（1737-1787）少年時代嗜讀漢籍，後從醫，善作詩文，好產物之學；橘國雄乃當時著名畫工橘守國弟子，善畫花草蟲魚，其作品以書籍插圖為主。本書共 7 卷，按草、木、鳥、獸、蟲、魚 6 部排列。其配圖為白描，全書配圖共 200 餘幅。配圖之外，還附有簡短考證，引用文獻以中國典籍為主，兼採日本《詩經》、本草、博物學方面的研究成果，具有重要的參考價值。

《毛詩品物圖考》刊刻 100 年後傳入我國，於光緒十二年（1886）出版，時任翰林院編修的錢塘人戴兆春為之作序。據周作人回憶，魯迅幼年在大舅家避難時見到《毛詩品物圖考》，回家後即搜求，成為他購求書籍之始。[13] 周作人也很是喜歡，"裏邊的圖差不多一張張的都看得熟了"，40 年後在東京購得原刻初印，評曰："著者岡元鳳，原是醫師，於本草之學素有研究，圖畫雕刻亦甚工緻，似較徐鼎的《毛詩名物圖說》為勝。"[14]

13　周作人著：《知堂回想錄》，羣眾出版社，1999 年，第 13 頁。
14　周作人著：《我的雜學》，北京出版社，2005 年，第 83-84 頁。

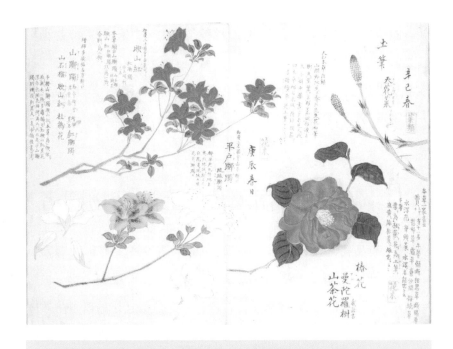

《梅園百花畫譜》以季節排序，每種植物以印章標明種類，
所繪物種以日本江戶地區（今東京）為主。

日本國立國會圖書館藏《梅園百花畫譜》內頁

《毛詩品物圖考》刊刻一百年後傳入我國，
魯迅、周作人十分喜愛，都曾購求收藏。

平安杏林軒、浪華五車堂合刻《毛詩品物圖考》內頁

〔日〕細井徇《詩經名物圖解》

　　《毛詩品物圖考》刊行半個多世紀後，細井徇彩圖版《詩經名物圖解》問世，將《詩經》名物圖譜類著作推向高峰。

　　細井徇，號東陽，早年在小野蘭山門下學習[15]，後從醫，著有《四診備要》，退休後與京都一帶畫工共同繪製《詩經名物圖解》[16]，大致作於 1847 至 1850 年[17]。

　　《詩經名物圖解》按草、木、鳥、獸、魚、蟲分為 6 類，以《詩經》篇目為序，共繪圖 209 幅，動植物 230 種。其中，草部 3 冊，62 幅 80 種；木部 2 冊，47 幅 47 種。

　　每幅圖前頁有文字描述，內容依次為《詩經》相關篇目、詩句、異名、出處。相關解釋涉及諸多中國文獻，例如《毛詩草木鳥獸蟲魚疏》《詩集傳》《本草綱目》等，較《毛詩品物圖考》的文字解説更為詳細。

　　細井徇在《自序》中提到繪製本書的緣由：

　　　　惟有岡公翼者著《品物圖考》，然於其形狀，有未能不慊然者也。於是乎，予欲成一書以問乎世久矣。今茲秋，客遊

---

15 《詩經名物圖解》花木鴻跋："藩細井紫髯先生，早歲遊於蘭山先生之門，鑽研尋究若干年於茲矣。往歲講書於京攝，特以精本草學見稱，應書賈之懇，請著斯編，船筏於多識之津，功不偉乎？"

16 《詩經名物圖解》松堂清裕序："道人姓細井，號東陽，為吾藩之醫學，年老致仕，遂蓄髯，因又有今號云，頗耽著述。去秋末遊京攝間，既板《四診備要》，今又輯是書。"

17 日本國立國會圖書館藏本中，前有松堂清裕嘉永元年（1848）序、弘化四年（1847）自序，文末有花木鴻嘉永四年（1851）跋，最後作者落款日期為嘉永三年（1850）。

京攝，間以謀諸畫工，某因重審其形狀，加以着色，辨之色相，令童蒙易辨識焉。

由此可知，細井徇作此書，部分是因為對《毛詩品物圖考》不夠滿意。不過本書的編寫卻是以《毛詩品物圖考》為藍本。兩者在條目編排上都是先分為草、木、鳥、獸、蟲、魚6類，然後以《詩經》篇目為序。就植物部分而言，兩者所繪種類完全一致。如"綠竹"條，先按朱熹的解釋畫一幅竹子，再畫一幅蓋草和萹蓄，保留了《毛傳》的解釋；再如"苕之華"，皆從朱熹畫一枝凌霄；對"唐棣"的配圖則皆為花瓣細長潔白的小喬木，而不採《毛詩草木鳥獸蟲魚疏》所謂"郁李"或《爾雅註》"似白楊"之説。兩者在畫風上也相近，都將動植物與其所處環境一同描繪，注重表現出生動活潑的自然情態，體現出明顯的中國文人花鳥畫之趣味，從而與西方博物繪畫區別開來。

《詩經名物圖解》繪圖之精美、細膩、生動，遠超同類作品，是目前國內出版最多的《詩經》動植物圖譜。

日本江戶時期儒學家細井徇不滿於《毛詩品物圖考》，
於是以此書為藍本繪製彩圖版《詩經》動植物圖譜。

日本國立國會圖書館藏《詩經名物圖解》內頁

《詩經名物圖解》注重表現出生動活潑的自然情態，
體現出明顯的中國文人花鳥畫之趣味。

日本國立國會圖書館藏《詩經名物圖解》內頁